F. M. von Senger und Etterlin

DIE KAMPFPANZER VON 1916–1966

F. M. VON SENGER UND ETTERLIN

Die Kampfpanzer von 1916—1966

Mit 410 Abbildungen in 782 Einzeldarstellungen

Bernard & Graefe Verlag

Die 1. und 2. Auflage dieses Titels erschien beim J. F. Lehmanns Verlag, München.

© Bernard & Graefe Verlag, Bonn 2001
Nachdruck, auch einzelner Teile, ist verboten. Das Urheberrecht und sämtliche weiteren Rechte sind dem Verlag vorbehalten. Übersetzung, Speicherung und Verbreitung einschl. Übernahme auf elektronische Datenträger wie CD-Rom, Bildplatte u. ä. sowie Einspeicherung in elektronische Medien wie Bildschirmtext, Internet usw. ist ohne vorherige schriftliche Genehmigung des Verlages unzulässig und strafbar.
Herstellung: Walter Amann, München
Reproduktionen, Druck und Bindung: MB Verlagsdruck, Max Ballas, Schrobenhausen
Printed in Germany

ISBN 3-7637-6221-3

Inhaltsverzeichnis

Vorwort 7

Abkürzungsverzeichnis 9

Einleitung 11

Typenliste 21

Erklärungen zu den Typentafeln und Bildern 43

Deutschland 45

Frankreich 97

Großbritannien 151

Japan 287

Italien 313

Schweden 329

Schweiz 343

Sowjetunion 349

Tschechoslowakei 421

USA 427

Quellennachweis 510

Vergleichstabellen 511

Vorwort

Im Jahre 1966 jährt sich zum fünfzigsten Mal das Datum der Einführung des ersten Kampfpanzers. Die Serienfertigung des britischen Mark I hat im Februar 1916 begonnen, nachdem Lord Kitchener, Lloyd George und Balfour durch eine Lehrvorführung von den revolutionären Kampfeigenschaften dieses neuartigen Fahrzeugs tief beeindruckt worden waren. Im Juni 1916 wurde die erste Serie an die Truppe ausgeliefert. Am 15. September erhielt die neue Waffe in der Schlacht von Flers-Courcelette ihre Feuertaufe.

Dieses Buch enthält eine lückenlose Übersicht über die Geschichte des Kampfpanzers in den 50 Jahren seiner Entwicklung. Durch langjährige Vorarbeiten ist es gelungen, die Reihe der „Taschenbücher der Tanks" von Heigl und der späteren „Taschenbücher der Panzer" zu verbinden. Die Skizzen aus den längst vergriffenen Jahrgängen wurden wieder aufgenommen, neue Skizzen und Bilder veranschaulichen alle Baureihen bis in die neueste Zeit.

Der bewährte Aufbau der Taschenbücher wurde beibehalten. Nach einer Einleitung über Entwicklung, Stand der Technik und Zukunftstendenzen im Panzerbau werden in übersichtlicher und geraffter Form auf Typentafeln die einzelnen Baureihen geschildert. Die Zahlenangaben zeigen die Leistungen der eingeführten Typen, ihrer wichtigsten Abarten und Versuchsmuster, die für die technische Entwicklung bedeutsam wären. Der Entwicklungsgang und die Fertigungszahlen werden ebenso wie die technischen Merkmale und die Art der Verwendung bei der Truppe aufgeführt. Die Kampfeigenschaften werden im Vergleich mit anderen gleichzeitigen Typen beurteilt.

Im Anschluß an die Typentafeln, Skizzen und Bilder über die Baureihen aller Panzer bauenden Länder ist der Tabellenteil als wichtige Neuerung so ausgestaltet, daß Vergleiche über die drei Komponenten: Beweglichkeit, Feuerkraft und Panzerschutz für Modelle möglich werden, die jeweils zu gleicher Zeit im Truppengebrauch verschiedener Staaten standen.

So können Vorzüge und Nachteile der in den Feldzügen gegenüberstehenden Typen gegeneinander abgewogen werden.

Zu besonderem Dank verpflichtet bin ich Herrn Dipl.-Ing. F. Kosar, Wien, der die Zahlenangaben bearbeitet hat, sowie den Herren Arthur J. Gooch (England), Warren W. Odegard (USA) und Karl A. Leutgeb (Österreich), die neue Skizzen gezeichnet haben und nicht zuletzt Herrn Spatz, dessen Traditionsbewußtsein und verlegerische Initiative dieses Buch ermöglicht hat.

Faßberg
Juni 1965

Dr. F. M. v. Senger und Etterlin

Vorwort zur 2. Auflage

Die zum 50. Jahrestag des Kampfpanzers veranstaltete erste Auflage dieses Buches hat ein Interesse gefunden, das eine erneute Auflage rechtfertigt. Dies ist um so mehr erlaubt, als in der Zwischenzeit keine neuen Baumuster in den Truppendienst gelangt sind. Die Entwicklungszeit neuer Typen scheint immer länger zu werden. So gelang es nicht, den für 1970 geplanten deutsch/amerikanischen Kampfpanzer 70 zu diesem Zeitpunkt serienreif zu machen.

Der zusammenfassenden Übersicht über das wichtigste Kampffahrzeug moderner Heere und seine Geschichte von den ersten Anfängen an ist daher nichts wesentliches hinzuzufügen. Einige Daten wurden ergänzt oder berichtigt, um den neuesten Stand der Technik zu berücksichtigen. Im übrigen aber ist das Buch nunmehr ein zeitloses Kompendium über ein halbes Jahrhundert Geschichte.

Köln, November 1970   Dr. F. M. v. Senger und Etterlin
Am Südpark 5

Abkürzungsverzeichnis

Abt.	=	Abteilung	LG	= Leichtgeschütz
AR	=	Aktionsradius	LL	= Luftlande
Aufkl	=	Aufklärung	L/	= Kaliberlänge
Ausf	=	Ausführung		(= Länge des gezo-
Beob	=	Beobachtung		genen Teils, ausgedrückt
Btl	=	Bataillon		in Kalibern)
Bttr	=	Batterie	Mech	= Mechanisiert
Div	=	Division	Mot.	= Motorisiert
FH	=	Feldhaubitze	MG	= Maschinengewehr
Fla	=	Fliegerabwehr	Mrs.	= Mörser
Flak	=	Flugabwehrkanone	Pi.	= Pionier
Fu.	=	Funk	PS	= Pferdestärke (DIN)
H	=	Haubitze	Pz	= Panzer
HP	=	Horsepower SAE)	Rgt.	= Regiment
JPz	=	Jagdpanzer	S	= schwer
Jgd	=	Jagd	Sfl.	= Selbstfahrlafette
K	=	Kanone	SPz	= Schützenpanzer
Kl	=	klein	StuPz	= Sturmpanzer
KPz	=	Kampfpanzer	W	= Werfer
Kp	=	Kompanie	WiSp	= Winkelspiegel
Le	=	leicht	ZF	= Zielfernrohr

Einleitung

1. Die bisherige Entwicklung

Die Entwicklung des Kampfpanzers währt 1966 50 Jahre. Dieser Zeitraum ist kurz, gemessen an der jahrhundertelangen Militärgeschichte. Und doch kann man heute sagen, daß kaum eine andere Waffe in so dramatischer Weise die Struktur der Heere beeinflußt hat. Diese 50 Jahre beginnen mit der Geburt der neuen Waffe im ersten Weltkrieg, in dem sie die entscheidende Wende im Ringen um die Wiedergewinnung der taktischen und operativen Beweglichkeit herbeigeführt hat. Dann folgt die Periode der Verkennung ihrer Möglichkeiten durch die maßgebenden Stellen und damit der Vernachlässigung ihrer technischen Weiterentwicklung. Nur sehr kleine Elemente, so vor allem in England, vermochten die Idee der mechanisierten Kampfweise weiterzutragen, während allenthalben konservative Kräfte die Oberhand behielten, denen die Weitsicht fehlte, zu erkennen, daß die neue Waffe zu entscheidenden organisatorischen Veränderungen Anlaß geben mußte. Mit der Wiederaufrüstung war für das deutsche Heer die Chance gegeben, einen entschlossenen Schritt in die heraufkommende Periode der Mechanisierung zu tun. Andere Heere folgten zwar rasch, aber der spanische Bürgerkrieg bot noch einmal Anlaß zu gewichtigen Fehlbeurteilungen über die Leistungsfähigkeit des Kampfpanzers.

Erst die von den deutschen Panzertruppen blitzartig entschiedenen Feldzüge in der ersten Hälfte des zweiten Weltkrieges bewiesen, welche katastrophalen Folgen die Fehleinschätzung technischer Gegebenheiten durch die militärischen Führungsstellen haben können. Der entschlossene Übergang der Alliierten zur vollen Motorisierung der Heere kündigte in der zweiten Hälfte des großen Krieges bereits die erreichten Grenzen an. Ein wesentliches Element der Überlegenheit des Kampfpanzers, nämlich die gegenüber der zu Fuß marschierenden Masse des Heeres vierfach größere taktische und operative Beweglichkeit, ging verloren. Die Motorisierung der Infanterie glich die bis dahin bestehende Unterlegenheit aus. Die Wirkung des Kampfpanzers beruhte nun im wesentlichen nur noch auf seinem Schutz gegen Waffenwirkung und seiner starken Feuerkraft.

Nach dem zweiten Weltkrieg machte die Panzerung aller Waffengattungen dem Kampfpanzer ein weiteres Element seiner Überlegenheit streitig. Die Vielfalt der Panzerabwehrwaffen schließlich scheint die Feuerkraft auszugleichen. Am Ende des halben Jahrhunderts der bisherigen Entwicklung steht die Erkenntnis, daß zwar die einzelnen Elemente seiner Wirkung: Beweglichkeit, Schutz und Feuerkraft noch immer gesteigert werden können, daß aber ein so entscheidender Schritt wie er vor 50 Jahren mit diesem neuen Kampfmittel getan wurde, technisch nicht mehr erwartet werden kann. Die Heere werden sich auf neue Mittel besinnen müssen, um Verbände überlegener Beweglichkeit, die in angemessener Weise mit Feuerkraft und Schutz gekoppelt ist, zu schaffen.

2. Die technische Entwicklung

Die technische Entwicklung des Kampfpanzers in dem geschilderten Zeitraum hat sich deutlich zwischen Extremen schließlich auf einen mittleren Kompromiß eingespielt. Schon im ersten Weltkrieg wurden die einzelnen Elemente unterschiedlich verteilt. Wo dem Schutz und der Feuerkraft der Vorzug gegeben wurde, entstand der schwere, relativ gering bewegliche Kampfpanzer. Stellte man die Beweglichkeit an die Spitze der militärischen Forderung, entstand ein leichter, relativ schwach bewaffneter und geschützter Kampfpanzer. Gegen Ende der zwanziger Jahre fanden diese beiden Typen ihre extreme Ausgestaltung. Auf der einen Seite standen die schweren Durchbruchspanzer von bis zu 60 t Gewicht, auf der anderen die Kleinkampfwagen von manchmal unter 3 t. Dieser extremen technischen Gestalt des KPz lagen entsprechende Theorien über den Einsatz zu Grunde. Beide Formen müssen jedoch als Kampfpanzer im vollen Sinne dieses Begriffes bezeichnet werden. Sie sollten jeweils in mehr oder weniger starker Bindung an andere Waffengattungen, vor allem die Infanterie, zu allen Kampfarten gleichermaßen befähigt sein. War der schwere Durchbruchspanzer als fahrbarer Bunker gedacht, noch völlig dem Stellungskrieg-Denken des ersten Weltkrieges verhaftet, so beschritt man mit dem Kleinkampfwagen Wege, die kavalleristischen Vorstellungen vom beweglichen Einzelkämpfer entsprachen. Erst zu Beginn des zweiten Weltkrieges stellte es sich heraus, daß der überschwere KPz hilflos, der Kleinkampfwagen nur für Zwecke der Gefechtsaufklärung verwendbar war. So fielen die kleinen und leichten KPz in die Rolle der Spähpanzer zurück, in der sie noch heute mit Erfolg verwendet werden. Die überschweren KPz verschwanden völlig, wenn auch einzelne Nachfahren noch lange in der Rolle der „Überwachungspanzer" verwendet wurden. Als eigentlicher Kampfpanzer blieb nur ein Typ zwischen 30 und 50 t Gewicht übrig. Seine letzte und vorläufig vollkommenste Ausprägung erfuhr dieser Typ in dem deutschen „Leopard", der noch immer die gleichen wesentlichen Bauelemente wie die ersten KPz vor 50 Jahren aufweist: Gleiskettenfahrgestell, Verbrennungsmotor, Stahlpanzerung, Kanone und MG.

3. Der Stand der Technik 1966

Die KPz in der Gewichtsklasse zwischen 30 und 40 t sind 1966 als Standardausrüstung anzusprechen. Zu dieser Klasse gehören der sowjetische T-54, der deutsche „Leopard", der schweizerische Pz 61 und der japanische ST-A 4. Ihre wesentlichen technischen Eigenschaften seien nachfolgend vergleichend geschildert, da sie repräsentativ für den Stand der Panzertechnik sind.

a) **Motor**

Während der T-54 als Abkömmling des T-34 einen schon lange Zeit im Truppengebrauch befindlichen Dieselmotor, den W 2 von rund 500 PS übernehmen und auch die Japaner auf eine längere Erfahrung im Dieselmotorbau für Panzer zurückgreifen konnten, waren in USA und Deutschland bislang keine Dieselmotoren in Panzer zum Einbau

gelangt. Der Pz 61 und der "Leopard" verwenden einen Daimler-Benz-Motor, der in Baukastenbauweise als 6-, 8- oder 10-Zyl.-Motor entwickelt worden ist. Der Pz 61 hat die Ausführung MB 837, einen 8-Zyl.-V-Motor von 30 l Hubraum und Flüssigkeitskühlung mit einer Leistung von 600 PS bei 2200 U/min übernommen. Der deutsche „Leopard" verwendet die 10-Zyl.-Ausführung MB 838, die (Lüftung abgezogen) 820 (mit Lüftung 740) PS entwickelt.
Die Motoren und Getriebe sind weitgehend kompakt gebaut und können binnen weniger Minuten ausgewechselt werden.

b) **Getriebe**
Der T-54 und der Pz 61 verwenden einfache, mechanische Lamellenkupplungsgetriebe, deren Kraftverbrauch bekanntlich geringer als der automatischer Flüssigkeitsgetriebe ist.
Der „Leopard" ist mit einem Hydromediagetriebe ausgerüstet, bei dem ein Drehmomentwandler für den unteren Bereich wirksam wird.
Der T-54 hat 5 Vorwärts-, 1 Rückwärtsgang, der Pz 61 6 Vorwärts- und 2 Rückwärtsgänge und der "Leopard" 4 Vorwärts- und 2 Rückwärtsgänge.

c) **Lenkung**
Der T-54 besitzt eine einfache Kupplungslenkung, der Pz 61 eine hydrostatische Überlagerungslenkung, die ebenso wie beim "Leopard" eine stufenlose Lenkung erlaubt.

d) **Bewaffnung**

(1) **Kanone**
Die schnellfeuernde Hochleistungskanone ist noch immer die Hauptbewaffnung des Kampfpanzers. Sie hat beim T-54 das Kaliber 100 mm bei einer Kaliberlänge von 54, bei den europäischen und amerikanischen Baumustern wird die britische Kanone L 7 (USA: M 68) verwendet, die bei 105 mm Kaliber eine Länge von L 51 hat.
Sie ist in einem hydromechanischen Wiegen- und Rücklaufmechanismus, der eine kombinierte Lafette darstellt, gelagert. Weder die sowjetische noch die englische Kanone benötigen eine Mündungsbremse oder Mündungsfeuerdämpfer, hingegen ist die L 7 A 1 mit Rauchabsauger versehen.
Die sowjetische Kanone liegt in einer schmalen Schlitzblende, die anderen Lösungen bei „Leopard" und Pz 61 sehen eine Walzenblende vor.
Der japanische ST-A 4 ist mit der 90-mm-Kanone (wie M 48) bewaffnet. Auch für den Panzer Pz 58 war eine 90-mm-Kanone entwickelt worden, sie ist jedoch zugunsten des in Europa verbreiteten 105-mm-Kalibers aufgegeben worden.
Die außenballistischen Leistungen der 90-mm- und 105-mm-Kanonen liegen nahe beieinander. Es werden in der Hauptsache Unterkaliber- (APDS), Hohlladungs- (HEAT) und Quetschkopf-(HESH oder HEP) Granaten verschossen.

(2) **Achsparalleles MG**
Alle Typen sind mit MG im Drehturm, achsparallel zur Kanone, versehen. Beim T-54 liegt das MG rechts, weil der Richtschütze links neben der Bordkanone seinen Platz hat. Beim Pz 61 wird als achsparallele Waffe eine 20 mm Oerlikon Maschinenkanone L 100, entwickelt aus der Flak, verwendet. Die Rasanz dieser Waffe ermöglicht es, sie als Einschieß-Waffe zu benutzen, wenn der E-Messer ausgefallen sein sollte.

(3) **Fla-MG**
Der T-54 besitzt auf der Ladeschützenluke, ungeschützt und mit Drehring drehbar, ein 12,7 mm Fla-MG „DSch". Seit etwa 1962 wird diese Waffe nicht mehr überall beobachtet.
Der Pz 61 ist mit einem ähnlich gelagerten 7,5 mm Fla-MG ausgerüstet. Verschiedene Modelle wurden in Japan erprobt. Die zunächst ungeschützte Ausführung der Lagerung eines 12,7 mm (cal. 50) Fla-MG über der Kommandantenluke ist bei der letzten Ausführung einem Türmchen, ähnlich dem amerikanischen Kommandantenturm des M 60, gewichen.
Für den „Leopard" ist ein MG 1 beim Kommandanten vorgesehen. Alle diese Waffen sind zur Fliegerabwehr bedingt geeignet, dienen aber auch zum Feuer gegen infanteristische Ziele auf nahe Entfernungen.

(4) **Nebelwerfer**
Pz 61 und „Leopard" sind mit Nebelwerfern auf jeder Turmseite ausgerüstet. Beim T-54 sind solche Vorrichtungen an der Turmrückseite.

e) **Beobachtungs-, Ziel- und Richtmittel**
Der T-54 besitzt eine Kommandantenkuppel mit drehbarem Deckel, in dem vier Winkelspiegel eingelassen sind. Der Richtschütze hat ein Zielfernrohr und einen Winkelspiegel, der 360° drehbar ist.
Der Pz 61 ist mit einem kleinen E-Messer beim Kommandanten und einem Zielfernrohr beim Richtschützen ausgerüstet.
Der ST-A 4 hat einen kleinen E-Messer in der Kommandantenkuppel. Ein Visierwinkelübertrager vom E-Messer zum Rohr ist vermutlich nicht vorhanden.
Der „Leopard" wird mit E-Messer beim Richtschützen ausgestattet. Der Kommandant hat ein Rundblick-Zielfernrohr, der Richtschütze ein Turmzielfernrohr. Alle Panzer besitzen ein elektrisches Turmschwenkwerk.
„Leopard" und Pz 61 sehen für den Kommandanten einen feststehenden Ring von 8 Winkelspiegeln vor, beim „Leopard" unmittelbar in der Turmdecke, beim Pz 61 leicht erhöht in einer Kuppel.
Alle Fahrer haben 3 Winkelspiegel (beim T-54 nur 2) zur Verfügung. Die Ladeschützen müssen sich zumeist mit 1 Winkelspiegel begnügen.

f) **Nachtseh- und Zielgeräte**
Die Ausführung 1962 des T-54 und der „Leopard" wird serienmäßig mit einem achsparallel auf der Bordkanone montierten Richtscheinwerfer

für Weiß- und Infrarot (IR)-Licht ausgerüstet. Der Scheinwerfer hat einen Durchmesser von etwa 35 cm und eine IR-Reichweite von rund 800—1000 m.

Alle Typen sind mit IR-Fahrscheinwerfern ausgerüstet.

Es ist damit zu rechnen, daß alle mit Winkel-Zielfernrohr ausgestatteten Panzer diese gegen IR-ZF austauschen können.

Auch gewöhnliche Winkelspiegel bei Fahrer und Kommandant können gegen IR-Winkelspiegel zwecks Beobachtung bei IR-Beleuchtung leicht ausgetauscht werden.

g) **Fahrgestell und Beweglichkeit**

(1) **Laufrollen und Federn**
Der T-54 hat das beim T-34 bewährte System großer Laufräder beibehalten. Sie sind drehstabgefedert.
Drehstabfederung und entsprechende Stoßdämpfer verwenden St-A 3 und „Leopard". Noch St-A 1 hatte ebenso wie „Leopard" 7 Laufrollen, die mit sehr geringem Zwischenraum eine optimale Gewichtsverteilung auf die Kette ermöglichen sollen. Der Pz 61 ist mit Tellerfedern ausgerüstet. Seine Laufräder haben etwas größeren Durchmesser als die von Leopard und St-A 4.

(2) **Ketten**
Pz 61 und T-54 verwenden eine ungepolsterte Stahlskelettkette. ST-A 4 und „Leopard" haben Gummigliederketten, bei denen die Glieder nach dem amerikanischen Konnektorensystem miteinander verbunden sind. Alle Ketten haben Mittelführungsstücke. Der Antrieb erfolgt überall durch hinten liegende Triebräder mit Zahnkränzen, die ausgewechselt werden können.
Die vorne liegenden Leiträder sind nur beim „Leopard" und ST-A 4 von der gleichen Art wie die Laufräder.

(3) **Leistungen**
Der spezifische Bodendruck liegt überall um 0,8 kg/cm^2.
Eine Höchstgeschwindigkeit von 60 km/h erreicht nur der „Leopard". Die neueren Baumuster können auf der Stelle wenden. Die Steigfähigkeit liegt mit 70 % bei dem für das Gebirgsgelände vorgesehenen Pz 61 am höchsten, dürfte jedoch beim „Leopard" die gleichen Werte erreichen. Die Kletterfähigkeit ist wesentlich von der Achshöhe des Leitrades und der Griffigkeit der Kette abhängig. Das Lenkverhältnis (Kettenauflagelänge/Spurweite) ist für die Wendigkeit bedeutsam.

h) **Wanne Panzerschutz**

(1) **Wanne**
Aus Gußstahl ist nur die Wanne des Pz 61 sowie alle Türme. Der „Leopard" ist tiefwatfähig, d. h. ohne besondere Hilfsmittel kann der Panzer derart abgedichtet werden, daß er bis fast zur

Oberkante Turm eintauchen kann. Die Luftzufuhr zum Motor erfolgt dann durch die Kommandantenluke.

Der T-54 kann mit geringen Hilfsmitteln tiefwatfähig gemacht werden.

Für beide Panzer ist Tauchfähigkeit durch Anbaugeräte herstellbar. Es werden Luftschächte auf den Turm gesetzt. Beobachtung aus dem Luftschacht oder durch zusätzliche Periskope ist möglich. Die Fahrerfront ist überall ca. 30 % geneigt.

(2) **Turm**

Der Gußturm des T-54 und Pz 61 ist so geformt, daß keine Heckauslage besteht. Eine starke Heckauslage weist der ST-A 4 auf. Der Leopard geht mit einer stark heruntergezogenen Heckauslage einen Mittelweg.

Am stärksten zugespitzt und abgerundet ist die Turmfront des T-54, die breiteste Blende hat der ST-A 4. Seitliche Abschrägung der Turmwände ist beim Pz 61 am stärksten.

(3) **Panzerung**

Die Panzerstärken dürften beim T-54 nicht höher liegen als beim T-34/85, für den 85 mm Fahrerfrontpanzerung als maximaler Wert erkannt worden ist.

Die Seitenpanzerung dürfte überall um 40 mm liegen.

Turmfront und Blenden können auf maximal 120 mm veranschlagt werden. Die tiefwat- oder tauchfähigen Panzer sind naturgemäß auch ABC-sicher und meist mit einem Überdruckgebläse versehen.

(4) **Abmessungen**

Die niedrigste Silhouette hat der „Leopard", wegen seines MG-Turmes, die höchste der ST-A 4.

Das europäische Lademaß von 305 cm überschreitet nach der Breite nur der Pz 61 nicht.

5. Entwicklungstendenzen im Panzerbau

a) **Antrieb**

Bei den 1965 im Truppengebrauch befindlichen Kampfpanzern ist der Übergang vom Otto- oder Diesel- auf Vielstoffmotor kennzeichnend. Das amerikanische Heer hat mit dem Kampfpanzer M 60 den Schritt zum Dieselmotor getan. Der 1962 in Truppenversuch genommene britische Kampfpanzer „Chieftain" ist mit einem flüssigkeitsgekühlten, geladenen Sechszylinder Vielstoffmotor Leyland L 60 von 700 bhp bei 2400 U/min ausgerüstet. Für den deutschen „Leopard" steht der Daimler-Benz MB 838 ein 90° Zehnzylinder V-Motor mit 175 mal 165 Hubraum und Bohrung, der 1050 mm breit, 1500 mm lang ist und 500 PS/m³ Motorvolumen besitzt, zur Verfügung. Dieser Motor ist zunächst ein Dieselmotor, wird jedoch auf Vielstoff umgearbeitet. Ein wesentlicher Fortschritt auf dem Gebiet des Antriebs kann nach dem gegenwärtigen Stand der Technik vor allem in der Entwicklung

der Gasturbinen gefunden werden. Gasturbinen können verwendet werden als
1. Zusatzantrieb für Otto- oder Dieselmotor,
2. Hilfsmotoren für den Kaltstart,
3. Hauptantriebsquellen,
4. kleine Hilfsmotoren.

Die erste Form, Gasturbinen als Zusatzantrieb, ist in Schweden bei dem KPz „S" verwirklicht. Die zweite Form, bei der die Gasturbine als Hilfsmotor für den Kaltstart verwendet wird, ist in USA mit der Solar-Titan 65 HP-Turbine im Erprobungsstadium.

In der Pakselbstfahrlafette „Skorpion" wird die Allison GMT-305-Turbine von 225 HP bei rund 300 kg Gewicht als Hauptantrieb erprobt. Diese Turbine ist mit einem Regenerator versehen und ihr Kraftstoffverbrauch soll sich in vergleichbaren Grenzen mit dem des Otto-Motor halten.

Weitere Erprobung dieser Turbinen im Schützenpanzer M 113 ist vorgesehen.

Der Prototyp des amerikanischen 35-t-Kampfpanzers T-95 ist mit der Solar-Saturn-Turbine von 1100 HP ausgestattet worden. Die Erfahrungen, die damit gemacht worden sind, haben die Amerikaner zu weiteren Versuchen mit Turbinen in schweren Fahrzeugen, wie z. B. Überlandzügen und Bergepanzern ermutigt.

Das offizielle Entwicklungsprogramm des amerikanischen Heeres fordert eine 600-HP-Turbine für den Kampfpanzer der mittleren Gewichtsklasse. Gleichzeitig wird eine enge Verbindung von Antriebsquellen und Getrieben gesucht. Als weitere Möglichkeit der Erschließung neuer Antriebsquellen in ferner Zukunft werden in Amerika magnetohydrodynamische Generatoren, Kraftzellen, Sonnenzellen und Kernreaktoren studiert.

b) **Fahrgestelle**
Auf dem Gebiet der Fahrgestelle ist insbesondere eine Verbesserung der Federung denkbar. Es erscheint in absehbarer Zeit möglich, daß die zur Zeit allgemein eingeführte Drehstabfederung durch eine Hydrofederung abgelöst werden kann. Die neue Serie amerikanischer Selbstfahrlafetten, vor allem M 107 und M 110 auf Einheitsfahrsgestellen, besitzt bereits serienmäßig eine hydraulische Federung, die im wesentlichen dadurch gekennzeichnet ist, daß in einem Federungszylinder Abfederungsausgleich und Sperrelemente zusammengefaßt sind. Diese Art der Federung hat den Vorteil, daß in Feuerstellungen die Feder gesperrt werden kann, so daß eine feste Feuerplattform entsteht. Außerdem kann die Stärke der Federung dem Gewicht des Fahrzeugs angepaßt werden, was besonders für Transportfahrzeuge oder Artilleriepanzer mit großer Munitionszuladung von Bedeutung ist. Auch im schwedischen Kampfpanzer „S" wird eine Hydrofederung serienmäßig verwendet, die so leichtgängig ist, daß sie sogar der vertikalen Richtung der Kanone dient.

c) **Bewaffnung**
Die Weiterentwicklung der Panzerbewaffnung ist vor allem durch das Vordringen der Raketen für zahlreiche Verwendungszwecke gekennzeichnet. Raketen treten als Hilfs- und Hauptbewaffnung von Panzern auf.

Als Hauptbewaffnung sind mittlere und schwere Raketen für Jagdpanzer eingeführt worden und werden in dieser Funktion laufend weiterentwickelt. Der erste in Truppengebrauch gelangte Raketen-Jagdpanzer ist der deutsche HS 30 sowie der britische ,,Hornet" mit der schweren Rakete ,,Malkara".

Noch weiter gehen die Amerikaner, bei denen die Lenkrakete ,,Shillelagh" aus einer 152 mm Kanone wahlweise neben Granaten verschossen werden kann. Diese strahlgelenkte Rakete ist in der Lage, jede Panzerung mit großer Treffsicherheit zu durchschlagen. Sie befindet sich auf dem Fahrgestell des mittleren Kampfpanzers T-95 in der Erprobung und ist beim Spähpanzer ,,Sheridan" eingeführt.

Auf dem Gebiet der Munition für Kampfpanzer sind bedeutende Fortschritte erzielt worden, die dem Hochleistungsgeschütz noch immer Daseinsberechtigung geben. Hochexplosiven Sprengstoff enthalten die sogenannten Quetschkopfgranaten (HESH oder HEP). Sie wirken im Ziel allein durch die Wucht der Explosion.

Bei den Hohlladungsgranaten (HEAT) ist vor allen Dingen das Problem der Stabilisierung weitgehend gelöst worden. Anstelle der drallstabilisierten Hohlladungsgranaten sind solche mit Flügelstabilisierung getreten. Eine weitere Entwicklungsmöglichkeit bietet das drallmantelstabilisierte Geschoß, eine ruhende Hohlladung im Innern eines drehbaren Mantels. Auch die Unterkalibergranate (APDS), die auf kürzere Entfernung mit hoher Rasanz verschossen wird, ist weiterentwickelt worden und kann eine V_0 von rund 1400 m/sec erreichen.

Bei den Richteinrichtungen ist der Raumbild-Entfernungsmesser, wie er noch im M 47 verwendet wurde, durch den einfacheren Mischbild-E-Messer ersetzt worden. Der ,,Leopard" verfügt über einen E-Messer, der beide Systeme in sich vereinigt.

Überall werden erfolgreiche Versuche mit dem sogenannten Lasersystem angestellt. Durch dieses System werden stark gebündelte Lichtstrahlen zur Entfernungsmessung verwendet.

Völlig neue Wege beschreitet der KPz ,,S", dessen Lenkung und Federungssystem zugleich zur Richtung der Waffe genutzt, wodurch ein Drehturm eingespart wird. Seine Hochleistungskanone verwendet NATO-Munition. Sie verfügt über eine Ladeautomatik, mit der wahlweise HEP- oder APDS-Munition geladen werden kann. Der Ladeschütze wird daher gespart.

d) **Schutz**
Mit dieser Verminderung der Besatzung deutet sich die Entwicklung in Richtung auf einen Wandel des Schutzes an. War bislang der Panzerschutz gegen Geschosse die vordringliche Forderung, so ist

künftig der Schutz gegen die Wirkungen der Atomwaffen an die erste Stelle getreten. Dieser erfordert vermutlich räumlich und gewichtsmäßig aufwendige Materialien. Geschützt zu werden braucht andererseits nur die Besatzung. So ist die Verminderung der Zahl der Besatzungsmitglieder notwendig, um das Volumen des geschützten Raumes zu senken.

Typenliste

Diese Liste ist nach Gewichtsgruppen geordnet und erfaßt alle 1916—1966 gebauten Kampfpanzermodelle sofern mindestens ein Prototyp vorhanden war.

DEUTSCHLAND

Seite

A7V	47
A7V U	47
L.K. II	47
K	47
Großtraktor	52
le. Traktor	52
Nb.Fz. (PzKpfw V) (Rheinmetall)	52
Nb.Fz. (PzKpfw VI) (Rheinmetall)	52
L.K.A. 1 (Krupp) (La.S.)	55
PzKpfw I, Ausf. A	55
I, Ausf. B	
I, Ausf. C VK 601 (Krupp)	
Kl. Pz.-Befehlswagen	
I n. A verst. VK 1801 (Krupp)	
L.K.A. 2 (Krupp) (La.S. 100)	58
PzKpfw II Ausf. a 1,a 2, a 3, b	58
II Ausf. c	
II Ausf. A	
II Ausf. B	
II Ausf. C	
II Ausf. D	
II Ausf. E	
II Ausf. F bis	
VK 1601 (D) (PzKpfw II n. A. verst.)	
VK 1602 (D) („Leopard", leicht)	
VK 901 (PzKpfw II n. A.)	
VK 1301 (PzKpfw II n. A.)	
VK 1303	
PzSpw „Luchs" (PzKpfw II Ausf. L)	
„Leopard", schwer, 7,5-cm-KwK. 41	
PzKpfw II (Flamm)	

                                                                    Seite
M.K.A. Zugführerwagen (ZW) (Krupp)   63
PzKpfw III Ausf. A   63
    III Ausf. B
    III Ausf. C
    III Ausf. D
    III Ausf. E (SdKfz 141)
    III Ausf. F
    III Ausf. G
    III Ausf. H
    III Ausf. J
    III Ausf. K
    III Ausf. L
    III Ausf. M
    III Ausf. N—O
    PzBefWg III (ohne KwK)
    PzBefWg III Ausf. K (mit KwK)
    PzBeobWg III
    PzKpfw III (Flamm) Ausf. M
    PzKpfw III n. A
Bataillonsführerwagen (BW)   68
    VK 2001 (Rh)
    VK 2001 (D)
    VK 2001 (K)
    VK 2001 (DB)
    VK 2002 (MAN)
PzKpfw IV Ausf. A
    IV Ausf. B
    IV Ausf. C
    IV Ausf. D
    IV Ausf. E
    IV Ausf. F 1
    IV Ausf. F 2
    IV Ausf. G
    IV Ausf. H
    IV Ausf. J
    IV Ausf. K
    IV als BefWg, Ausf. H
    PzBeobWg IV
Durchbruchswagen 1 und 2 (Henschel)   74
    VK 3001 (H)
    VK 3001 (P) (Porsche-,,Leopard'')
    VK 3002 (MAN)
    VK 3002 (DB)

	Seite

PzKpfw ,,Panther" Ausf. D 74
    ,,Panther" Ausf. A
    ,,Panther" Ausf. G
    ,,Panther II"
    PzBefWg ,,Panther"
    PzBeobWg ,,Panther"

VK 6501 (H) (SW) 78
    VK 3601 und 3602
    VK 4501 (H)
    VK 4501 (P) (Porsche 102)

PzKpfw ,,Tiger I" Ausf. E 78
PzBefWg ,,Tiger I" Ausf. E
    VK 4502 (P) (Porsche 180)
    VK 4503 (H)

PzKpfw ,,Tiger II" Ausf. B (Turm a. A) 78
    ,,Tiger II" Ausf. B (Turm n. A)

E. 100 85

,,Maus I u. II" (Porsche 205) 85

,,Leopard", Prototyp Standardpanzer IA 89
                Standardpanzer IB
                Standardpanzer II
                Vorserie mit Turm III

,,Leopard", Serie 89

FRANKREICH

Seite

Char d'Assault Schneider M 16 C. A. 99
        St. Chamond M 16 102

Char Légère Renault M 17/18 105
        T.S.F.
        B. S.

Char de Rupture 1 A, 2 B, 1 C 110
        2 C, 2 C bis, 3 C

Char Légère Renault M 24/25 114
        M 26/27
        NC 27
        NC 31
        NC 2
        V. D.

Char de Manoevre B 1, B 1 bis, ... 119
        B 1 ter, B 2

Char D 1 A, D 1 B 123
        D 2, A. M. X. 38

Automitrailleuse de Reconnaissance Renault A. M. R. VM) 126
        A. M. R. (ZT)

Char Légère Hotchkiss H 35, H 39/40 129
        Renault R 35, R 40
        A. M. C., A. C. C.

Char Légère F. C. M. 36 134

Char Légère SOMUA S 35 137

Char A.R.L. 44 140

Char A.M.X. 50 A und B 142

Char A.M.X. 30 144

GROSSBRITANNIEN

	Seite
„Tritton Machine"	153
„Little Willie"	153
„Mother"	153
Tank Mk I	153
Mk II	
Mk III	
Mk IV	
Mk V	159
Mk V*	
Mk V**	
Mk VI	
Mk VII	
Mk VIII	167
Tank, Vickers Mk C	185
Tank, Medium MkA („Whippet")	156
Medium MkB	171
Medium MkC, MkD	
Medium Mk I (A. 2)	176
Medium Mk II, II A	
Medium Mk III (A. 6)	204
Medium A. 7 (16 t)	
„Independent" Mk I (A. 1)	181
Light, Mk I (A. 4), I A	210
Light, Mk II, A u. B	
Light, Mk III	
Light, Mk IV	
Light, Mk V (A. 5)	
Tank, Light, Vickers 6 to A	187
Light, Vickers 6 to B	
Morris Martel (one man)	191
Morris Martel (two man)	
Crossley Martel	
Carden Loyd Mk I	196
Mk II	
Mk III	

Seite

Carden Loyd Mk IV
    Mk V 197
    Mk VI
    Mk VI (Mortar)
    Mk VI (47 mm)
    Mk VI b
    Patrouillen
    Renault UE (Frankreich)
    TK 3 (Polen)
    Skoda MU 4 (CSR)

Vickers Carden Lòyd 1930 (A. 4) 207
    Amphib. 1931
    Amphib. 1933

Tank, Light, Mk VI 215
  Light, Mk VI A
  Light, Mk VI B
  Light, Mk VI C

Tank, Cruiser, Mk I (A. 9) 223
  Cruiser, Mk II (A. 10)
  Cruiser, Mk II A
  Cruiser, Mk III (A. 13 Mk I) 227
  Cruiser, Mk IV (A. 13 Mk II)
  Cruiser, Mk IV A
  Cruiser, Mk V („Covenanter" I—IV) (A. 13 Mk III) 236
  Cruiser, Mk VI („Crusader" I—III) (A. 15) 238
  Cruiser, Mk VII („Cavalier") (A. 24)
  Cruiser, „Centaur" I—IV (A. 27 L)
  Cruiser, „Cromwell" I (A. 27 M) bis VI 252
  Cruiser, „Cromwell" VII—VIII
  Cruiser, „Challenger" (A. 30) 257
  Heavy, Assault (A. 33) 257
  „Avenger" 257

Tank, „Charioteer" 257
  Cruiser, „Comet" (A. 34) 263
  Infantry, Mk I (A. 11) 220
  Infantry, Mk II („Matilda" I—V) (A. 12) 231
  Heavy, T.O.G I u. II 234
  Infantry, Mk III („Valentine" I—XI) 243
  Infantry, „Valiant" I (A. 38)
  Infantry, Mk IV „Churchill I—XI" (A. 22) 247
  Infantry, „Black Prince" (A. 43)

	Seite
Tank, Heavy Assault, „Tortoise" (A. 39)	266
Tank, Medium gun, „Centurion I—XI" (A. 14)	269
Tank, Heavy gun, „Conqueror"	275
Tank, „Caernarvon"	275
Tank, 120 mm gun, „Chieftain"	280

JAPAN Seite

Typ 94 „TK" 293
    97 „Teke"

Typ 92 296
    95 „Hago"
    98 „Keni"
     2 „Keto"
     3 „Keri"
     4 „Kenu"
     5 „Keho"

Typ 89 A 289
    89 B

Typ 92 300
    95

Typ 97 „Chiha" 302
    „Shinhoto Chiha"
    „Chini"
    1 „Chihe"
    3 „Chinu"
    4 „Chito"
    5 „Chiri"

ST-A 1 309
  A 2
  A 3
  A 4

ITALIEN

Carro Armato Fiat 2000 315
           Fiat 3000 A (21) 318
           Fiat 3000 B (29)

Carro Veloce Fiat CV 33 (L 3-33) 320
          Fiat CV 35 (L 3-35)

Carro Armato L 6/40 323
           M 11 325
           13/40 325
           14/41 325
           42 325
           P 40 325

SCHWEDEN

                                                                             Seite

Stridsvagn m 21/29 47

Landsverk 10   331
            10 A
            30
            60
            80
            100

Stridsvagn m/33 331
            m/38
            m/39
            m/40

Stridsvagn m/42 (Strv 71) 337
           Strv 74 337

Stridsvagn „S" Strv 103 339

SCHWEIZ

Pz 58 345

Pz 61 345

3 Kampfpanzer

SOWJETUNION

	Seite
Tank, M-17, T-17	351
T-18 (MS-1), T-19	
T-23	
T-24	355
TG	

Bystrochodnyj Tank BT-2 357
                BT-5
                BT-7
                BT-7 M
                BT-1 S

Tank, T-26 A 362
    T-26 B
    T-26 C
    T-26 D
    T-26 E
    T-46

Tank, T-46-5 (T-111) 366
    A-20
    A-30
    T-32

Tank, T-27 369
    T-37
    T-37 A
    T-38
    T-38 M 2

Tank, T-28 A 374
    T-28 B
    T-28 C
    T-29
    T-28 M

Tank, T-35 378
    T-35 A

	Seite
Tank, T-34/76 A	391
T-34/76 B	
T-34/76 C	
T-34/85	
Tank, T-44	409
T-54 A	
T-54 B	
T-54 C	
T-54 D (T-55)	
T-54 E	
T-62	
Tank, SMK	381
T-100	
Tank, „Kliment Waroschilow", KW I	386
KW I A	
KW I B	
KW I S	
KW 85	
Tank, „Josef Stalin", JS-1	399
JS-2	
JS-3	
T-10	
Tank, T-40	383
T-50	
T-60	
T-70	
T-80	

TSCHECHOSLOWAKEI

Seite

Adamov AH 43 (P II) **423**
Skoda LT 35 (S 2 A) PzKpfwg 35 (t)
Skoda CKD V8
Praha AH IV
F IV HE
Praha LTH (CKD)
TNHP-S (LT 38) PzKpfWg 38 (t)

USA

	Seite
Tank, Light, Ford M 1918	429
M 1 (T 1 E 1)	431
T 1	
M 1	
T 1 E 2	
T 1 E 3	
T 1 E 4	
T 1 E 5 Md. E 6	
Tank, Medium M 1 (T 1 E 2)	436
T 1 E 1	
A	
Tank, Medium T 2	438
T 2 E 1	
Tank, Medium T 3 (= Combat Car T 1)	440
Christie Tank M 1919	
M 1921—23	
M 1928	
M 1931	
M 1932	
T 3 E 2	
T 3 E 3	
Combat Car T 1 E 3	
Combat Car T 2 (früher Armored Car T 5)	445
Christie Tank M 1933 I	
M 1933 II (1935 A)	
M 1935 B	
M 1936	
M 1937	
M 1938	
M 1941	
M 1942	
T 2 E 1	
T 3	
Combat Car T 4	449
T 4 E 1 (= Tank, Med. T 4)	
T 4 E 2 (= Tank, Med. T 4 E 1)	

39

		Seite

Combat Car **M 1** (T 5 E 2) TK, (= Tank, Light, M 1) **453**
        T 5
        T 5 E 1
        T 5 E 2
        T 5 E 3
        T 5 E 4
        M 1 E 1
        M 1 E 2 (M 2) (Tk. Light M 1 A 1)
        M 1 A 1
        M 1 E 3

Tank, Light **M 2 A 1** (T 2 E 1) **455**
        T 2
        M 2 A 2 (T 2 E 2)
        M 2 A 2 E 1
        M 2 A 2 E 2
        M 2 A 2 E 3
        M 2 A 3
        M 2 A 3 E 1
        M 2 A 3 E 2
        M 2 A 3 E 3
        M 2 A 4

Tank, Medium **M 2** (T 5 I) **457**
        T 5 III
        T 5 E 1
        T 5 E 2
        M 2 A 1

Tank, Light M 3 A 1 (Brit. "Stuart Mk I"). **459**
        M 3 A 1 (Brit. "Stuart Mk II")
        M 3 A 1 (Brit. "Stuart Mk III")
        M 3 A 1 (Brit. "Stuart Mk IV")
        M 3 A 3 (Brit. "Stuart Mk V")
        M 5
        M 5 A 1 (Brit. "Stuart Mk VI")

Tank, Medium **M 3** (Brit. „General Lee") **464**
        M 3 E 1
        M 3 A 1
        M 3 A 2
        M 3 A 3
        M 3 A 4
        M 3 A 5
        M 3 BRITISCH "C" ("General Grant")

		Seite

Tank, Medium **M 4** (Brit. "Sherman I") 467
             T 6
             M 4 (76 mm wet) (Brit. "Sherman I A")
             M 4 A 1 (75 mm) (Brit. "Sherman II")
             M 4 A 1 (76 mm wet) (Brit. "Sherman II A")
             M 4 A 1 (76 mm wet) (Brit. "Sherman II C")
             M 4 A 2 (75 mm) Brit. "Sherman III")
             M 4 A 2 (76 mm wet) (Brit. "Sherman III A")
             M 4 A 3 (75 mm) (Brit. "Sherman IV"). . . .
             M 4 A 3 (75 mm wet) (Brit. "Sherman IV")
             M 4 A 3 (76 mm wet) (Brit. "Sherman IV C")
             M 4 A 3 E 2 (75 mm)
             M 4 A 3 E 8 (76 mm wet)
             M 4 A 4 (75 mm) (Brit. "Sherman V")
             M 4 A 4 (76 mm wet) (Brit. "Sherman VC")
             M 4 A 5 (40 mm) (Kan. "Ram I")
             M 4 A 5 (57 mm) (Kan. "Ram II")
             M 4 A 6 (Brit. "Sherman VII")
             T 13 (90 mm)
             T 14
             T 23

Tank, Heavy **M 6** 477
             M 6 A 1
             M 6 A 2
             M 6 A 2 E 1

Tank Medium, (Heavy) M 26 ("General Pershing") 480
                   T 25 E 1
                   T 26 E 3 (M 26)
                   T 26 E 2 (M 25)

Tank, Medium M 46 ("General Patton") 482
              M 47
              M 48 (T 48)
              M 48 A 1
              M 48 A 2
              M 48 A 2 C
              M 48 A 1 E
              M 48 A 3

Tank, 105 mm Gun M 60 493
                M 60 A 1
                M 60 A 1 E 1

		Seite
Tank, 120 mm Gun M 103	. . . .	501

Tank, Heavy T 29
              T 30
              T 30 E 1
              T 30 E 2
              T 32
              T 34
              T 43

Tank, Medium T 95 506
                T 95 E 1
                T 95 E 2

Erklärungen zu den Typentafeln und Bildern

Typenbezeichnungen: Die amtlichen Bezeichnungen ergeben sich aus der Typenliste.

Typenbeschreibungen: Für die Leittypen sind die wichtigsten Zahlenangaben unter der Typenbezeichnung aufgeführt.
Angegeben sind:
Gewicht in Tonnen;
Abmessungen in Metern;
Panzerung in Millimetern, Maximalstärke meist an der Turm- oder Wannenfront, wo die der Wanne schwächer als die Maximalstärke und bekannt ist, ist sie in Klammern ( ) angegeben.
Fahrbereich in Kilometern;
Kaliber in Millimetern.
Eingehende Zahlenangaben befinden sich in den Vergleichstafeln im Tabellenteil.

Die bekanntgewordenen Produktionsziffern der einzelnen Klassen sind aufgeführt.

Um Unterschiede zu anderen Typen deutlich zu machen, werden die besonderen Merkmale beschrieben. Diese Bemerkungen sind daher lediglich auf Vorläufer oder ähnliche Typen bezogen und können nicht alle Eigenschaften beschreiben.

Obwohl es sich hierbei häufig um subjektives Ermessen handelt, wird auf eine Beurteilung der Leittypen nicht verzichtet. Sie ist vom Standpunkt des rückschauenden Beobachters zu verstehen. Werturteile sind auf gleichzeitige andere Typen der gleichen Klasse oder den damaligen Stand der Technik zu beziehen.

Auf Einzelheiten der taktischen Verwendung kann im Rahmen dieses Buches nicht eingegangen werden. Es wird nur auf die organisatorische Zugehörigkeit im großen Rahmen hingewiesen.

Skizzen: Die Skizzen sollen lediglich die Größenverhältnisse der Haupttypen zueinander und ihre charakteristischen Merkmale verdeutlichen. Sie sind in Einzelheiten nur annähernd maßstabgerecht. Auf die Wiedergabe unwesentlichen und wechselnden Zubehörs wurde dabei verzichtet. Bei Prototypen ist zu beachten, daß ihr Aussehen oft gewechselt hat.

Bilder: Von den in den Truppendienst gelangten KPz werden annähernd sämtliche Ausführungen, sofern sie äußerliche Unterscheidungsmerkmale aufweisen, im Bild gezeigt. Prototypen können nur dann im Bild gezeigt werden, wenn sie entwicklungsgeschichtlich besonders bedeutsam waren.

DEUTSCHLAND

DEUTSCHLAND

Panzerkampfwagen des I. Weltkrieges

	A7V	L.K.II.	K
Gewicht	32	8,5	150
Länge	7,35	5,06	12,7
Breite	3,06	1,95	6,0
Höhe	3,30	2,50	3,0
Panzerung	30	14	30
PS	2×100	55	2×650
km/h	9	16	7,5
Fahrbereich	30—35	60—70	25
Besatzung	18	3	22
Bewaffnung	1 K 57 6 MG 7,92	1 K 57 oder 2 MG 7,92	4 K 77 7 MG 7,92

Entwicklung und Fertigung:

13. 11. 1916	Entwicklungsauftrag des Kriegsministeriums.
22. 12. 1916	Projekt Vollmer fertig.
16. 1. 1917	Holzmodell A7V.
20. 1. 1917	Auftrag auf 100 Stück A7V.
31. 3. 1917	Entwicklungsauftrag vom Chef Feldkraftfahrwesen auf überschweren Panzer K.
28. 6. 1917	Bauauftrag für 10 Stück K.
Okt. 1917	Erster Prototyp A7V fertig.
27. 2. 1918	Vorführung bei SturmBtl Rohr vor Kaiser Wilhelm.
13. 6. 1918	Erste Vorführung eines le PzKpfw L.K.II.
23. 6. 1918	Bauauftrag auf 580 L.K.II.
12. 9. 1918	Einstellung der A7V-Fertigung zu Gunsten L.K.II. nach Ausstoß von 20 Stück. Nur Einzelstücke L.K.II. und 2 unfertige Prototypen K waren bei Kriegsende fertig. Einige L.K.II. wurden von Schweden als „Stridsvagn m/21" übernommen.

Besondere Merkmale:

A7V	Großer kantiger Aufbau. Innen liegendes Laufwerk. Geschützwagen mit Kanone in Kasemattenblende in Bugmitte. MG-Fahrzeuge mit zahlreichen Scharten. Beobachtungsturm in der Mitte. Versuchsabart A7V-U mit umlaufender Kette, ähnlich englische Typen mit Geschützerker.
L.K.II.	Ähnlich englisch „Whippet" mit flachem, außenliegendem Laufwerk, Motor vorn, hoher turmartiger Aufbau im Heck.
K	Sehr großes Fahrzeug mit innen liegendem Laufwerk und breitem, langem Erkeranbau. Für Eisenbahntransport zerlegt.

Verwendung:

5. 1. 1918	Einsatzbereitschaft der SturmPzKpfw Abt. 1 mit A7V. 2 weitere Abt. bis Ende März 1918 fertig.
21. 3. 1918	Erster Angriff von 4 A7V der Abt. 1 bei der 36. InfDiv beim „Michael"-Angriff südl. St. Quentin.

DEUTSCHLAND

24. 4. 1918   Erster Panzerkampf von 13 A7V der Abt. 1—3 bei Villers-Bretonneux gegen englische Panzer.

1919/1920   waren 5 A7V im polnisch-russischen Krieg im Rahmen des PzRgt der Pilsudski-Armee eingesetzt.

Beurteilung:

Die Möglichkeiten des neuen technischen Kampfmittels waren vom deutschen Generalstab zu spät erkannt worden. Die Fertigung lief nur zögernd an und wurde durch Rohstoffmangel und häufige Änderung der militärischen Forderung stark gehemmt. Der A7V war technisch den englischen Fahrzeugen unterlegen, der L.K.II. konnte nicht ausreifen und der K war eine hybride Fehlentwicklung mit einer merkwürdigen Parallele in der „Maus" des 2. Weltkrieges.

Die Alliierten entschieden den 1. Weltkrieg mit rund sechstausend Kampfpanzern gegen 20 deutsche!

DEUTSCHLAND

Abb. 1: Kampfwagen **A7V**, 1917

DEUTSCHLAND

Abb. 2: Leichter Kampfwagen **L. K. II**. Später schwedisch **m/21**.

DEUTSCHLAND

Abb. 3: Großkampfwagen **K** (Modell), 1918.

DEUTSCHLAND

Panzerkampfwagen der Reichswehr

	„Le. Traktor"	„Großtraktor"	„Nb.Fz."
Gewicht			35
Länge			7,2
Breite			3,0
Höhe			2,9
Panzerung			70
PS			500
km/h			35
Fahrbereich			140
Besatzung			6
Bewaffnung	1 K 37	1 K 75 oder H 105	1 K 75 o. H 105, 1 K 37, 5 MG 7,92

Entwicklung und Fertigung:

ca. 1926 Geheime Entwicklung unter Tarnbezeichnung „Leichter Traktor", wahrscheinlich von Rheinmetall.

ca. 1929 „Großtraktor", Prototyp eines schweren Panzers mit großkalibrigem Geschütz.

ca. 1933 „Neubaufahrzeug", auch PzKpfw V und VI genannt. Prototypen mit 3 Türmen von ähnlicher Leistung wie der englische Vickers „Independent".

Besondere Merkmale:

Leichter Traktor — Ähnlich L.K.II. des I. Weltkrieges und britischem Medium Mk II. Umlaufende Kette an seitlich geschlossenem Laufwerk. Drehturm hinten. Rahmenantenne.

Großtraktor — 16 kleine Laufrollen, umlaufende Kette ähnlich A7V U des I. Weltkrieges. Drehturm mit kurzer K in Schildblende vorn.

Nb.Fz. — 10 kleine Laufrollen, 4 Stützrollen, flacheres Laufwerk mit Schmutzöffnungen. Großer Drehturm mit Heckauslage und 2 K in verschiedenen Blendenformen. Vorn rechts und hinten links kleine MG-Türme.

Verwendung:
Prototypen. Nb.Fz. in wenigen Exemplaren 1940 in Norwegen im Einsatz.

Beurteilung:
Übergangsmuster, an denen technische Erfahrungen gesammelt werden konnten.

DEUTSCHLAND

Abb. 4: „**Leichter Traktor**", eine Tarnbezeichnung für eines der ersten Fahrzeuge, die nach dem ersten Weltkrieg zu Versuchszwecken gebaut wurden. In Größe, Formgebung und Bewaffnung schließt dieser Typ von 1926 an den „Leichten Kampfwagen" L.K. I und II des 1. Weltkrieges an.

Abb. 5: „**Großtraktor**". Schwerer Versuchstyp von etwa 1929, der ebenfalls noch stark an die Kampfwagentypen des 1. Weltkrieges, insbesondere den deutschen A7V (U), erinnert. Ende der 20er Jahre wandte sich die taktische Auffassung von solchen schweren Durchbruchswagen ab. Der kleine, leichte MG-Kampfwagen wurde bevorzugt.

DEUTSCHLAND

Abb. 6: **PzKpfw „Nb.Fz."** (Früher PzKpfw V) mit koaxialen, nebeneinanderliegenden 7,5 cm und 3,7 cm KwK. im Hauptturm. Vorn rechts und hinten links kleine MG-Türme. Das Fahrgestell weist noch große Ähnlichkeit mit dem „Großtraktor" von 1929 auf. Versuchsfahrzeug 1933.

Abb. 7: **PzKpfw „Nb.Fz."** (Früher PzKpfw VI) mit koaxialen 10,5 cm und 3,7 cm KwK im Hauptturm. Sehr ähnliche Anordnung wie die der damaligen britischen Vickers „Independent" und mehrerer sowjetischer Typen. „Nb.Fz." ist nur in wenigen Exemplaren hergestellt worden. Schwache Panzerung und zu große Besatzung.

DEUTSCHLAND

Baureihe **Panzerkampfwagen I**

	I Ausf. A	I Ausf. B
Gewicht	5,4	6,0
Länge	4,02	4,42
Breite	2,06	2,06
Höhe	1,72	1,72
Panzerung	13	13
PS	57	100
km/h	37	40
Fahrbereich	145	140
Besatzung	2	2
Bewaffnung	2 MG 7,92	2 MG 7,92

Entwicklung und Fertigung:
Auf Grund der Anfang der dreißiger Jahre herrschenden Doktrin vom Masseneinsatz leichter Kampfpanzer sah die militärische Forderung des deutschen Generalstabs bis 1938 nur Fahrzeuge unter 6 t Gewicht vor.

1933	Entwicklungsauftrag an 5 Firmen. Prototyp LaS von Krupp wurde angenommen.
1934	Beginn der Serienfertigung I A.
1935	Verbesserte Ausführung I B. Serienfertigung bis 1939 etwa 1 800 Stück.
1939	Prototyp VK 601 (PzKpfw I, Ausf. C und VK 1801)

Abarten:
4,7 cm Pak (t) auf PzKpfw I B.
15 cm sJG 33 auf PzKpfw I B.
Kl. Panzerbefehlswagen I B.
PzKpfw I A Munitionsschlepper.

Besondere Merkmale:
A   mit 4 Laufrollen, Leitrad tiefliegend. Blattfedern. Triebrad vorn. Kleiner rechts liegender Drehturm mit Zwillings-MG.
B   Zusätzliches, hochliegendes Leitrad.

Verwendung: 1938—1940 Hauptausstattung der Panzerregimenter.

Beurteilung:
Billiges Massenfahrzeug, das die schnelle Ausstattung der ersten Panzerdivisionen ermöglichte und mit dem wertvolle technische und taktische Erfahrungen gesammelt werden konnten. Nach Überwindung der Anfangsschwierigkeiten war das Fahrzeug der Ausf. B ausgereift und technisch etwa auf der Höhe der Zeit (Vgl. die engl. Carden-Loyd-Typen und die sowjetische T-40-Reihe).

DEUTSCHLAND

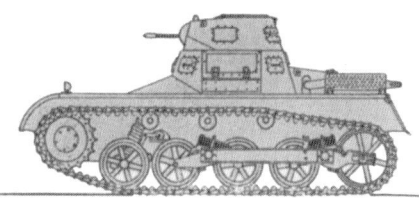

Abb. 8: **PzKpfw I** mit 2 MG (SdKfz 101), Ausf. A

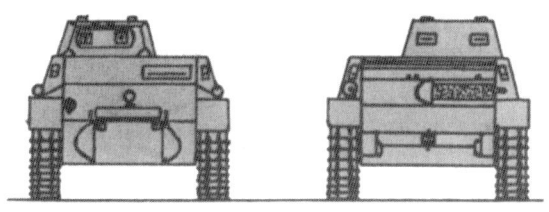

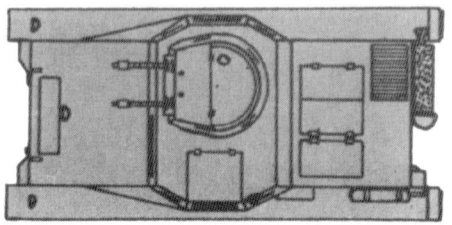

Abb. 9 a—d: **PzKpfw I** mit 2 MG (SdKfz 101), Ausf. B

DEUTSCHLAND

Abb. 10: **PzKpfw I,** Ausf. A. Vier Laufräder an Blattfedern und das tiefliegende Leitrad sind die charakteristischen Merkmale dieses ersten Serienfahrzeugs der Wehrmacht.

Abb. 11: **PzKpfw I,** Ausf. B. Das Fahrgestell ist um eine Rolle verlängert, um den stärkeren Motor unterbringen zu können. Das Leitrad liegt hoch. 4 Stützrollen stützen den oberen Kettentrakt.

DEUTSCHLAND

Baureihe **Panzerkampfwagen II** (Ausf. a1, a2, a3, b, c, A bis L)

	D	F	L
Gewicht	10	9,5	11,8
Länge	4,64	4,81	4,63
Breite	2,30	2,28	2,48
Höhe	2,02	2,02	2,21
Panzerung	30	35	30
PS	140	140	180
km/h	55	40	60
Fahrbereich	200	190	250
Besatzung	3	3	4
Bewaffnung	1 K 20	1 K 20	1 K 20
	1 MG 7,92	1 MG 7,92	1 MG 7,92

Entwicklung und Fertigung:

1934	Entwicklungsaufträge für ein 10 t-Fahrzeug auf Grund militärischer Forderungen, die die Ausstattung der PzTrp zunächst mit zahlreichen leichten Panzern anstrebte. Prototypen L. K. A. 2 (Krupp), MAN und Henschel (L. a S 100)
1935	25 Stück a1, 25 Stück a2.
1936	50 Stück a3, 100 b.
1937	Ausf. c, A, B, C.
1938	Ausf. D, E. Prototyp VK 901
1939	Prototypen VK 1301, 1303 und 1601-
1941	Ausf. F bis 1944 650 Stück hergestellt. Prototyp 1602 („Leopard")
1942	Ausf. L als Spähpanzer 100 Stück mit 2 cm, 31 Stück mit 5 cm K.

Abarten:

Flammpanzer II D und E 1940.
PzSfl II für 7,62 cm Pak 36 (r) „Marder II".
7,5 cm Pak 40/2 „Marder II auf Sfl II.
10,5 cm le F.H. 18/2 „Wespe" auf Fahrgestell PzKpfw II.
15 cm s. I.G. auf PzKpfw II.

Besondere Merkmale:

a bis b	8 schmale Laufrollen, paarweise an Blattfedern und außen liegendem Tragbalken. Runder Bug.
c bis C	5 Scheibenlaufräder an Blattfedern. A mit Kuppel und schräger Bugplatte.
D, E	4 große Laufräder an Drehstäben, sonst wie C.
L	Schachtellaufwerk.

Verwendung:

1938 Ausf D, E	bei PzAbt (verlastet) der le.Div.
1940	955 Stück bei PzRgt.
1. 7. 1941	noch 1 067 Stück im Bestand.
1. 4. 1942	860 Stück.
Ausf L 1942	bei PzAufklAbt.

Beurteilung:

Obwohl der Panzer bei Kriegsbeginn zahlreichen schweren Typen unterlegen war, trug er doch in Polen und Frankreich wesentlich zu den Erfolgen der

DEUTSCHLAND

deutschen Panzerkräfte bei. Gegen Panzer mit stärkerer Bewaffnung mußte seine Beweglichkeit den Ausgleich herbeiführen. Später leistete der Panzer als Aufklärungsfahrzeug der PzAbt gute Dienste.

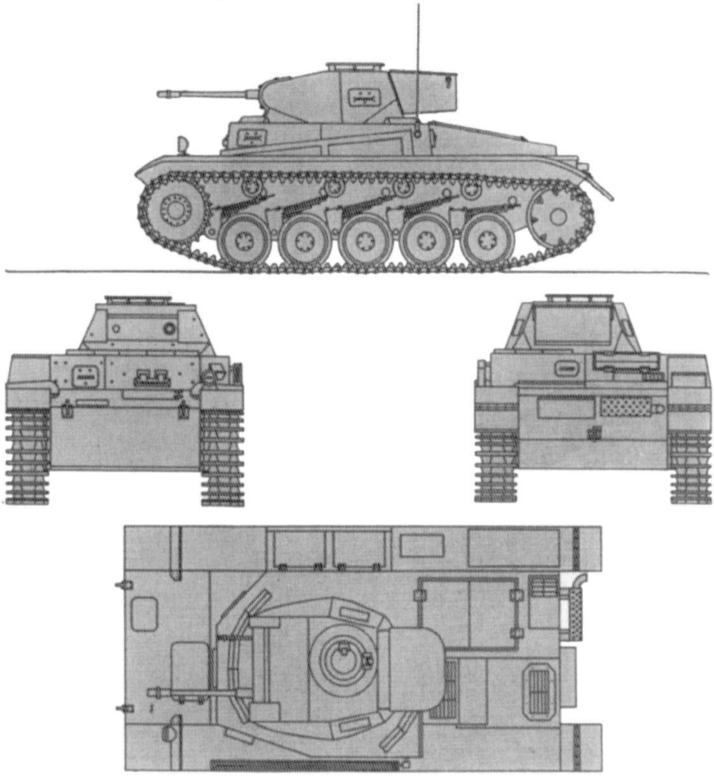

Abb. 12 a—d: **PzKpfw II**, Ausf. G

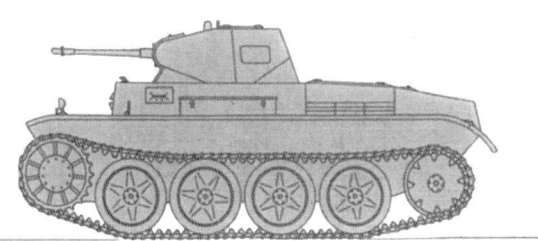

Abb. 13: **PzKpfw II**, Ausf. D, E

DEUTSCHLAND

Abb. 14: **PzKpfw II**. Ausführungen a 1, a 2, a 3 und b. Zentral angeordneter Turm ohne Kuppel. Gewölbter Bug. 8 schmale Laufrollen, paarweise an Blattfedern und außenliegendem Tragbalken aufgehängt. Ausführung a 1 mit gegossenen, ab a 2 mit Walzstahl-Leiträdern. Ab Ausführung b mit 140-PS-Motor gegenüber vorher 130 PS ausgestattet.

Abb. 15: **PzKpfw II**, Ausf. c. Standardlaufwerk der II-Serie mit 5 mittelgroßen Laufrädern an Blattfedern.

DEUTSCHLAND

Abb. 16: **PzKpfw II**, Ausf. A, B, C. Schräge Bugplatte. Verbesserte Kuppel. Sonst keine wesentlichen Unterschiede zu Ausführung C.

Abb. 17: **PzKpfw II**, Ausf. F, G, J. Auf 35 mm verstärkte Frontpanzerung. Konisches Leitrad. Verbesserte Kuppel mit 7 Winkelspiegeln. Ab Ausführung G Gepäckkasten hinter dem Turm.

DEUTSCHLAND

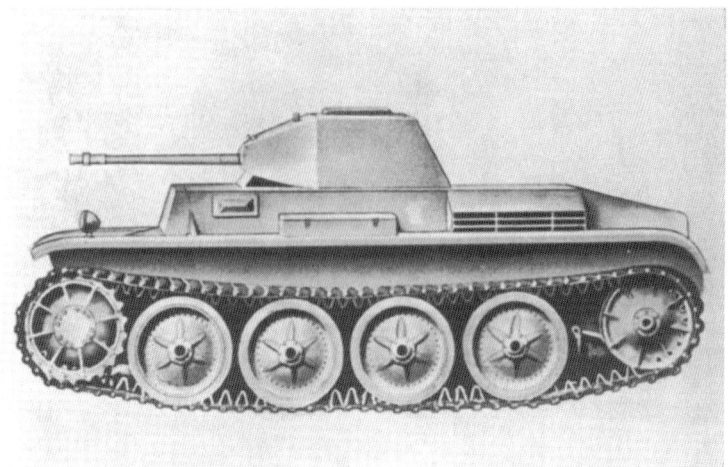

Abb. 18: **PzKpfw II**, Ausf. D, E. Laufwerk mit 4 großen Rädern (Christie-Laufwerk) ohne Stützrollen zur Verbesserung der Geschwindigkeit. Als schnelle Kampfwagen für die Panzerabteilungen der leichten Divisionen gedacht. In der Regel waren diese Fahrzeuge zur Erhöhung der Straßengeschwindigkeit und Reichweite verlastet.

Abb. 19: **Aufklärungspanzer „Luchs"**. Eine späte Ausführung L des Pz Kpfw II, gedacht nur für Aufklärungszwecke. Beachte die glatten Scheiben des Schachtellaufwerks.

DEUTSCHLAND

Baureihe **Panzerkampfwagen III**

	A	D	E	H	J	N
Gewicht	15	19,3	19,5	21,6	22,3	22,3
Länge	5,69	5,41	5,41	5,52	5,52	5,52
Breite	2,81	2,91	2,91	2,95	2,95	2,95
Höhe	2,34	2,44	2,44	2,50	2,51	2,51
Panzerung	14,5	30	30	30+30	57+20	57+20 (50+20)
PS	230	320	300	300	300	300
km/h	32	40	40	40	40	40
Fahrbereich	150	165	175	175	175	175
Besatzung	5	5	5	5	5	5
Bewaffnung	1 K 37	1 K 37	1 K 50	1 K 50	1 K 50	1 K 75
	3 MG	3 MG	2 MG	2 MG	2 MG	2 MG

Entwicklung und Fertigung:

1935	Entwicklungsauftrag des Waffenamtes ohne zu Grunde liegende militärische Forderung des GenStbdH auf 15 t-Panzer mit 7,5 cm K (ZW). Prototyp MKA (Krupp).
1936	Vorserie von Daimler Benz. Ausf A im Truppenversuch.
1937	Je 15 Stück B und C im Truppenversuch.
1938	Ausf. D 55 Stück Serie.
1939	Ausf. E Großserie, 100 Stück (SdKfz 141)
1940	Ausf. F mit 5 cm K auf Grund Forderungen von 1938 450 Stück gefertigt, jedoch noch nicht für Westfeldzug.
1941	450 Ausf. G Umrüstung auf 5 cm K L/42 auch älterer Typen, insgesamt 1924 Stück. Ab Mitte 1941 Einführung der 5 cm K L/60 bei Ausf. J und Umrüstung aller Typen.
1941	Ausf. L mit verstärkter Panzerung.
1942	1907 Stück mit 5 cm L/60.
1943	Ausf. N mit 7,5 cm L/24 als Sturmpanzer, 660 Stück.
1935—45	wurden insgesamt 15350 Fahrgestelle III hergestellt.

Abarten:

1940	Sturmgeschütz III.
1941	Sturmgeschütz III F (Jagdpanzer) mit 7,5 cm K L/48.
1942	Sturmgeschütz III G (Sturmpanzer) mit 10,5 cm H.
1942	Flammpanzer III.
1938	Gr. Panzerbefehlswagen.
1941	Panzerbefehlswagen III Ausf. K.
1943	Panzerbeobachtungswagen III.

Besondere Merkmale:

A	5 große Laufrollen an Schraubenfedern. Kantiger Panzerkasten. Funker-MG in Kugelblende. Abgeschrägter Turm mit innen liegender Walzenblende. Tonnenartige Kommandantenkuppel mit Sehschlitzen.
B, C, D	8 kleine Laufrollen an Blattfedern.
E	6 Laufrollen an Drehstäben. Außenliegende Walzenblende. Verbesserte Schlitzabdeckung an Kommandantenkuppel.
H	Zusatzpanzerplatten an Fahrerfront.

DEUTSCHLAND

J Lange glatte K.
L Zusatzpanzer vor Turmfront.
M Serienmäßig Zusatzpanzer.
N Kurze 7,5 cm K.

Verwendung:
10. 5. 1940 349 bei PzRgt bis Ausf. E mit 3,7 cm K.
 1. 7. 1941 327 mit 3,7 cm K und 1 174 mit 5 cm K im Truppengebrauch.

Beurteilung:
Gut durchgebildetes Fahrzeug, das in Formgebung und Gesamtauslegung richtungweisend war. Die Drehstabfederung hat sich später bei fast allen Nationen durchgesetzt. Durch hohe Beweglichkeit, Funkausstattung, gute Feuerleitmöglichkeit für den Kommandanten, hohe Feuergeschwindigkeit war der Panzer 1940/41 auch stärker bewaffneten und besser gepanzerten Typen überlegen. 1942 Panzerung gegen britische 40 mm K unter 1000 m zu schwach, 3,7 KwK und 5 cm L/42 gegen alle britischen Panzer unzulänglich. Nur 5 cm L/60 mit PzGr 40 (Hartkern) konnte durchschlagen (außer ,,Matilda").

DEUTSCHLAND

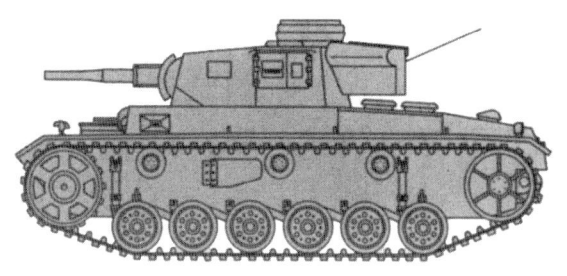

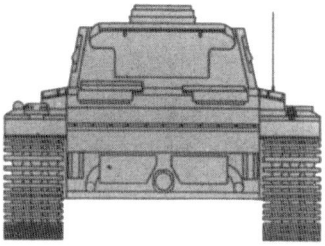

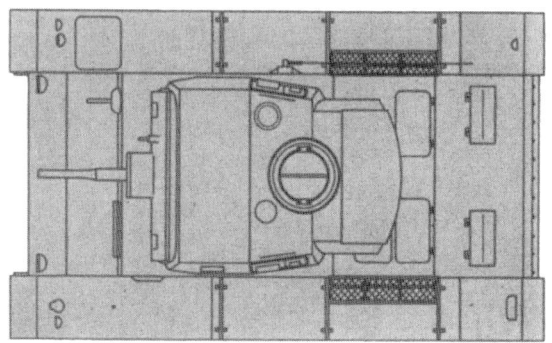

Abb. 20 a—d: **PzKpfw III**, Ausf. G

DEUTSCHLAND

Abb. 21: **PzKpfw III**, Ausf. J. Standardausstattung 1943 mit 5 cm KwK. L/60, auf 50 mm verstärkter Panzerung und auf 22,3 t gesteigertem Gewicht.

DEUTSCHLAND

Abb. 22: **PzKpfw III**, Ausf. L mit verstärkter Turmfrontpanzerung und 20 mm Zusatzplatten vor Turmblende und Fahrerfront.

DEUTSCHLAND

Baureihe **Panzerkampfwagen IV**

	A	B	D	E	F 2	H	J
Gewicht	17,3	17,7	20,0	21,0	23,6	25,0	25,0
Länge	5,60	5,87	5,87	5,91	5,93	5,89	5,89
Breite	2,85	2,85	2,86	2,86	2,88	3,29	3,29
Höhe	2,68	2,68	2,68	2,68	2,68	2,68	2,68
Panzerung	20 (14,5)	30	30	30+30	50	80	80
PS	250	320	300	300	300	300	300
km/h	30	40	40	42	40	38	38
Fahrbereich	150	200	200	200	200	200	300
Besatzung	5	5	5	5	5	5	5
Bewaffnung	1 K 75	1 K 75	1 K 75	1 K 75	1 K 75	1 K 75	1 K 75
	2 MG	1 MG	2 MG	2 MG	2 MG	2/3 MG	2 MG

Entwicklung und Fertigung:

1934	Entwicklungsaufträge des Waffenamtes für 24 t-Fahrzeug mit 7,5 cm K (BW).
1935/1936	Prototypen von Rheinmetall (VK 2001 Rh) und MAN (VK 2002 MAN) sowie Krupp (VK 2001 K).
1936	Ausf. A: 35 Stück Vorserie Truppenversuch.
1937	Ausf. B: 42 Stück.
1938	Ausf. C: 140 Stück.
1939	D nur 45 Stück in Serie gefertigt.
1939	Nach Polenfeldzug Ausf. E mit Zusatzpanzer.
1940	280 gefertigt.
1941	480 gefertigt. Ausf. F1 mit verstärkter Panzerung.
18. 11. 1941	Auftrag auf lange 7,5 cm K L/43 an Krupp für F2.
1942	Ausf. G: 904 Stück gefertigt. Ab August mit 7,5 cm L/48.
1943	Ausf. H mit Schürzenpanzerung und 80 mm Frontpanzer. 3 073 Stück gefertigt.
1944	Ausf. J ohne elektrisches Turmschwenkwerk. 3 161 Stück gefertigt.
1939—1945	Gesamtproduktion 932 mit 7,5 L/24 und 7 071 mit 7,5 L/48.

Abarten:

1941	10,5 K 18 Selbstfahrlafette (2 Stück).
1943/1944	Sturmgeschütz (Jagdpanzer) IV mit 7,5 cm K L/48 und L/70 (1 530 Stück).
	Sturmpanzer IV „Brummbär" mit 15 cm s. J.G.
	8,8 cm Pak Selbstfahrlafette „Hornisse" oder „Nashorn".
	15 cm Panzerhaubitze 18 (M) „Hummel" auf GW III/IV.
	2 cm Flakvierling Selbstfahrlafette IV.
	3,7 cm Flak Sf IV.
	Flakpanzer IV „Wirbelwind" mit 2 cm Vierling.
	Flakpanzer IV „Ostwind" mit 3,7 cm Flak.

Besondere Merkmale:

A	8 Doppellaufrollen, paarweise an Blattfedern. Tonnenartige Kommandantenkuppel. Bug-MG. Fahrerrerker. Kurze („Stummel") Kanone. Senkrechte Wände.

DEUTSCHLAND

B, C	Durchgehende Fahrerfront. Kein Bug-MG. 320 PS-Motor! 18 PS/t.
D	Verstärkte Seitenpanzerung, Bug-MG.
E	Zusatzpanzerung.
F1	Homogene 50 mm Panzerung der Front.
F2, G	7,5 cm KwK L/43.
H	7,5 cm KwK L/48, 80 mm Panzerung der Front, Schürzen.
J	Erhöhter Fahrbereich, ,,Entfeinerung".

Verwendung:

1. 5. 1940	278 Stück bei schweren Kp der PzAbt.
1. 7. 1941	531 Stück im Truppengebrauch.
1. 4. 1942	552 Stück im Truppengebrauch bei sKp der PzAbt.
1943/1944	Hauptausstattung der PzAbt.

Beurteilung:

Zunächst war der Panzer IV nur als Unterstützungsfahrzeuge für die Masse der leichten KPz (I und II) gedacht. Das kurze L/24-Rohr hatte geringe Leistung gegen Feindpanzer. Der robuste und zuverlässige Panzer konnte jedoch durch Einbau der 7,5 cm L/48 bis Kriegsende zur Standardausstattung der PzRgt werden. Diese Kanone befähigte ihn ab 1942 zum Kampf gegen T-34 und alle britischen und amerikanischen Typen auf Entfernungen bis 1000 m. Durch ständige Gewichtsvermehrung sank das Leistungsgewicht auf 12 PS/t.

DEUTSCHLAND

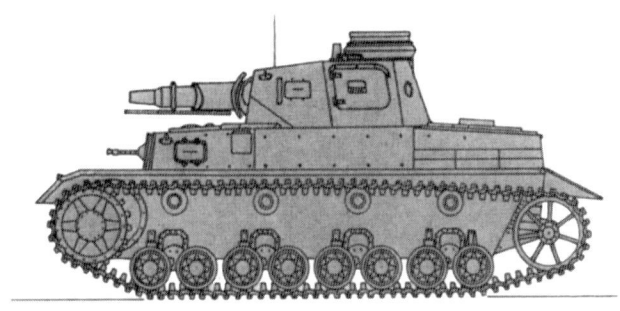

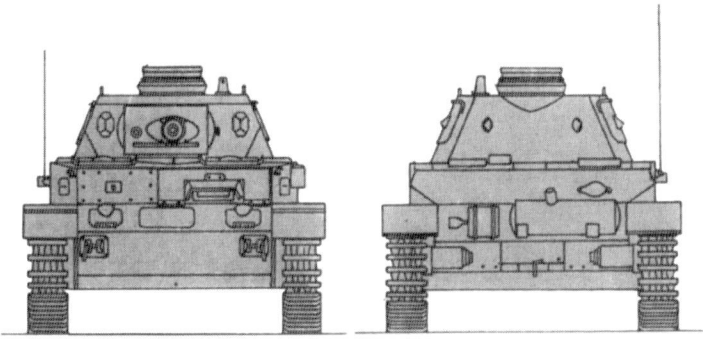

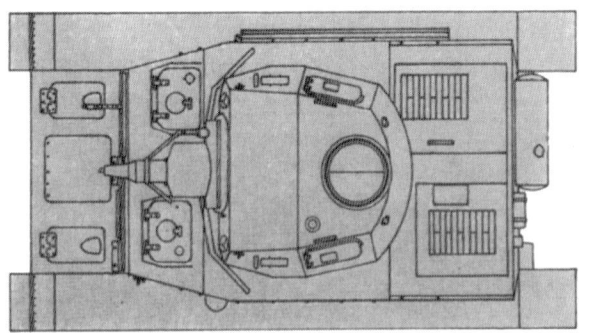

Abb. 23 a—d: **PzKpfw IV**, Ausf. D

DEUTSCHLAND

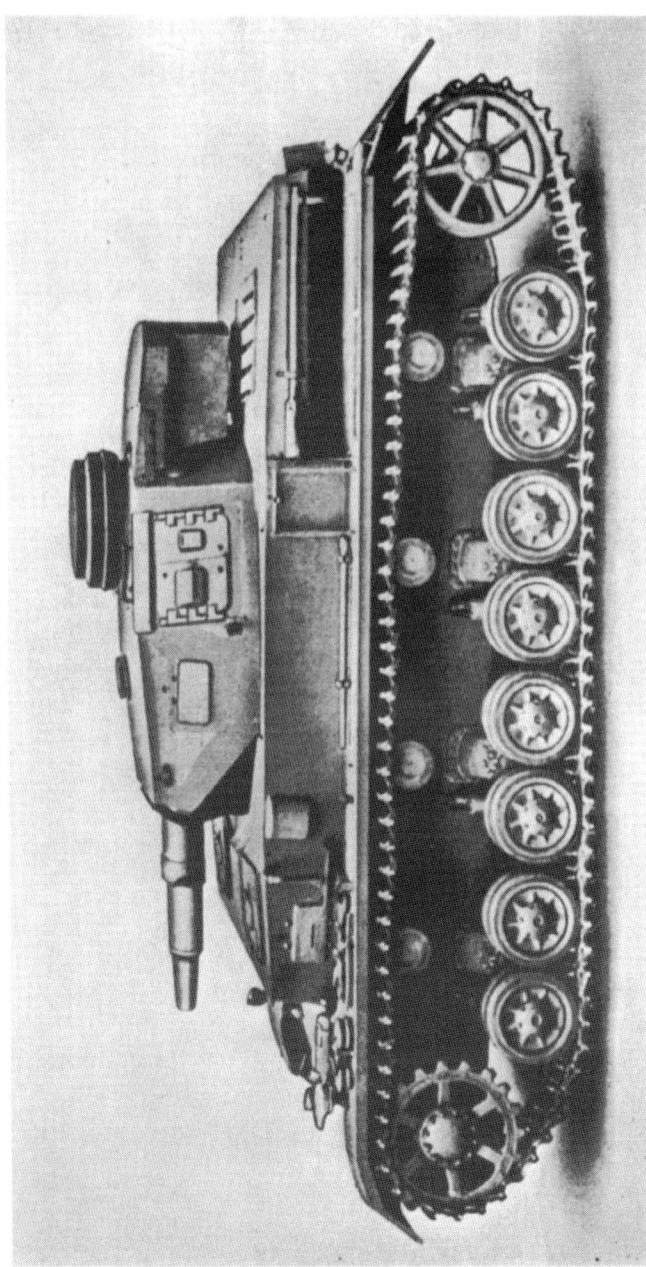

Abb. 24: **PzKpfw IV**, Ausf. F 1. Letzte Ausführung des Baumusters mit kurzer KwK. Auf 50 mm gesteigerte Frontpanzerung aus homogenen, gehärteten Walzplatten.

DEUTSCHLAND

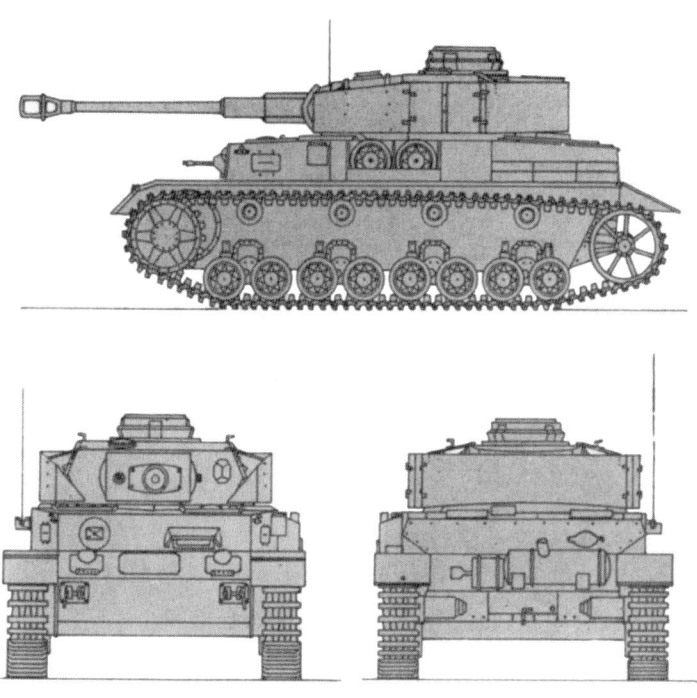

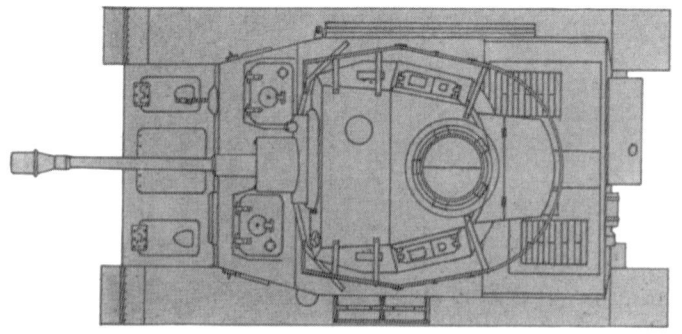

Abb. 25 c—d: **PzKpfw IV**, Ausf. H

DEUTSCHLAND

Abb. 26: **PzKpfw IV**, Ausf. A. Ein 18-t-Fahrzeug mit 230-PS-Motor. Das Fahrgestell dieser ersten Serienausführung blieb in der Folge unverändert.

Abb. 27: **PzKpfw IV** mit 7,5 cm KwK. L/48, Ausf. H (SdKfz 161/2)

DEUTSCHLAND

Baureihe **Panzerkampfwagen V „Panther"**

	D	G	A
Gewicht	43	44,8	45,5
Länge	6,88	6,88	6,88
Breite	3,43	3,43	3,43
Höhe	2,95	3,00	3,10
Panzerung	120 (80)	120 (80)	120 (80)
PS	650	700	700
km/h	46	46	46
Fahrbereich	169	177	177
Besatzung	5	5	5
Bewaffnung	1 K 75	1 K 75	1 K 75
	1 MG 7,92	3 MG 7,92	3 MG 7,92

Entwicklung und Fertigung:

1937	Entwicklungsauftrag an Daimler Benz für 700/800 PS 12 Zyl-Motor MB 503 für Projekt VK 3001 DB, einen 30 t-Panzer mit 7,5 oder 10,5 K L/28.
1937	Eigenentwicklung DW 1 von Henschel mit Schachtellaufwerk.
1938	Entwicklungsauftrag für DW 2 an Henschel. O-Serie von 8 Stück 1940 zur Erprobung ausgeliefert.
1941	März und Oktober je 2 Prototypen VK 3001 H mit kurzen Kanonen.
18. 7. 1941	Auftrag an Rheinmetall-Borsig auf KwK mit Durchschlagsleistung von 140 mm auf 1 000 m als Antwort auf den sowjetischen KW.
25. 11. 1941	Entwicklungsauftrag VK 3002 für KPz mit 60 mm Frontpanzerung und 35 t Gewicht als Antwort auf den T-34.
Sept. 1942	Prototyp VK 3002 MAN fertig.
Nov. 1942	Serienbeginn bei MAN Ausf. D
1943	1 768 Stück Ausf. A. Prototyp „Panther II"
1944	3 740 Stück Ausf. G,

Gesamtproduktion 5 508 Stück.

Abarten:

Jagdpanzer „Jagdpanther" mit 8,8 cm K.
Panzerbefehlswagen „Panther".
Panzerbeobachtungswagen „Panther".
Bergepanzer „Panther".

Besondere Merkmale:

D	Schachtellaufwerk mit 4 Innen- und 4 Außenrollen. Waagerecht gebrochener, übergreifender Panzerkastenoberteil. Kein Bug-MG. Stark abgeschrägte Fahrerfront, von T-34 beeinflußte Formgebung. Turm mit Kuppel. K in Walzenblende.
G	Bug-MG. Flaschenförmige Mündungsbremse.
A	Durchgehend schräg verlaufender Panzerkastenoberteil.

Verwendung:

1943 bei PzAbt. V.

DEUTSCHLAND

Beurteilung:
Außerordentlich kurzfristig entwickeltes Fahrzeug von guter Formgebung und hervorragender Bewaffnung. Nach anfänglich erheblichen Mängeln in einzelnen Baugruppen, bedingt durch die kurze Erprobung, zuverlässig. 1943 bis Kriegsende fast allen gegnerischen Typen überlegen.

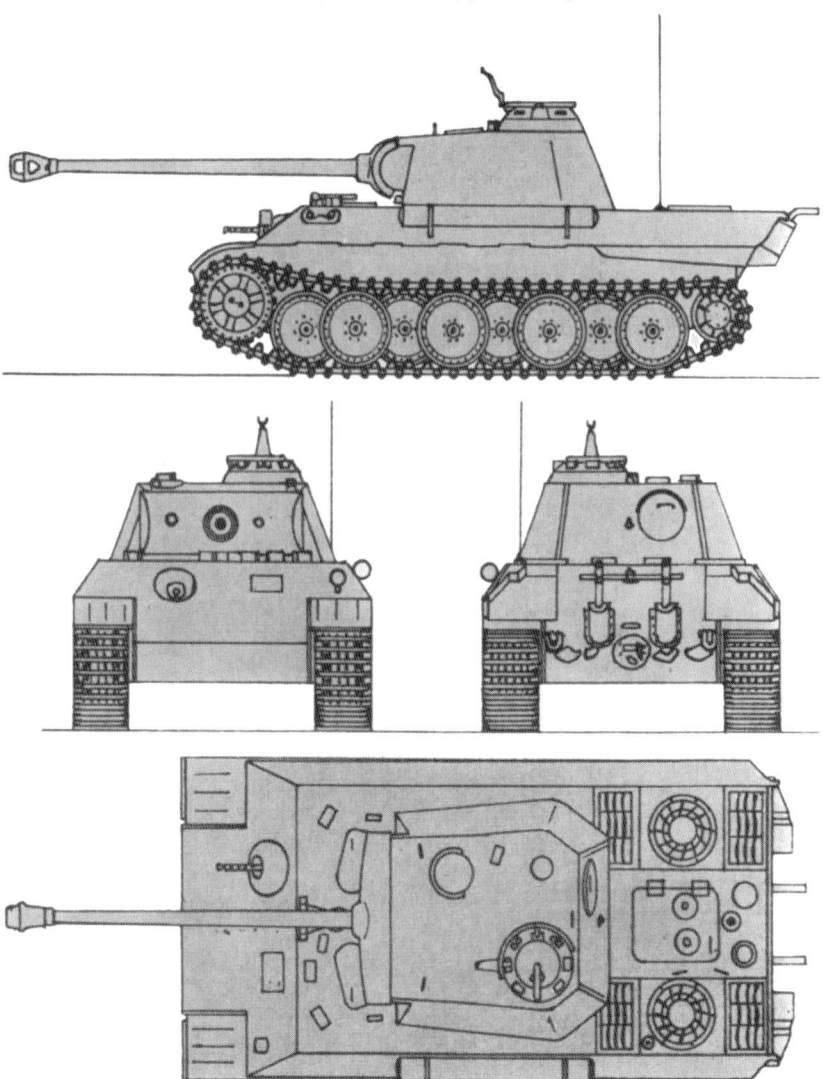

Abb. 28a—d: **PzKpfw V**, „Panther"

DEUTSCHLAND

Abb. 29 a: **PzKpfw V**, ,,Panther'', Ausf. A

Abb. 29 b: **PzKpfw V**, ,,Panther'', Ausf. G

Abb. 30: **PzKpfw V**, ,,Panther'', Ausf. G

DEUTSCHLAND

Abb. 31: **PzKpfw „Panther"**, Ausf. G. Waagrecht gebrochene Seitenwand des Panzerkasten-Oberteils bei 60° Neigung und Verstärkung auf 50 mm.

DEUTSCHLAND

Baureihe **Panzerkampfwagen "Tiger"**

	I E	II B
Gewicht	55	69,7
Länge	6,21	7,26
Breite	3,73	3,75
Höhe	2,86	3,09
Panzerung	110 (102)	185 (150)
PS	700	700
km/h	38	38
Fahrbereich	100	110
Besatzung	5	5
Bewaffnung	1 K 88	1 K 88
	2 MG 7,92	3 MG 7,92

Entwicklung und Fertigung:

1. 9. 1939	Auftrag VK 6501 (PzKpfw VII) an Henschel und Krupp. Gedacht war an einen schweren Durchbruchswagen.
1941	Prototyp SW des VK 6501 H als Fahrgestell.
Mai 1941	Auftrag VK 3601 auf KPz bis 40 t mit 100 mm Frontpanzer und Durchschlagsleistung der K von 100 mm auf 1400 m (PzKpfw VI).
Juli 1941	Auftrag an Krupp, die 8,8 cm Flak L/56 als KwK umzuarbeiten.
26. 5. 1941	Auftrag VK 4501 P und 4501 H für diese Kanone schnellstmöglich einen schweren Pz zu schaffen.
20. 4. 1942	Vorführung der Prototypen von Henschel und Porsche.
August 1942	Serienfertigung bei Henschel 83 Stück I Ausf. E.
1943	649 Stück I E.
1944	623 Stück. Gesamtfertigung 1355 Stück.
Herbst 1942	Auftrag VK 4502 an Porsche und VK 4503 an Henschel zur Verbesserung der Formgebung, Angleichung von Bauteilen an "Panther" und Einbau der 8,8 cm K L/71 bei 150 mm Frontpanzerung.
20. 10. 1943	Holzmodell und Prototyp "Tiger II".
Januar 1944	Serienfertigung II Ausf. B.
1944	377 Stück II B.
1945	107 Stück II B, Gesamtfertigung 487 Stück.

Abarten:

Sturmpanzer "Sturmtiger" mit 38 cm Werfer.
Jagdpanzer "Jagdtiger" mit 12,8 cm K, Ausf. B.
Jagdpanzer "Tiger (P)" "Elefant" mit 8,8 cm K L/71.

Besondere Merkmale:

I	Schachtellaufwerk. Senkrechte Wände. Übergreifender Panzerkasten. Großer Turm mit senkrechten Wänden und Kommandantenkuppel. Kanone in Schildblende. Für Eisenbahntransport schmalere Verladeketten notwendig.
II	Schachtellaufwerk. Abgeschrägte Wände. Schräge Turmwände. 150 Stück mit Walzenblende, danach "Saukopf"-Blende. Verladeketten für Eisenbahntransport.

DEUTSCHLAND

Verwendung:
I Erstmalig September 1942 bei Leningrad.
II Erstmals August 1944 eingesetzt. Ausstattung von schweren Heeres-Panzerabteilungen, sowie bei einigen PzRgt von Divisionen.

Beurteilung:
Stark gepanzerte und gut bewaffnete aber wenig bewegliche Fahrzeuge. Die taktische Verwendung entsprach diesen Möglichkeiten. Die Durchschlagsleistung der Kanone des Tiger I E lag nicht wesentlich über der des ,,Panther'', so daß es fraglich ist, ob die verschiedenen Typen gerechtfertigt waren. Der Umbau zum Typ II beeinträchtigte die Fertigung und Versorgung zusätzlich. Die angestrebte Angleichung an den ,,Panther'' wurde nur in unwesentlichen Teilen erreicht. Beide Ausführungen waren jedoch nach Feuerkraft und Panzerung fast allen gegnerischen Typen bis Kriegsende überlegen. Nur der JS-II und -III war stärker bewaffnet.

DEUTSCHLAND

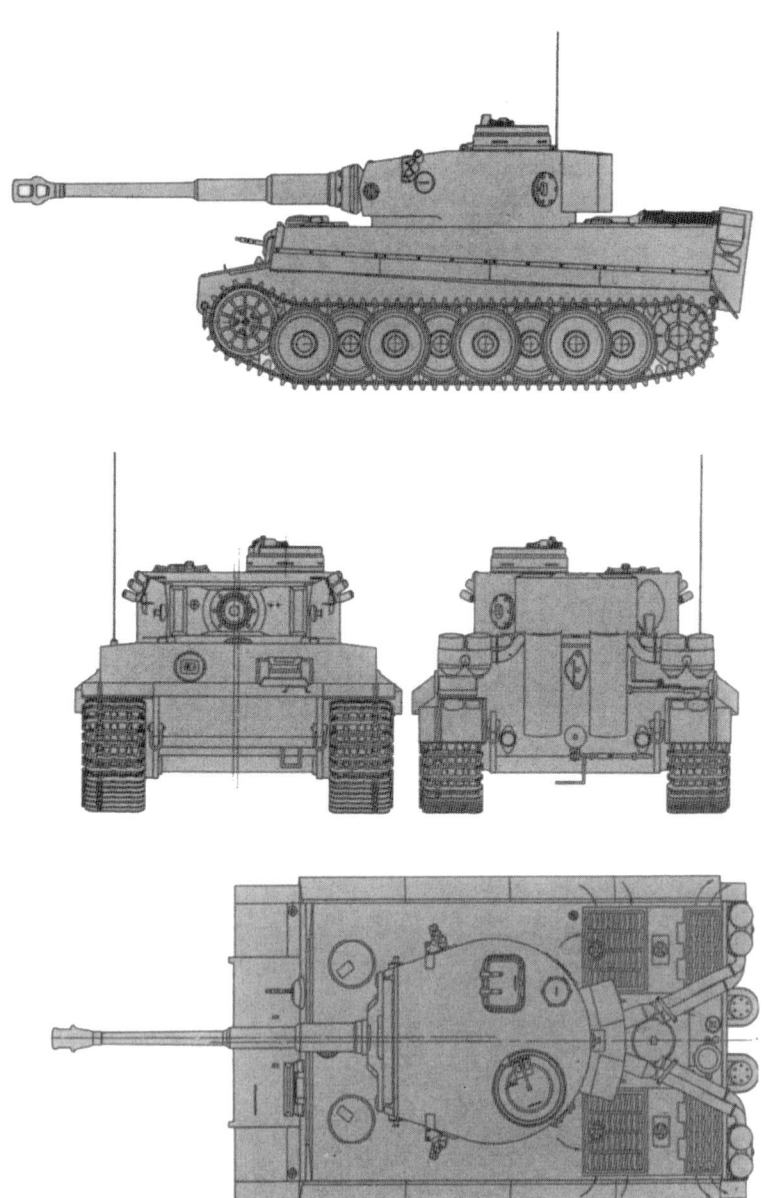

Abb. 32 a—d: **PzKpfw VI**, „Tiger" I

DEUTSCHLAND

Abb. 33: **PzKpfw „Tiger I"** mit 8,8 cm KwK. L/56

DEUTSCHLAND

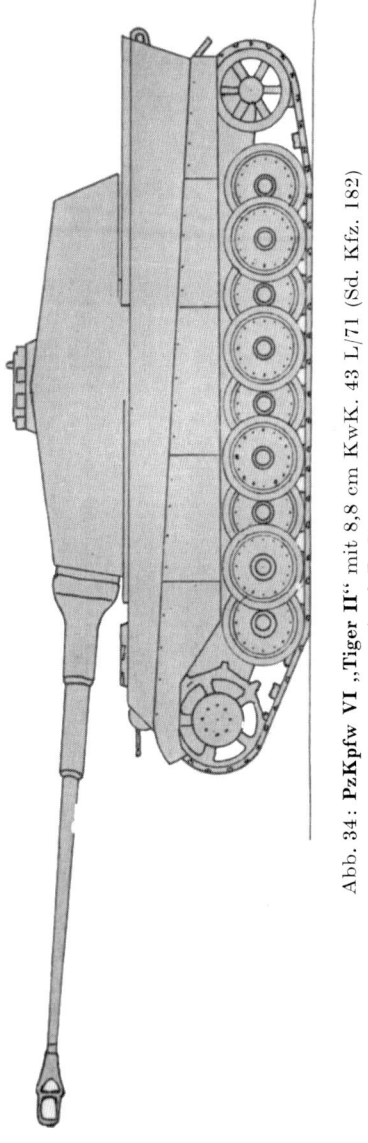

Abb. 34: **PzKpfw VI "Tiger II"** mit 8,8 cm KwK. 43 L/71 (Sd. Kfz. 182) Ausf. B, Turm n. A.

DEUTSCHLAND

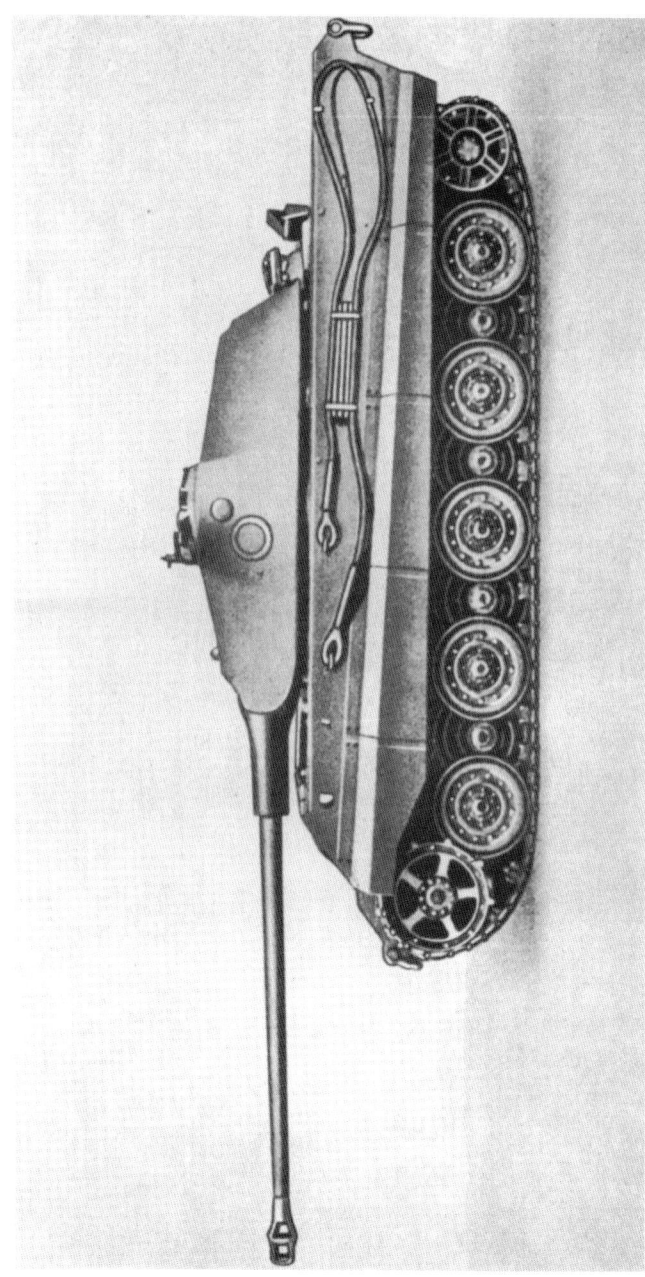

Abb. 35: **PzKpfw „Tiger II"** mit Turm alter Art. Diese Türme waren für VK 4502 (P) hergestellt worden. Beachte die Laufräder aus Stahlreifen mit Gummieinlage.

DEUTSCHLAND

Abb. 36: **„Tiger II"**. Dieses Bild zeigt das noch heute in Munster als Denkmal vor der Kampftruppenschule II stehende Fahrzeug, ein Geschenk der US-Army.

DEUTSCHLAND

Baureihe **Panzerkampfwagen „Maus"**

	Maus I	Maus II	E. 100
Gewicht	188	189	140
Länge	9,03	9,03	8,69
Breite	3,67	3,67	4,48
Höhe	3,66	3,66	3,32
Panzerung	240 (200)	240 (200)	240 (200)
PS	1200	1200	1200
km/h	20	20	40
Fahrbereich	190	190	.
Besatzung	6	6	6
Bewaffnung	1 K 128	1 K 150	1 K 150
	1 K 75	1 K 75	1 K 75
	2 MG	2 MG	2 MG

Entwicklung und Fertigung:

8. 6. 1942	Auftrag Hitlers an Prof. Porsche ohne zugrunde liegende militärische Forderung des Generalstabes.
23. 12. 1943	Erste Probefahrt des Prototyps „Maus I" von Alkett.
Mitte 1943	Auftrag des Waffenamtes an Adler als Konkurrenzunternehmen zu „Maus" ein 140-t-Fahrzeug ähnlicher Auslegung wie „Tiger II" zu entwickeln. Prototyp der Wanne war fertiggestellt worden. Der auch für „Maus" vorgesehene Turm von Krupp kam nicht mehr zum Einbau.
1944	„Maus II" Prototyp.
1945	Beide Prototypen „Maus" in Kummersdorf vernichtet. Prototyp E. 100 ohne Turm in Haustenbeck unversehrt in amerikanische Hände gefallen.

Besondere Merkmale:

„Maus"	Tauchfähiger Panzerkasten mit Seitenschürzen. 6 kegelstumpf-spiralgefederte Rollenwagen. Motor vorn, dahinter Generatoren und Elektromotoren, hinten Seitenvorgelege. 50 t schwerer Turm für zwei koaxiale Kanonen. Bei Tauchfahrt Strom von zweitem Wagen über Kabel für Elektromotoren.
E. 100	Überlappende Stahlräder an Tellerfedern. Übergreifender Panzerkasten. Abnehmbare Kettenabdeckung, zugleich Panzerschürze. Motor im Heck.

Verwendung: Prototypen.

Beurteilung:

Fast unbewegliche Fahrzeuge. Stark gepanzert und bewaffnet. Enormer Fertigungsaufwand. Hoher Rohstoffbedarf. Diese Entwicklungen sind der letzte Akt des deutschen Panzerbaus im 2. Weltkriege. Sie stellen eine beachtliche konstruktive Leistung dar, der aber eine verfehlte militärische Forderung zugrunde lag, soweit von einer solchen überhaupt gesprochen werden kann. Die konkurrierenden Forderungen Hitlers und des Waffenamtes zeigen die mangelnde Koordinierung der deutschen Führungsspitze und die Ohnmacht des Generalstabes des Heeres.

DEUTSCHLAND

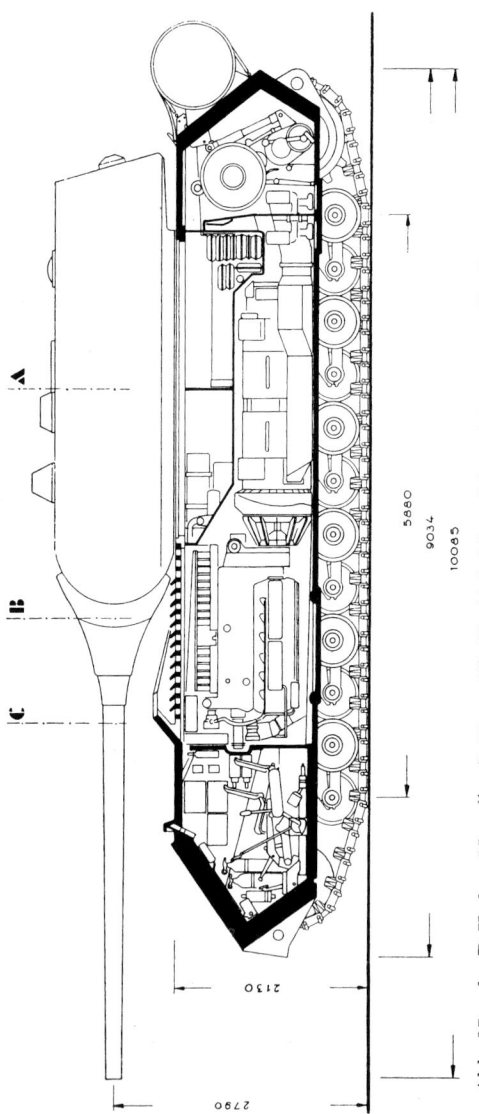

Abb. 37 a, b: **PzKpfw „Maus"** mit 15 cm KwK. 44 L/38 und koaxialer 7,5 cm KwK. 44 L/36,5 (Prototyp)

DEUTSCHLAND

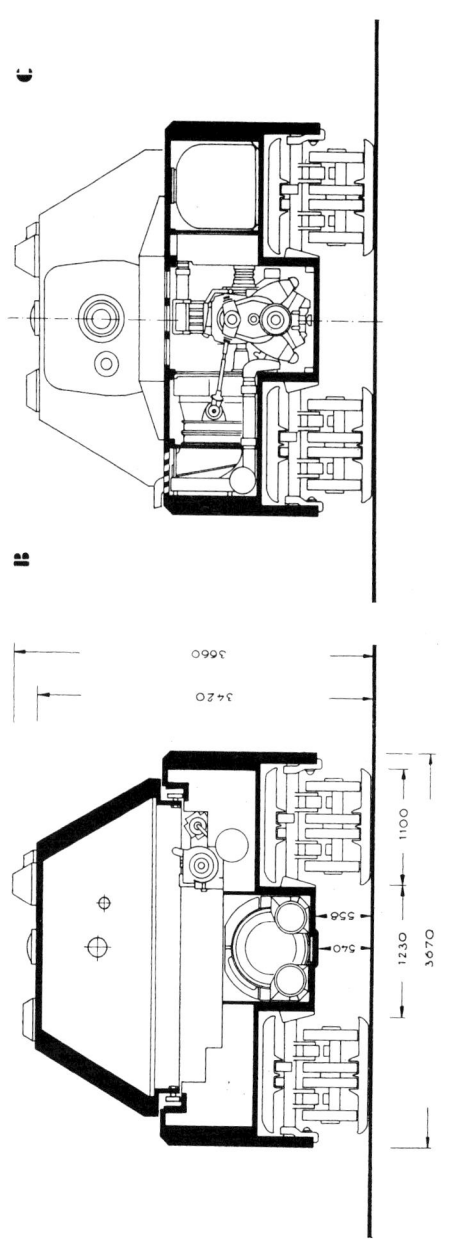

Abb. 37 b, c: **PzKpfw „Maus"**. Links Schnitt in der Ebene A, rechts in den Ebenen B und C.

DEUTSCHLAND

Abb. 38: „Maus", Prototyp von hinten

Abb. 39: **PzKpfw** „Maus", Prototyp Porsche 205 mit Gewichten an Stelle des Drehturms. Beachte die breiten Ketten und die senkrechten Seitenwände.

DEUTSCHLAND

Baureihe **Kampfpanzer „Leopard"**

Gewicht	39,5
Länge	6,70
Breite	3,25
Höhe	2,38
Panzerung	.
PS	830
km/h	63
Fahrbereich	560
Besatzung	4
Bewaffnung	1 K 105
	2 MG 7,62

Entwicklung und Fertigung:
Auf Grund gemeinsamer militärischer Forderungen mit Frankreich und Italien Entwicklungsbeginn 1957 durch Arbeitsgemeinschaften A (MAK und Jung-Jungenthal) und B (Rheinstahl-Hanomag und Henschel). Beginn der Prototypenerprobung AI Jan. 1961, BI Sept. 1961. Erweiterung der mil. Forderungen 1961 auf Prototyp II mit britischer Kanone und E-MG. Vorserie ab Herbst 1962 im Truppenversuch bei PzLehrBrig, Munster. 1964 Umrüstung der Vorserie auf Turm III mit E-Messer beim Richtschützen. Ab Haushalt 1964 war eine Großserienproduktion von rd. 1400 Stück für rd. 1,5 Mrd. DM geplant. Schon 1962 wurden 1500 Kanonen für 250 Mio. DM von Großbritannien gekauft. Anlauf Serienfertigung: August 1965

Besondere Merkmale:
7 Laufrollen an Drehstäben, 3 Stützrollen. Flacher übergreifender Panzerkastenoberteil. Hochgezogene Motorabdeckung. Flacher Gußturm mit tiefer Heckauslage. Misch/Raumbild E-Messer beim Richtschützen. Rundblickfernrohr beim Kommandanten. Keine Kommandantenkuppel, nur 8 Winkelspiegel und FlaMG-Drehring. BordK mit Rauchabsauger ohne Mündungsbremse in Schildblende. Tiefwatfähig ohne Zusatzeinrichtungen. Tauchfähig mit Schacht auf Kommandantenluke. Infrarot-Fahr- und -Zieleinrichtungen. Vorserie mit Dieselmotor; Serie soll Mehrstoffmotor, entwickelt aus MB 838, erhalten. 2-Radien-Überlagerungs-Lenkgetriebe. ZF-Wechselgetriebe mit hydraulischem Wandler und nachgeschaltetem, synchronisiertem 4-Ganggetriebe. Antriebsblock in wenigen Minuten ausbaufähig. ABC-Schutzanlage, Klimaanlage.

Verwendung: Ersatz von M 47 bei PzBtl.

Beurteilung:
Zuverlässige, einfache und dauerhafte Konstruktion. Durch gutes Leistungsgewicht und neuzeitliches Getriebe sowie große Kettenauflagelänge hohe Beweglichkeit. NATO-standardisierte Kanone (wie M 60 und Centurion 9) von guter Feuerkraft bis über 2500 m. Geringere Feuergeschwindigkeit als beim M 48 A2, da E-Messer nicht beim Kommandanten, der dafür aber unabhängiger ist.

DEUTSCHLAND

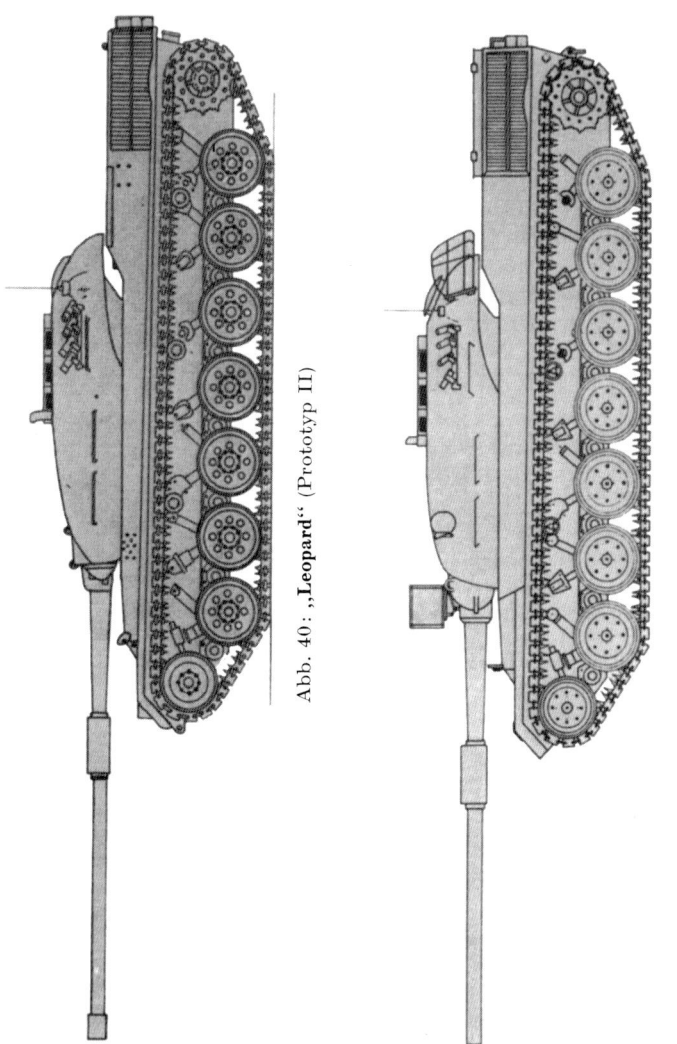

Abb. 40: „Leopard" (Prototyp II)

Abb. 41: „Leopard" (Turm III)

DEUTSCHLAND

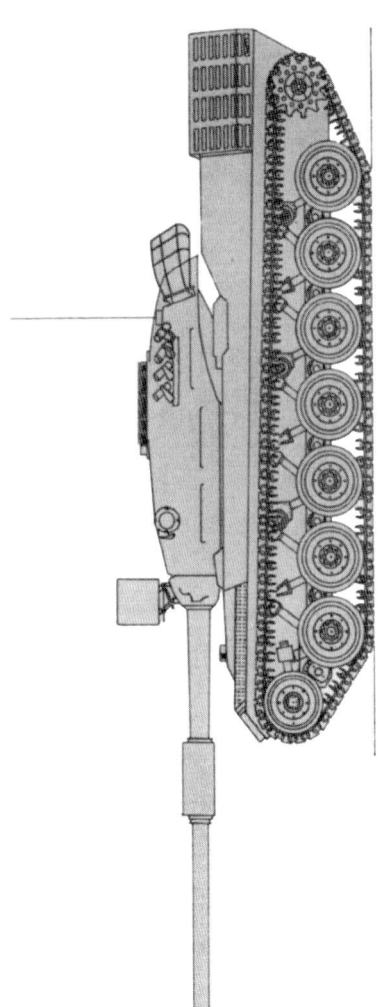

Abb. 42 a: „Leopard"

DEUTSCHLAND

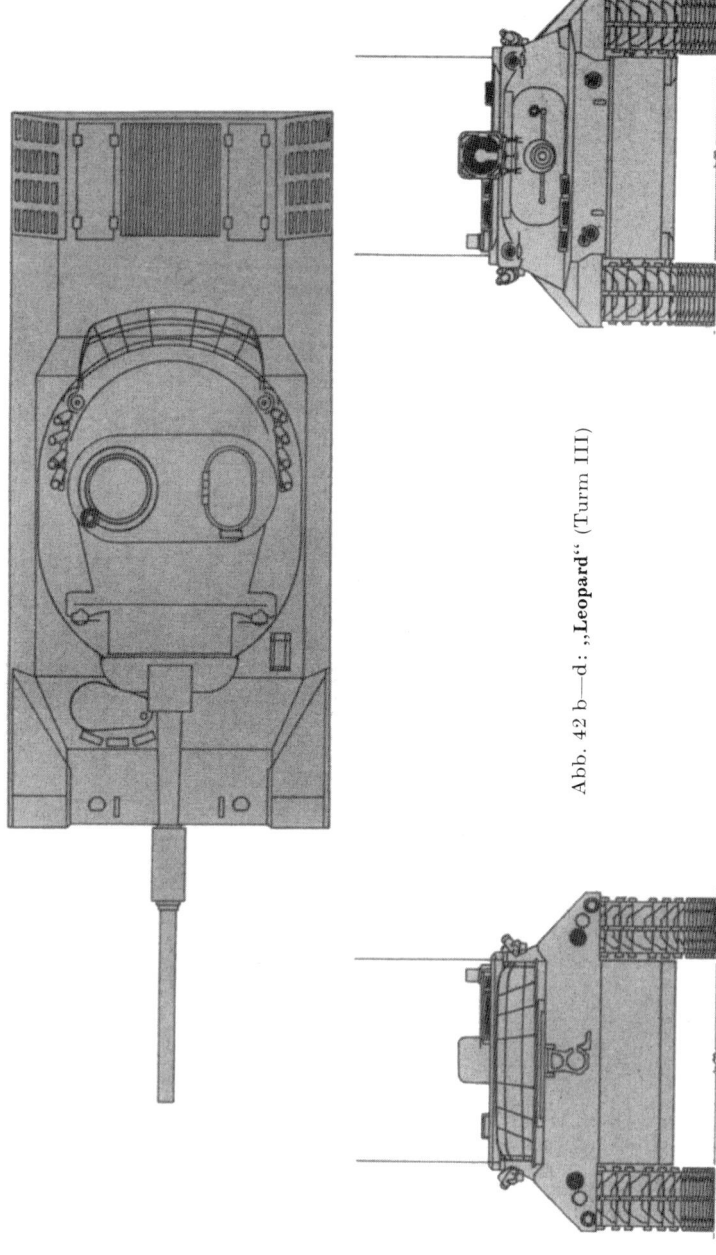

Abb. 42 b—d: „**Leopard**" (Turm III)

DEUTSCHLAND

Abb. 43: **Standardpanzer A,** Prototyp 1 von 1961

Abb. 44: **Standardpanzer B,** Prototyp 1 von 1961

DEUTSCHLAND

Abb. 45a: **Standardpanzer,** Prototyp 2 von 1962

Abb. 45b: ,,**Leopard**", Größenvergleich zu AMX 30

DEUTSCHLAND

Abb. 46: „Leopard", Vorseriefahrzeug mit Turm III, 1964

FRANKREICH

FRANKREICH

Baureihe **Char d'Assaut Schneider M. 16 C. A.**

Gewicht	13,5
Länge	6,01
Breite	2,12
Höhe	2,38
Panzerung	24
PS	70
km/h	8
Fahrbereich	60
Besatzung	6—7
Bewaffnung	1 H 75
	2 MG 8

Entwicklung und Fertigung:
Als ,,Artillerie d'assault" von Col. Estienne bei Schneider-Creusot ab Dezember 1916 entwickelt. Feb. 1916 Fertigungsauftrag über 400 Stück. Lieferung von rd. 340 bis Juli 1917.

Besondere Merkmale
Traktor-Fahrgestell. ,,Schiffsbug", senkrechte Panzerkastenwände. Geschütz vorn rechts, MG in seitlichen Kugelblenden.

Verwendung:
Bei Artillerieverbänden zur unmittelbaren Infanterie-Unterstützung. Schneider Abt. 1—17 ab Dez. 1917.

Beurteilung:
Geringe Geschwindigkeit, schwache Bewaffnung. Eine Koordinierung mit der gleichzeitig angelaufenen englischen Panzerfertigung gelang nicht.

FRANKREICH

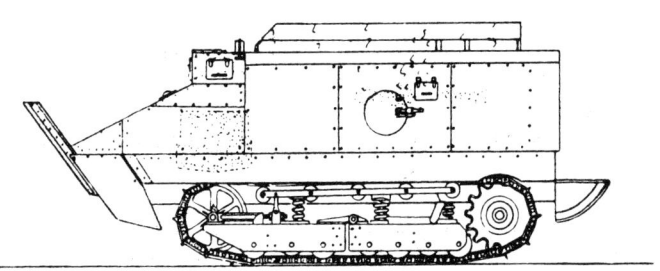

Abb. 47 a—d: **Schneider M.16**

FRANKREICH

Abb. 48: Schneider M.16 (CA1)

FRANKREICH

Baureihe Char d'Assaut St. Chamond M. 16

Gewicht	23
Länge	7,91
Breite	2,67
Höhe	2,34
Panzerung	17
PS	90
km/h	8
Fahrbereich	60
Besatzung	9
Bewaffnung	1 K 75
	4 MG 8

Entwicklung und Fertigung:
Als mittlere Infanteriepanzer (Sturmpanzer) durch Kriegsministerium entwickelt. Bis Nov. 1917 400 Stück gefertigt.

Besondere Merkmale:
Stark überhängender, zugespitzter Baukörper mit Kanone im Bug. Elektromotoren für unmittelbaren Antrieb der Ketten.

Verwendung:
Bei St. Chamond-Abt. 31—42 ab Febr. 1917 Später als Begleitartillerie von KPz-Verbänden verwendet.

Beurteilung:
Sehr geringe Beweglichkeit. Hohes Fassungsvermögen für Munition (106 Granaten).

FRANKREICH

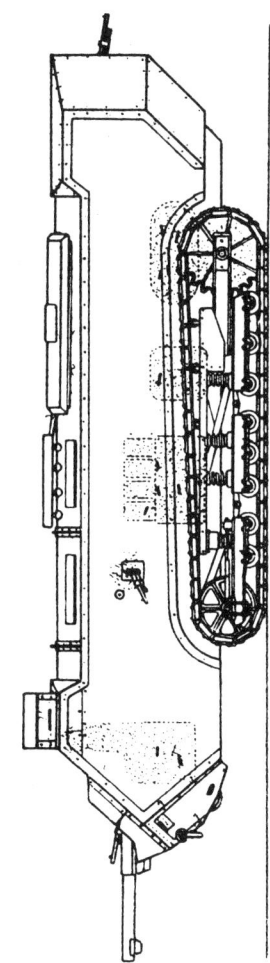

Abb. 49 a, b: St. Chamond M.16

FRANKREICH

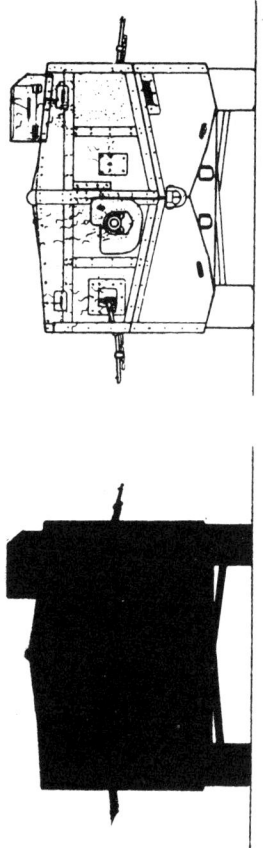

Abb. 49 c, d: St. Chamond M.16

FRANKREICH

Baureihe **Char Légere Renault 1917 bis 1918**

	M 17	M 18	T. S. F.	BS
Gewicht	6,7			8
Länge	4,88			
Breite	1,74			
Höhe	2,14			
Panzerung	22 (16)			
PS	39			
km/h	8			
Fahrbereich	60			
Besatzung	2			
Bewaffnung	1 K 37 o. 1 MG 8		—	1 K 75

Entwicklung und Fertigung:
Unter Leitung General Estiennes 1916/17 als leichter Infanteriepanzer entwickelt. Auslieferung ab April 1917. Beschaffungsaufträge über insgesamt 7500 Stück. Fertigung 3.177 bis Kriegsende. Nachbau in USA. Nach dem 1. Weltkrieg Nachbau in UdSSR und Italien (Fiat 3000 A und B).

Besondere Merkmale:
Großes Leitrad vorn, hoher Motorraum, „Schwanz". Laufwerk an breiten Balken. Kleiner, kantiger Turm mit runder Kuppel.
T.S.F. ohne Drehturm mit Kastenaufbau für Funk. BS mit kurzer Kanone in größerem Turm.

Verwendung:
Bei Kriegsende bestanden 27 Btl in Frankreich. Später auch in Belgien, Brasilien, China, Estland, Finnland, Polen, CSR, USA eingeführt. 1940 noch 7 Btl Heeresreserve (T.S.F.) Ferner in Japan, Dänemark, Schweiz.

Beurteilung:
Erster KPz mit Drehturm. Geringe Geländegängigkeit. Billiges, für Mengenfertigung gut geeignetes, zuverlässiges Fahrzeug.

FRANKREICH

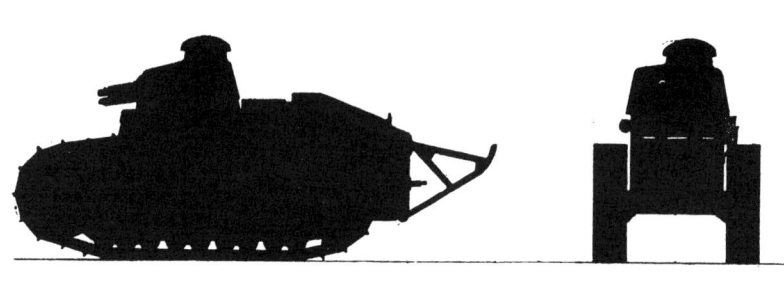

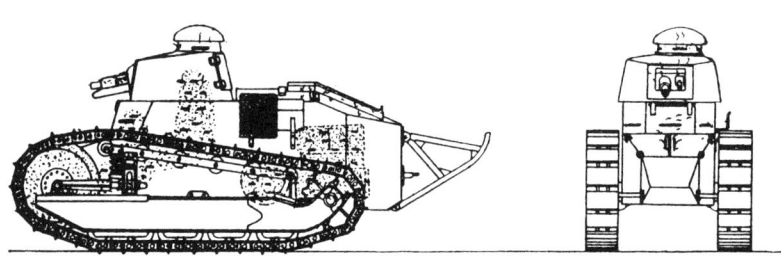

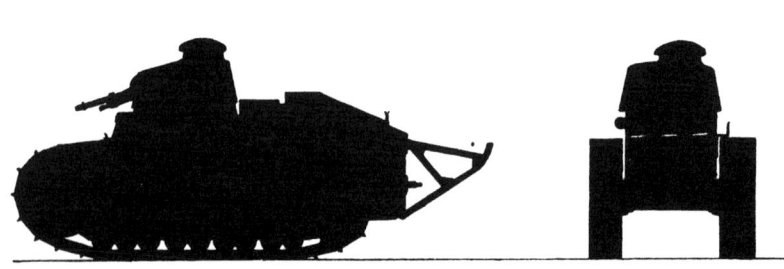

Abb. 50 a—f: **Renault M. 17/18.** Oben und Mitte: „männlich" mit K, unten: „weiblich" mit MG

FRANKREICH

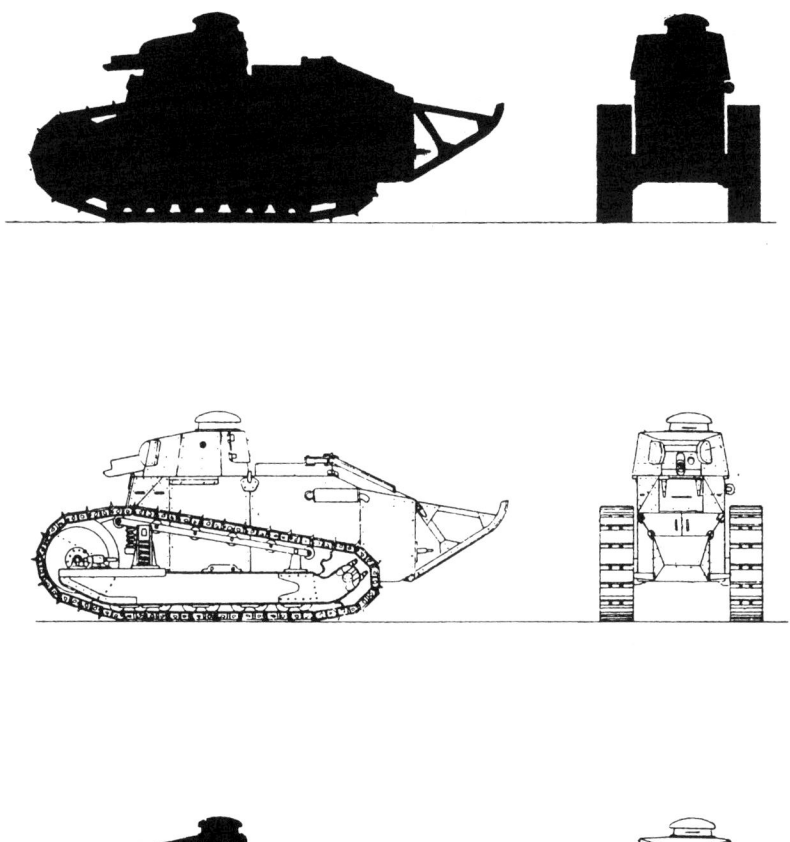

Abb. 51 a—f: **Tank, Light M 917.** Amerikanischer Nachbau der französischen Renaults M 17. Unten „männliche" Ausführung mit Geschütz

FRANKREICH

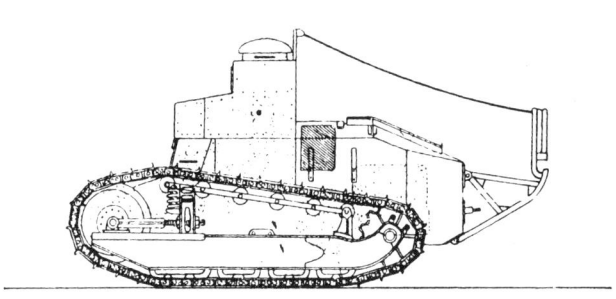

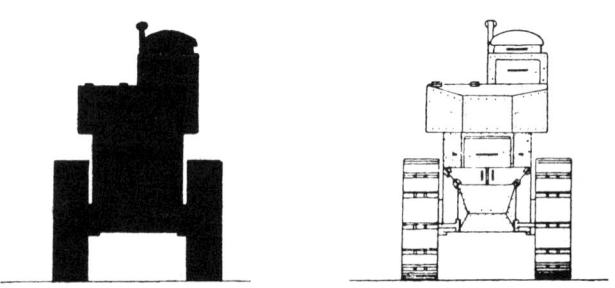

Abb. 52 a—d: **Befehlspanzer Renault M. 17 T.S.F.**

FRANKREICH

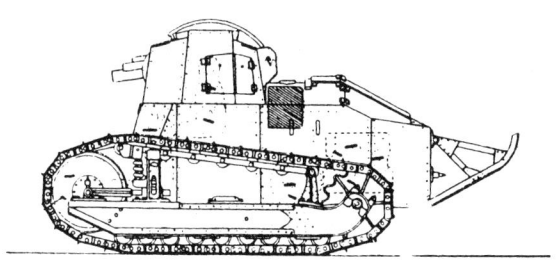

 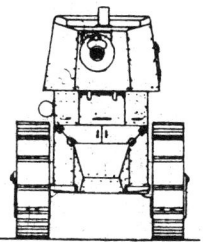

Abb. 53 a—d: **Renault B. S.**

FRANKREICH

Baureihe **Char de Rupture C**

	2 C	2 C bis	3 C
Gewicht	70	74	81,5
Länge	10,27	10,27	12,0
Breite	3,0	3,0	2,92
Höhe	3,8	3,8	4,04
Panzerung	45	55	50
PS	2×250	2×250	3×660
km/h	13	13	15
Fahrbereich	100	100	150
Besatzung	13	13	13
Bewaffnung	1 K 75	1 K 75	1 K 75
	4 MG	1 H 155	5 MG
		4 MG	

Entwicklung und Fertigung:
1918   Prototyp 1.A., 2.B, 1.C.
1919   300 geplant als Durchbruchswagen.
1923   10 Stück 2.C durch F.C.M. gebaut.

Besondere Merkmale:
Umlaufende Kette. 2 Drehtürme mit hohen Kuppeln.
2.C. mit dicker Haubitze.

Verwendung:
6 Stück noch 1940 einsatzbereit, jedoch nicht im Kampf.

Beurteilung:
Schwer bewegliche und leicht verwundbare Fahrzeuge, deren Wirkung eher moralisch als tatsächlich gewesen wäre.

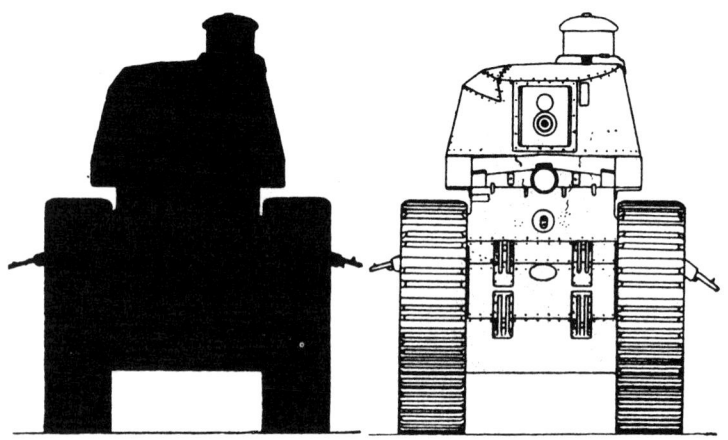

Abb. 54 a, b: **3 C**

FRANKREICH

Abb. 54 c: 3 C

FRANKREICH

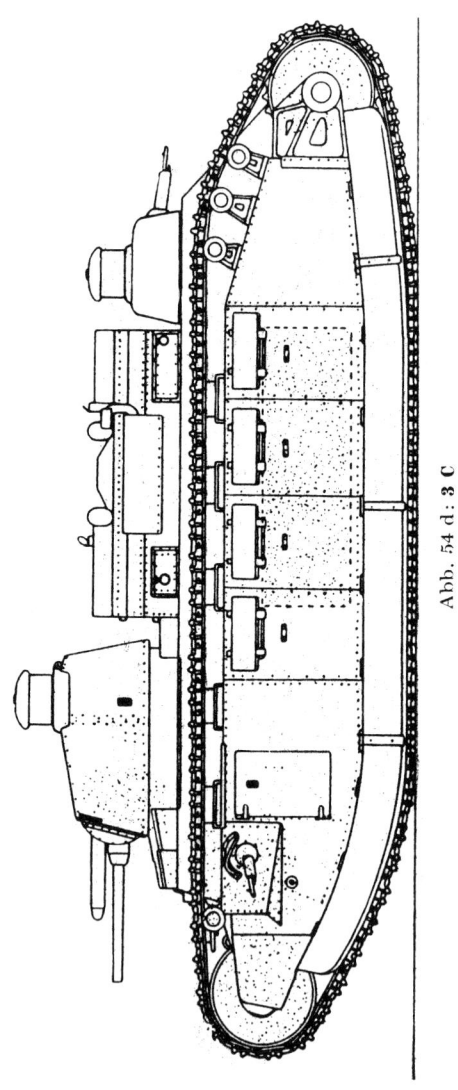

Abb. 54 d: 3 C

FRANKREICH

Abb. 55: **3 C**

FRANKREICH

Baureihe Char Légere Renault 1924 bis 1931

	M 24/25	M 26/27	NC 27	NC 31	NC 2	V. O.
Gewicht	6,5	6,4	8,5	9,5	9	9
Länge	5,0	4,8	4,41	4,41	4,41	4,41
Breite	1,80	1,82	1,71	1,71	1,83	1,83
Höhe	2,14	2,58	2,14	2,14	2,11	2,11
Panzerung	22	22	34 (30)	34 (30)	16	16
PS	40	50	60	75	120	120
km/h	12	16	20	19	30	30
Fahrbereich	80	150	120	120	300	300
Besatzung	2	2	2	2	2	3
Bewaffnung	1 K 37 o. 1 MG	1 K 37 o. 1 MG	1 K 37 1 MG	1 K 37 1 MG	2 MG 13,2	2 MG 13,2

Entwicklung und Fertigung:
Verbesserung der Weltkriegsbaumuster durch neue Laufwerke und stärkere Motoren.
Nachbau 1927 UdSSR (MS I)
NC 31 Export nach Japan (Etsu B)
NC 2 Griechenland

Besondere Merkmale:
8 kleine Laufrollen, paarweise an gefederten Dreharmen. Triebrad hinten. Abgeschrägter Motorraum.
24/25 Vollgummikette und Kettenschutzräder vor Bug.
26/27 ohne Kettenschutzräder.
NC 27 12 kleine Laufrollen (2 Spannrollen) an 3 größeren senkrechten Schraubenfedern.
NC 31 Verlängerter Motorraum.
V. O. Turm weiter vorn, schräge Seitenwände. **Nur Projekt.**

Verwendung:
In geringen Zahlen an Stelle älterer Baumuster getreten.

Beurteilung:
Übergangsmuster, deren technische Verbesserungen zwar der Beweglichkeit, aber weniger der Kampfkraft galten.

FRANKREICH

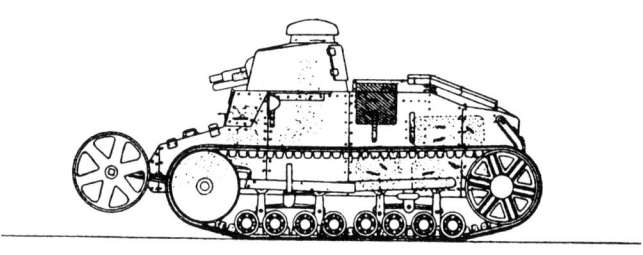

Abb. 56 a—d: **Renault M. 24/25**

FRANKREICH

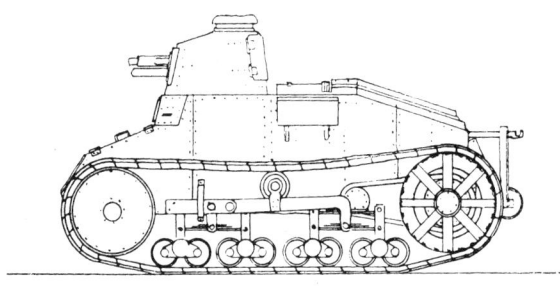

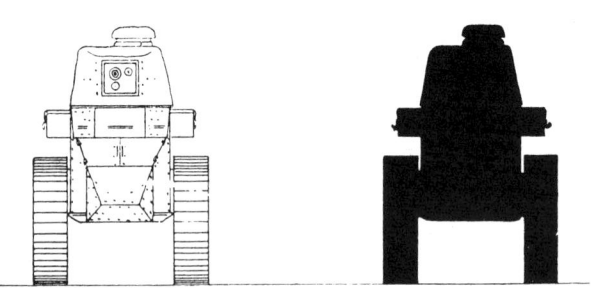

Abb. 57 a—d: **Renault M. 26/27**

FRANKREICH

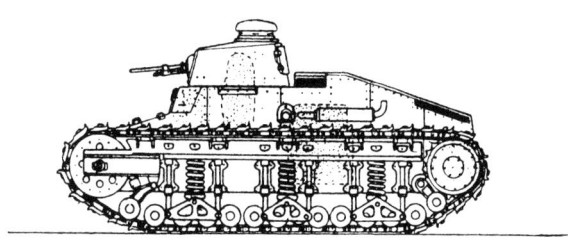

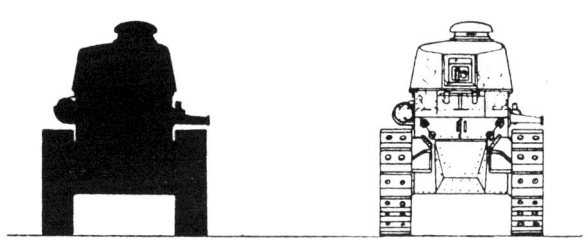

Abb. 58 a—d: **Renault N. C. 27**

FRANKREICH

Abb. 59: **Renault NC 27**

FRANKREICH

Baureihe **Char de Manœuvre B**

	B 1	B 1 bis	B 1 ter
Gewicht	31	32	34
Länge	6,37	6,50	.
Breite	2,49	2,49	.
Höhe	2,82	.	.
Panzerung	40	60	70
PS	275	307	350
km/h	28	29	.
Fahrbereich	200	140	.
Besatzung	4	4	5
Bewaffnung	1 K 47	1 K 47	1 K 47
	1 H 75	1 H 75	1 H 75
	2 MG 7,5	2 MG 7,5	2 MG 7,5

Entwicklung und Fertigung:
Mil. Forderung 1921 auf 15 t mittleren InfKPz mit 75 mm Geschütz. Versuche bis 1924. Oft modifizierte Forderung. 1931 Prototypen. Serienfertigung erst 1939.

Besondere Merkmale:
Umlaufende, vorn niedrige Kette. Großes Triebrad hinten. Halb starr eingebaute kurze Kanone, die nur vertikalen Schwenkbereich hat und horizontal mittels hydraulichem Fahrzeuggetriebe gerichtet wird. Kleiner Gußturm mit Kuppel. Zentralschmierung.
B—1 bis mit kurzer 47 mm Kanone und stärkerem Motor.
B—2 lange 47 mm Kanone.
B—1 ter Bugwaffe auch seitlich schwenkbar (je 5°), Nur 5 gebaut.

Verwendung:
Soll 1940 je 2 Btl bei 1., 2. und 3. Div. Cuirassée (PzDiv.), 3 Btl (B 2) bei 4. PzDiv. Am 10. 5. 1940 waren 320 Stück vorhanden.

Beurteilung:
Für operative Verwendung wegen geringer Beweglichkeit schlecht geeignet. Robust gebaut. Technisch interessante Lösung der Seitenrichtung der Hauptwaffe, die erst 1962 beim schwedischen KPz „S" wieder aufgegriffen wurde.

FRANKREICH

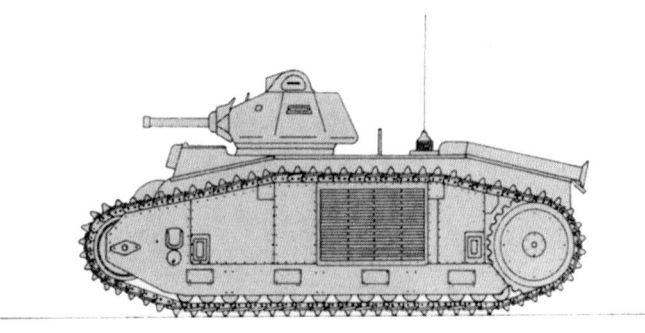

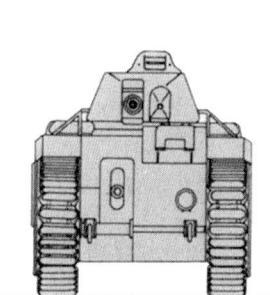

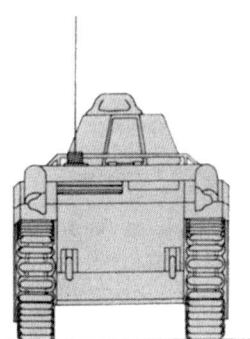

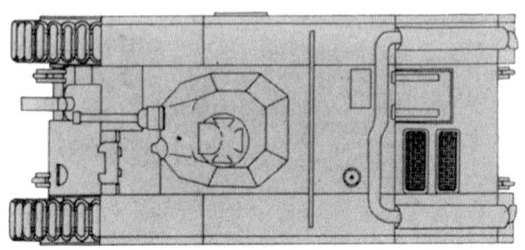

Abb. 60 a—d: **Char B 1 bis**

FRANKREICH

Abb. 61: **B 1** Fahrschulwagen

Abb. 62: **B 1** bis

FRANKREICH

Abb. 63: **B 1 bis**

FRANKREICH

Baureihe **Char D**

	D	D 1	D 2	AMX 38
Gewicht	12	14	20	16
Länge	4,8	4,8	5,05	5,31
Breite	2,18	2,18	2,18	2,06
Höhe	2,40	2,40	2,66	2,24
Panzerung	30	40	40	60
PS	64	100	150	150
km/h	18	20	23	23
Fahrbereich	80	95	155	145
Besatzung	3	3	3	2
Bewaffnung	1 K 37	1 K 47	1 K 47	1 K 47
	2 MG 7,5	2 MG 7,5	2 MG 7,5	1 MG 7,5

Entwicklung und Fertigung:
Basis war Renault N. C.
1931   D 1 160 Stück
1932   D 2 50 Stück
1938   Prototyp AMX 38 (Ateliers de Moulineaux)

Besondere Merkmale:
Überpanzertes Laufwerk, D 2 mit 3 sichtbaren Stützrollen. D 1 runder Turm mit Kuppel, D 2 größerer kantiger Turm mit Kuppel.

Verwendung:
Zwischen 1921 und 1935 einziger neu eingeführter KPz.
D 1 1940 150 Stück in Nordafrika.
D 2 1940   50 Stück.

Beurteilung:
Anfangs schlecht bewaffnet und allgemein unterdurchschnittlich beweglich.

FRANKREICH

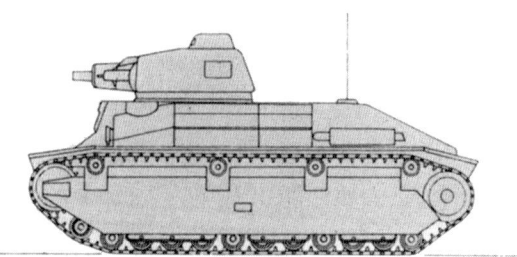

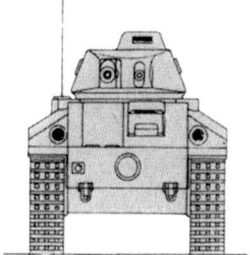

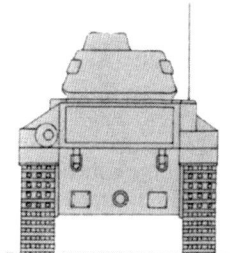

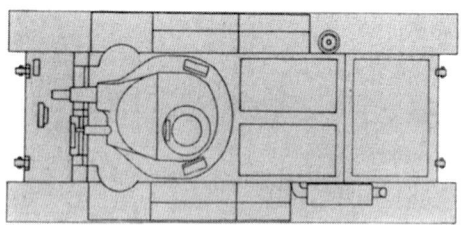

Abb. 64 a—d: **D 2**

FRANKREICH

Abb. 65: **D 1**

Abb. 66: **D 2**

FRANKREICH

Baureihe **Automitrailleuse de Reconnaissance Renault A. M. R.**

	VM	ZT
Gewicht	6,0	7,1
Länge	4,4	4,25
Höhe	1,65	1,75
Breite	1,55	1,80
Panzerung	13	13
PS	85	85
km/h	50	50
Fahrbereich	200	200
Besatzung	2	2
Bewaffnung	1 MG 7,5	1 K 25 oder 1 MG 13,2 1 MG 7,5

Entwicklung und Fertigung:
1933   A. M. R. — VM von Renault
1934   A. M. C.-YB mit Turm R 35 als Kavallerie-Kampfpanzer.
1935   A. M. R. — ZT mit stärkerer Bewaffnung.
Die Fahrzeuge waren als Aufklärungs- und Gefechtssicherungspanzer der mechanisierten Teile der Kavallerie gedacht.

Besondere Merkmale:
4 Laufräder, die beiden mittleren an Tragbalken, die äußeren an Drehhebeln. Motor vorn rechts. Kleiner MG-Drehturm. ZT mit größerem Turm.

Verwendung:
Bei PzSpähKp der PzAufklAbt der InfDiv (mot) 1939. Bei PzGrenKp (Esc. Dragons Portés) des Rgt Dragons Portés der Division légère de Cavallerie Typ 1938. Bei PzSpähKp der PzGrenBtl (Btl Dragons Portés) der Div légère Mecanique 1938.

Beurteilung:
Kampfwert ähnlich deutsch Pz I. und II.
Diese leichten Panzer müssen als Kampfpanzer angesprochen werden, weil sie für alle Aufgaben der mechanisierten Kavallerie bestimmt waren und nicht nur der Aufklärung dienen sollten.

FRANKREICH

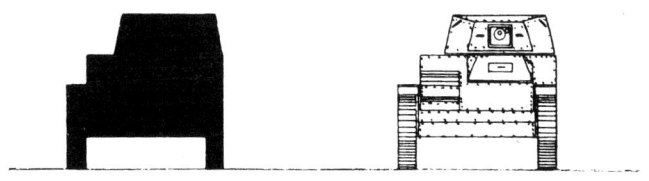

Abb. 67 a—d: **Renault A.M.R.**

FRANKREICH

Abb. 68a: **Renault A.M.R. (VM)**

Abb. 69b: **Renault A.M.C. (YR)**

FRANKREICH

Baureihe
**Char Légere Hotchkiss und Renault 1935 bis 1940 und
Automitrailleuse de Combat AMC**

	H 35	H 39/40	R 35	R 40	YR	AGG. 1
Gewicht	11,4	12	9,8	10,4	11	16
Länge	4,22	4,22	4,0	4,58	4	4,55
Breite	1,85	1,85	1,85	.	2,10	2,20
Höhe	2,14	2,14	2,1	.	2,30	2,30
Panzerung	34	45 (34)	45 (40)	45 (40)	20 mm	25 mm
PS	75	120	82	82	120	180
km/h	28	36	19	19	40	42
Fahrbereich	129	150	138	138	180	125
Besatzung	2	2	2	2	3	3
Bewaffnung	1 K 37	1 K 37	1 K 37	1 K 37	1 K 25	L K 47
	1 MG 7,5	1 MG 7,5	1 MG 7,5	1 MG 7,5	1 MG 7,5	2 MG 7,5

Entwicklung und Fertigung:

1934	Prototyp ZM (R-35)
1936	Serie der Typen H-35 und R-35
1937	23 AMC. 35 in Belgien, ohne Turm
1940	Serie der Typen H-39 und R-39/40

Besondere Merkmale:
H 35 6 paarweise an waagrechten Schraubenfedern angeordnete Laufrollen, R 35 vordere Laufrolle einzeln. Gußpanzer. Kurze Kanone. Halbkugelartige Kommandantenkuppel.
AMC Fahrgestell wie R 35, anderer Turm mit langer Kanone. Genieteter Panzerkasten.
Typen 39/40 mit längerer Kanone M. 1938.
AGG 1 1935 auch mit langer Kanone 25 mm.

Verwendung:
| 1940 | R 35/40 bei rund 23 selbst. Heeres-PzBtl |
| 1940 | Bei drei PzDiv (Div Cuirassée de Reserve) insgesamt 276 H 39. |

Beurteilung:
Gut gepanzert. Langsam. Kommandant (zugleich Richt- und Ladeschütze) überlastet. Bewaffnung der Typen 35 meist zum Kampf gegen Panzer nicht ausreichend. Für operative Verwendung kaum geeignet.

FRANKREICH

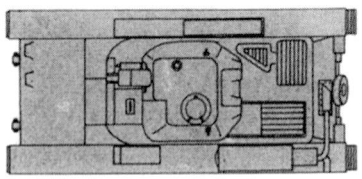

Abb. 69 a—d: **R 35**

FRANKREICH

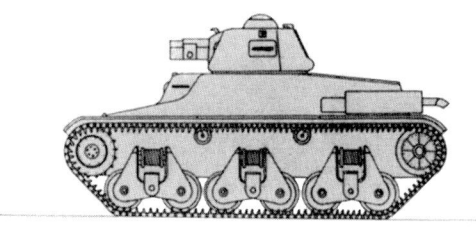

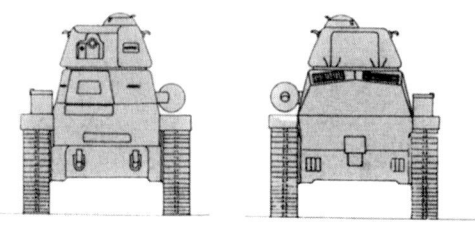

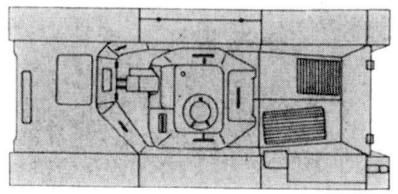

Abb. 70 a—d: **H 35**

FRANKREICH

Abb. 71: **R-35**

Abb. 72: **H 35**

FRANKREICH

Abb. 73: **AGG** mit 25 mm K

Abb. 74: **H 40**

FRANKREICH

Baureihe Char F.C.M. 36

Gewicht	12,8
Länge	4,47
Breite	2,14
Höhe	2,21
Panzerung	40
PS	91
km/h	23
Fahrbereich	320
Besatzung	2
Bewaffnung	1 K 37
	1 MG 7,5

Entwicklung und Fertigung:
1936 Durch Société des Forges et Chantiers de la Mediteranée (F.C.M.). 100 Stück gebaut.

Besondere Merkmale:
9 kleine Laufrollen, schräge Überpanzerung des Laufwerkes. 8-eckiger Turm mit hoher Kuppel. Kurze Kanone in Walzenblende. Erster franz. Panzer mit Walzstahlpanzerung. Dieselmotor.

Verwendung:
1940 2 Btl Heerestruppe

Beurteilung:
Wie H 35.

FRANKREICH

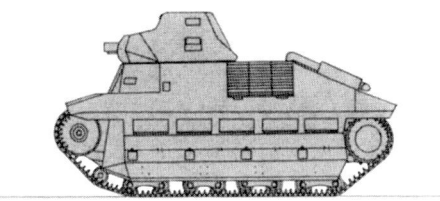

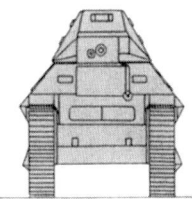
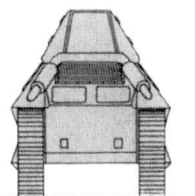

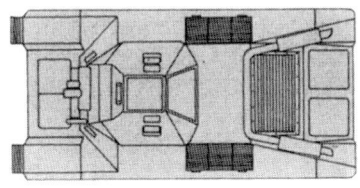

Abb. 75 a—d: **FCM 36**

FRANKREICH

Abb. 76: FCM 36

FRANKREICH

Char **SOMUA S 35**

Gewicht	20
Länge	5,30
Breite	2,12
Höhe	2,62
Panzerung	55 (40)
PS	190
km/h	40
Fahrbereich	260
Besatzung	3
Bewaffnung	1 K 47
	1 MG 7,5

Entwicklung und Fertigung:
1935 Forderung nach beweglicheren mittleren KPz auf Basis D 1, D 2, für Kavallerie. Entwicklung und Fertigung von Somua.
1936 Serienfertigung ca. 500 Stück.
1940 Kleine Serie mit Dieselmotor 220 PS, S 40.

Besondere Merkmale:
Langgestreckter Gußkörper. Flach überpanzertes Laufwerk, 8 Laufrollen, 6 Stützrollen.
Turm wie D 2 und B 1 bis.

Verwendung:
Bei Divisions Légère Mecaniques und Heerestruppe.

Beurteilung:
Sehr beweglich und besser bewaffnet und gepanzert als deutsche Pz III mit 37 mm KwK. Diese KPz waren 1940 durchaus auf der Höhe der Zeit und nach Panzerung und Bewaffnung dem deutschen PzKpfw III Ausf. E mit 3,7 cm K überlegen. Auch zahlenmäßig befanden sich mehr Panzer dieser Klasse in den großen französischen mechanisierten Verbänden als in den deutschen PzDiv. Nachbau durch USA geplant.

FRANKREICH

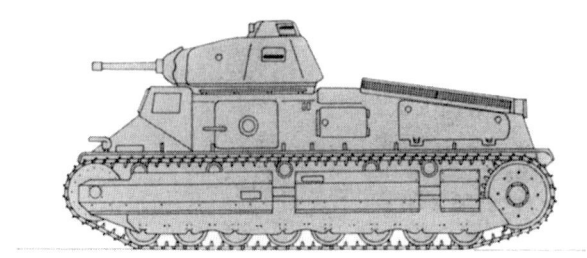

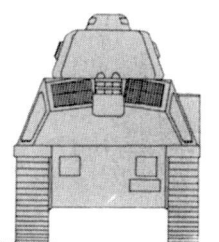

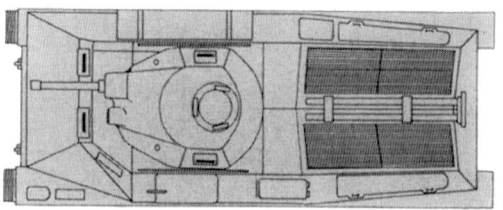

Abb. 77 a—d: **S 35**

FRANKREICH

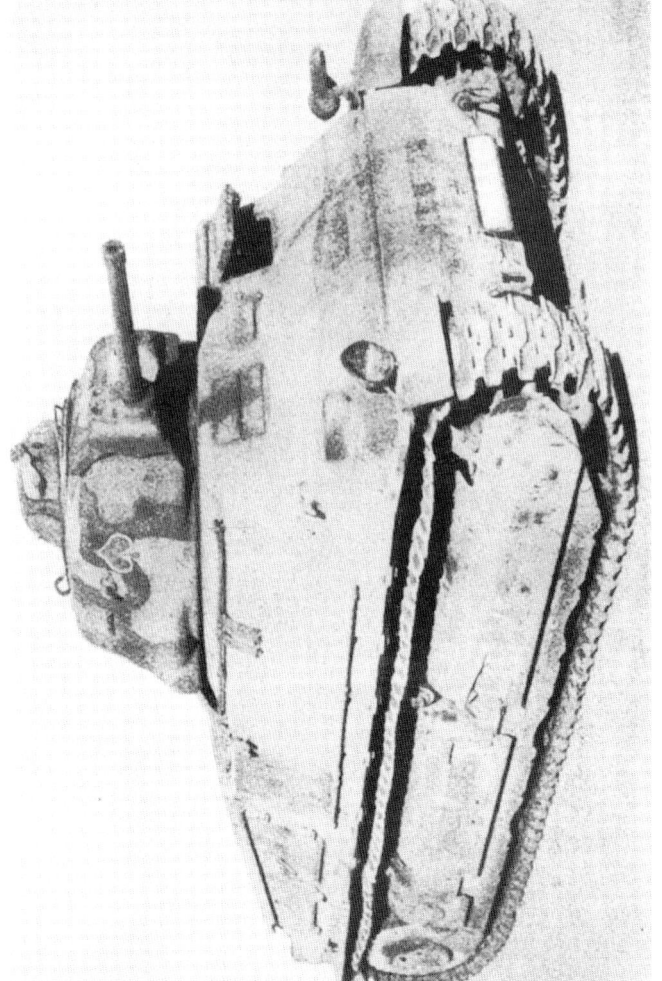

Abb. 78 a—d: **S 35**

FRANKREICH

Baureihe **Char ARL 44**

Gewicht	48
Länge	
Breite	
Höhe	
Panzerung	120
km/h	40
Fahrbereich	300
Besatzung	5
Bewaffnung	1 K 90
	(Flak Schneider L 939)
	1 MG 7,5

Entwicklung und Fertigung:
1944 von Ateliers de Rueil eilig entwickelt und in kleiner Serie gebaut.

Besondere Merkmale:
Verwendung von Bauteilen des KPz B und einer verbesserten Flak. Umlaufende Kette ähnlich KPz B. Kantiger Turm mit schrägen Wänden. Stark abgeschrägter Bug und Fahrerfront.

Verwendung:
50 Stück gelangten 1945 zur Ausstattung des 503. Regiment de Chars Combat der Frei-Französischen Armee.

Beurteilung:
Übergangskonstruktion, die in der Bauweise noch stark an französische Vorkriegsmodelle angelehnt ist. Robust, gute Geländegängigkeit, sehr langsam. Hoher Aufbau mit senkrechten Seitenwänden. Leistungsfähiges Geschütz.

FRANKREICH

(Modell ohne Maßstab)
Abb. 79: **ARL 44** (Ateliers de Rueil) mit 9 cm K
(Flak Schneider L 939, V°: 830)

Abb. 80: **ARL 44**

FRANKREICH

Char AMX 50 („St. Chamond")

	A	B
Gewicht	50	56
Länge	ca. 7,4	ca. 7,4
Breite	ca. 3,4	ca. 3,4
Höhe	ca. 2,9	ca. 2,9
Panzerung	120 (110)	120 (110)
PS	850	1000
km/h	50	50
Fahrbereich		
Besatzung	4	4
Bewaffnung	1 K 100	1 K 120
	3 MG 7,5	3 MG 7,5

Abart: Jagdpanzer AMX 50 („Foch")

Entwicklung und Fertigung:

1946 Militärische Forderung auf einen schweren 50 t-KPz von hoher Beweglichkeit und Bewaffnung wie „Tiger II".

1950 Prototypen fertig. Typ B mit gleicher Munition wie US T 43 (M 103). Die Weiterentwicklung wurde eingestellt, weil die notwendigen Mittel nicht bewilligt wurden.

Besondere Merkmale:
Laufwerk mit 5 außen und 4 innen liegenden Laufrollen (Schrittanordnung). Zweiteiliger Turm, bei dem das Oberteil mit Kanone vertikal schwenkbar ist. Ausladendes Turmheck. Lange K mit Mündungsbremse. Auf dem Turm MG-Kuppel mit außen liegendem Fla-MG.

Verwendung: Versuch

Beurteilung:
Eigenwillige Konstruktion, vor allem des Turms, der zwischen Ober- und Unterteil Fangstellen aufweist. Günstiges Leistungsgewicht. Gute Bewaffnung.

FRANKREICH

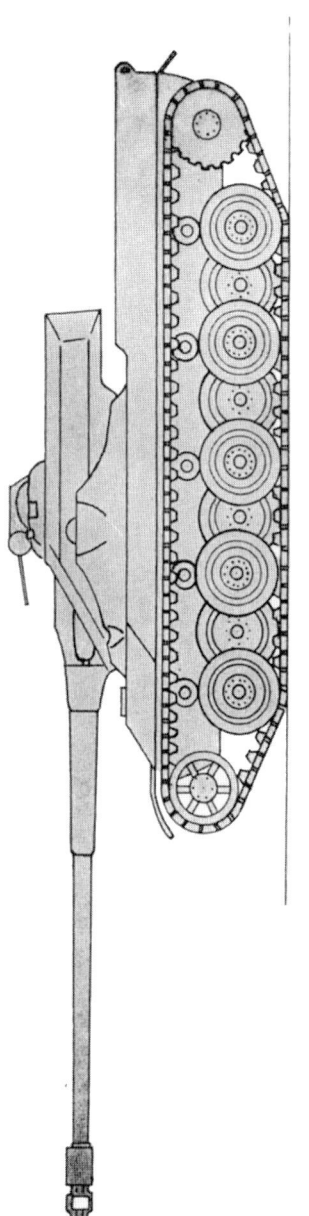

Abb. 81: AMX 50 („St. Chamond")

FRANKREICH

Abb. 82: **AMX 50 A.** Beachte die zweiteiligen Türme verschiedener Ausführung

FRANKREICH

Abb. 83: AMX 50 B

FRANKREICH

Baureihe **Char AMX 30**

Gewicht	32,5
Länge	6,18
Breite	3,10
Höhe	2,28
Panzerung	.
PS	720
km/h	65
Fahrbereich	480
Besatzung	4
Bewaffnung	1 K 105
	1 MG 12,7
	1 MG 7,5

Entwicklung und Fertigung:
Beginn 1957 auf Grund gemeinsamer militärischer Forderungen mit Deutschland und Italien durch Atelier d'Issy-les-Moulineaux in Satory. Anfang 1963 Truppenversuch.

Besondere Merkmale:
5 Laufrollen, 5 Stützrollen. Flacher, übergreifender Panzerkasten. Langgestreckter, flacher Turm mit stark abgeschrägten Seitenwänden und starker Heckauslage, Kanone ohne Mündungsbremse und Rauchabsauger. Flache Kommandantenkuppel mit freiliegendem FlaMG. Tiefwat- und tauchfähig. Serienfahrzeuge mit Vielstoffmotor, Fahrbereich 700 km,

Verwendung: Versuchsfahrzeug. Vorserie 1963 bei PzRgt 501.

Beurteilung:
Gute Feuerkraft durch E-Messer und drallmantelstabilisierte HL-Munition, die jedoch nicht NATO-standardisiert ist. Hohe Beweglichkeit durch gutes Leistungsgewicht. Konventionelles Laufwerk. Sehr ähnliche Leistungen wie der deutsche Standardpanzer. Leider war eine Vereinheitlichung beider Prototypen nicht möglich.

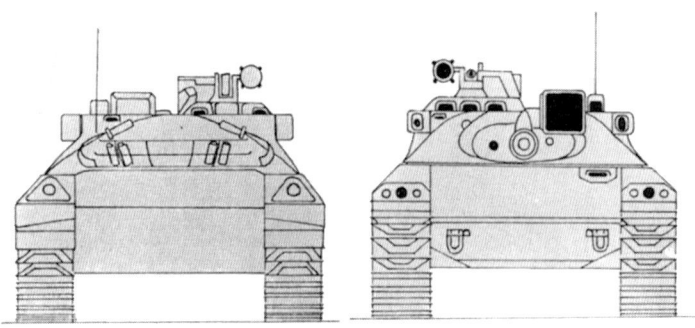

Abb. 84 a, b

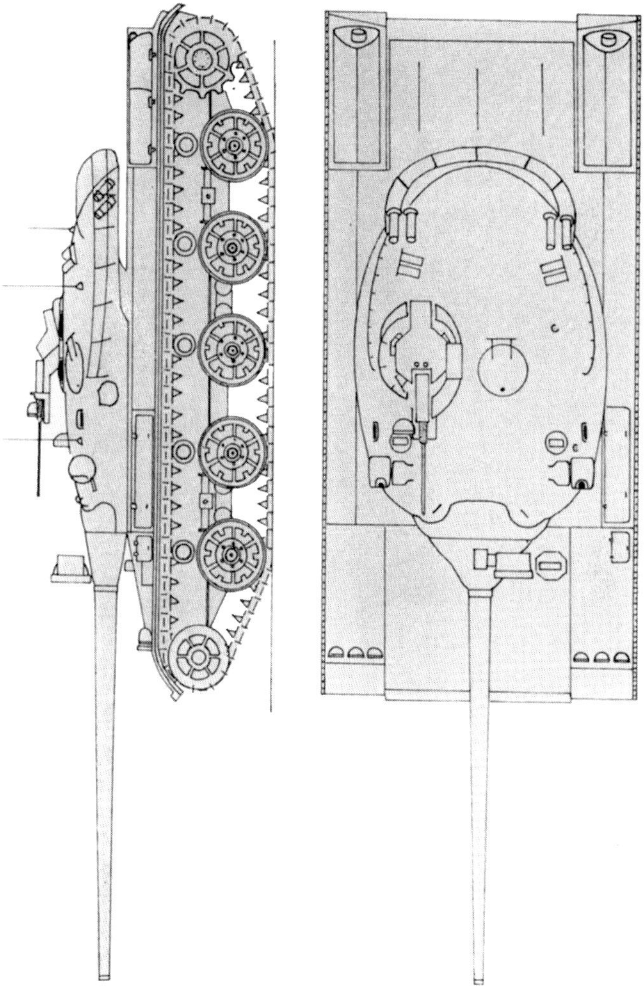

FRANKREICH

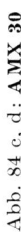

Abb. 84 c, d: AMX 30

FRANKREICH

Abb. 85: AMX 30

FRANKREICH

Abb. 86: **AMX 30**

Abb. 87: **AMX 30**

GROSSBRITANNIEN

GROSSBRITANNIEN

Baureihe **Tank, Mark I bis V**

	I	II, III	IV	V
Gewicht	28 (27)	28 (27)	28 (27)	29 (28)
Länge	8,05	8,05	8,05	8,05
Breite	4,26 (4,37)	4,26 (4,37)	4,11 (3,20)	4,11 (3,20)
Höhe	2,45	2,45	2,46	2,64
Panzerung	12	12	12	14
PS	105	105	105 o. 125	150
km/h	6	6	6	7,4
Fahrbereich	37	37	56	72
Besatzung	8	8	8	8
Bewaffnung	2 K 57 (0)	2 K 57 (0)	2 K57 (0)	2 K 57 (0)
	4 MG 7,7 (5)	4 MG 7,7 (6)	4 MG 7,7 (6)	4 MG 7,7 (6)
Produktionszahl	75 (75)	II : 50	420 (595)	200 (200)
		III : 50		

Klammerwerte für die weibliche Version

Entwicklung und Fertigung:
„Tritton Machine", Sept. 1915.
„Little Willie", Dez. 1915, Versuchsfahrzeuge von W. Foster and Co.
„Wilson Machine", Jan. 1916 später „Tank, Big Willie" und „Mother".
I, Febr. 1916, Serienfertigung bei W. Foster und Metropolitan Carriage.
II, III 1917, IV Großserie 1917,
V, 1918, 200 männl., 200 weibl. Serie
Abart: SPz (Tank) Mk IX 1917 aus IV entwickelt
Mk V RE, Minenräumpanzer 1919 und Brückenlegepanzer
Besondere Merkmale:
I   Rhombenartiger Baukörper mit umlaufenden Plattenketten.
    Waffen (männl. 2×57 mm und 4 MG, weibl. 5 MG) in Erkern.
    Spornräder zum Überwinden von Gräben.
II, III ohne Spornräder
IV Einklappbare Erker, Kletterbalken.
V   Erster Kampfpanzer mit nur 1 Fahrer, stärkerer Motor.
Verwendung:
I   Mai 1916 Heavy Section, Machine Gun Corps. 15 Sept. 1916 erstmalig an der Somme eingesetzt.
II, III bis April 1917   IV ab Juni 1917   V ab Juli 1918.
Beurteilung:
Diese ersten Kampfpanzer der modernen Militärgeschichte waren das Ergebnis zielstrebiger Bemühungen weniger Männer, die die Möglichkeiten zu nutzen verstanden, die die Technik zur Verbindung von Feuerkraft und Beweglichkeit unter Panzerschutz bot. Ihrer Zweckbestimmung nach waren sie vornehmlich zum Kampf gegen Infanterieziele geeignet, da ihnen zunächst kein gleichartiger Gegner gegenüberstand. Dieser Sachverhalt hat noch bis in den zweiten Weltkrieg nachgewirkt, zu dessen Anfang die Masse der Kampfpanzertypen nicht zum Kampf gegen Feindpanzer befähigt war.
Die ersten englischen Serienfahrzeuge waren relativ groß, jedoch wegen der umlaufenden Ketten konstruktiv einfach und schnell herzustellen, leicht zu warten und zuverlässig. Ihr Kampfwert hätte bei richtigem Zusammenwirken mit den anderen Waffen oft noch besser genutzt werden können.

GROSSBRITANNIEN

Abb. 88: „Little Willie". Baubeginn 11. 8. 1915, konstruiert durch Tritton und Wilson. Am 8. 9. 1915 wurde dieser erste Prototyp eines Vollkettenpanzers, des Stammvaters aller Kampfpanzer, zum erstenmal bewegt.

GROSSBRITANNIEN

Abb. 89: **Mk I** auf dem Anmarsch zum ersten Einsatz 15. 9. 1916 an der Somme

GROSSBRITANNIEN

Baureihe **Tank, Medium, Mark A** („Whippet")

Gewicht	14
Länge	6,1
Breite	2,62
Höhe	2,74
Panzerung	14
PS	2×45
km/h	13
Fahrbereich	129
Besatzung	3
Bewaffnung	4 MG 7,7

Entwicklung und Fertigung:
Militärische Forderung für Kavallerie-Begleitpanzer 1916. Prototyp „Tritton Chaser". Nach dem Versagen der englischen Kavallerie in der Tankschlacht von Cambrai entstand verstärkt die Forderung nach leichteren und schnelleren KPz zur Ausnutzung des Erfolges der schweren Typen. Mk A Serienfertigung 200 Stück.

Besondere Merkmale:
Flache Bauform des ungefederten Laufwerkes. Motor vorn. Hohe Kasematte hinten. Lenkung durch Drosseln der beiden, je auf eine Kette wirkenden Motoren.

Verwendung:
März 1918 bei Colincamps erstmalig eingesetzt.

Beurteilung:
Sehr schwer lenkbar.
Mit diesem Typ trat erstmalig die Trennung in leichte und schwere KPz mit jeweils verschiedenen taktischen Aufgaben in Erscheinung. Der schwere Typ blieb lange Zeit ein Unterstützungsfahrzeug für die Infanterie, während der leichte Typ die traditionellen Aufgaben der Kavallerie, vornehmlich durch Beweglichkeit gekennzeichnet, übernehmen sollte. Diese Auffassungen erwiesen sich erst im 2. Weltkrieg als fehlerhaft, weil die technischen Möglichkeiten nicht ausgewogen genutzt wurden.

GROSSBRITANNIEN

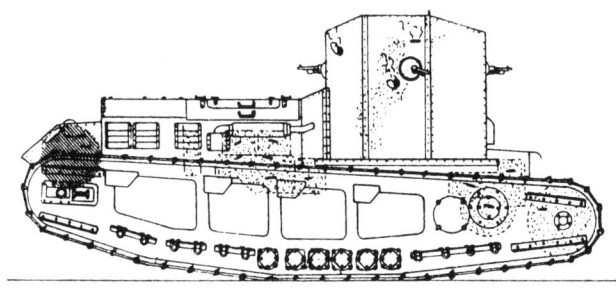

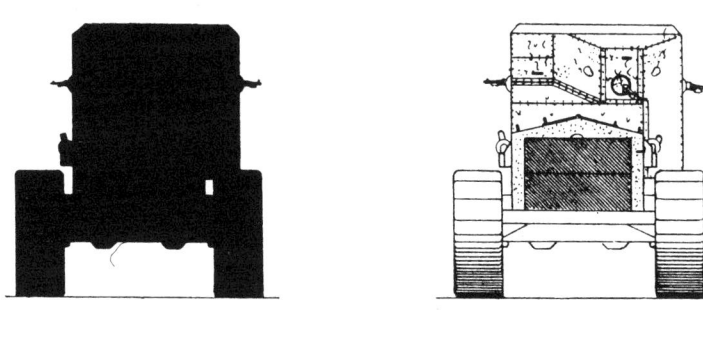

Abb. 90a—d: **Medium Mk A „Whippet"**

GROSSBRITANNIEN

Abb. 91: Tank, Medium Mk A „Whippet" („Windhund")

GROSSBRITANNIEN

Baureihe **Tank, Mark V* bis VII**

	V*	V**	VII
Gewicht	34 (33)	35 (34)	33
Länge	9,88	9,88	9,12
Breite	4,11 (3,10)	4,11 (3,10)	4,11
Höhe	2,65	2,74	2.64
Panzerung	14	14	14
PS	150	225	150
km/h	6,5	8,4	7,2
FahrbereiIh	64	108	80
Besatzung	8	8	8
Bewaffnung	2 K 25 (0)	2 K 57 (0)	2 K 57
	5 MG 7,7 (7)	5 MG 7,7 (7)	5 MG 7,7

Entwicklung und Fertigung:
V* Durch Tank Corps Central Workshop in Frankreich verbesserte Mk V. Größere Grabenüberschreitfähigkeit durch Verlängerung.
V** Serienfahrzeug, fertiggestellt erst nach Waffenstillstand.
VI April 1917 nur Holzmodell mit Kanone in Front.
VII Prototyp November 1918.

Besondere Merkmale:
Lange Fahrzeuge.
V* mit MG in Kugelblende auch in Seitenwänden
V** nur 1 Turm vorn.
VII hydraulisches Getriebe.

Verwendung:
V* August 1918, Amiens.
V** Nach dem 1. Weltkrieg als Pionierpanzer.

Beurteilung:
Diese Typen wurden nach den Wünschen und Erfahrungen der Truppe mit einfachen Mitteln hergestellt. Daß dies möglich wurde beweist, wie gesund die Grundkonstruktion der älteren Ausführungen war.

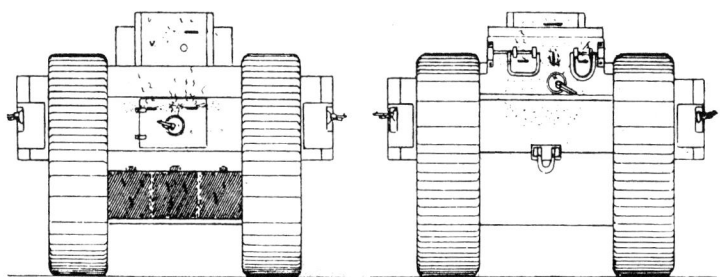

Abb. 92: **Mk V, weiblich**

GROSSBRITANNIEN

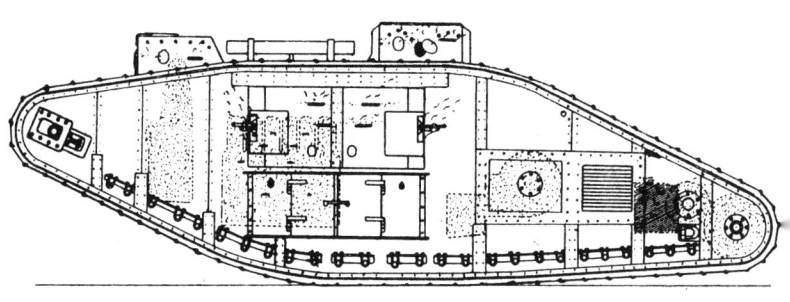

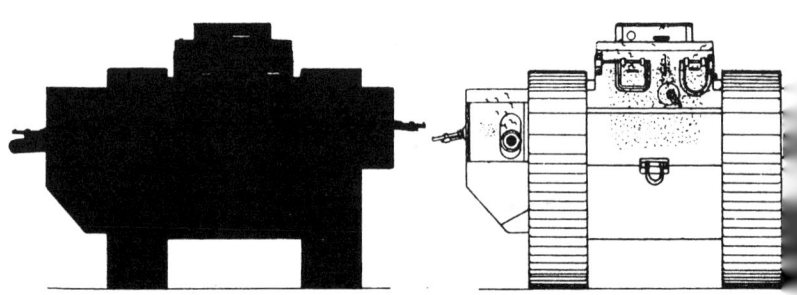

Abb. 93a—d: **Mk V, Composite**

GROSSBRITANNIEN

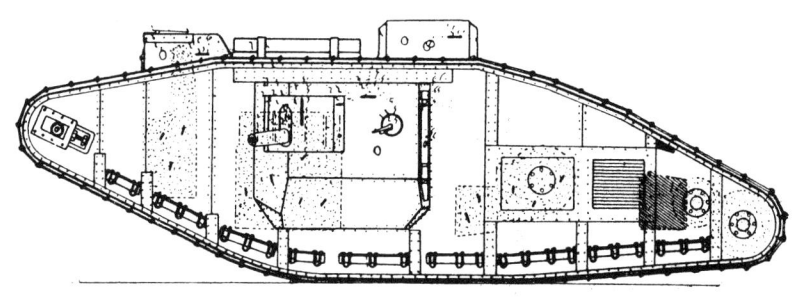

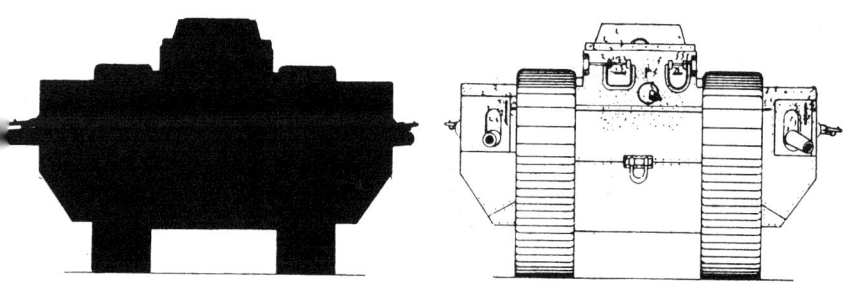

Abb. 94 a—d: **Mk V, männlich**

GROSSBRITANNIEN

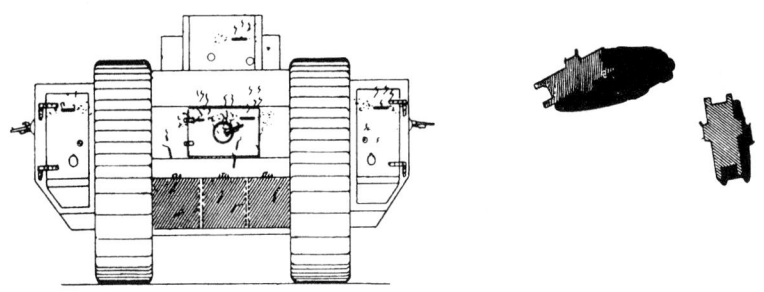

Abb. 94e **Mk V, männlich** von hinten

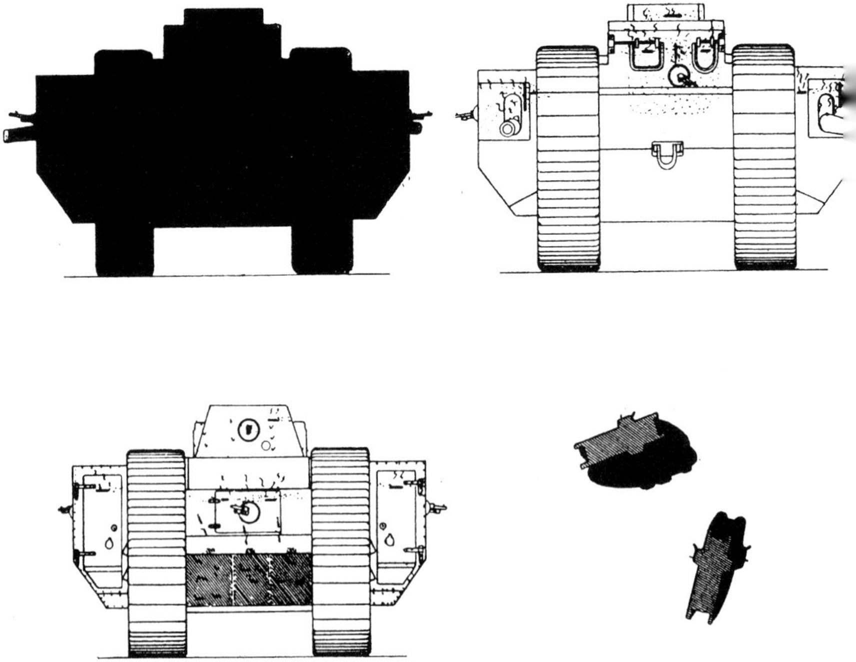

Abb. 95a—d: **Mk V*, männlich**

GROSSBRITANNIEN

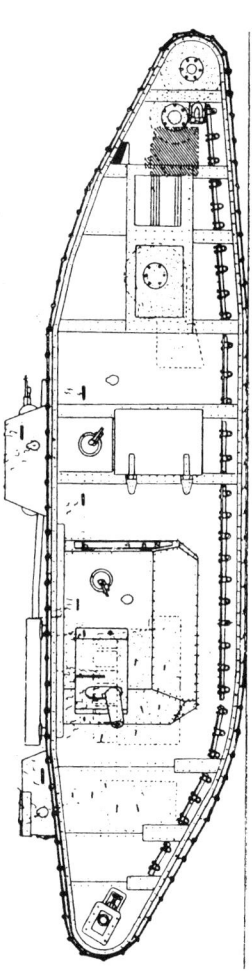

Abb. 95 e, f: Mk V*, männlich

GROSSBRITANNIEN

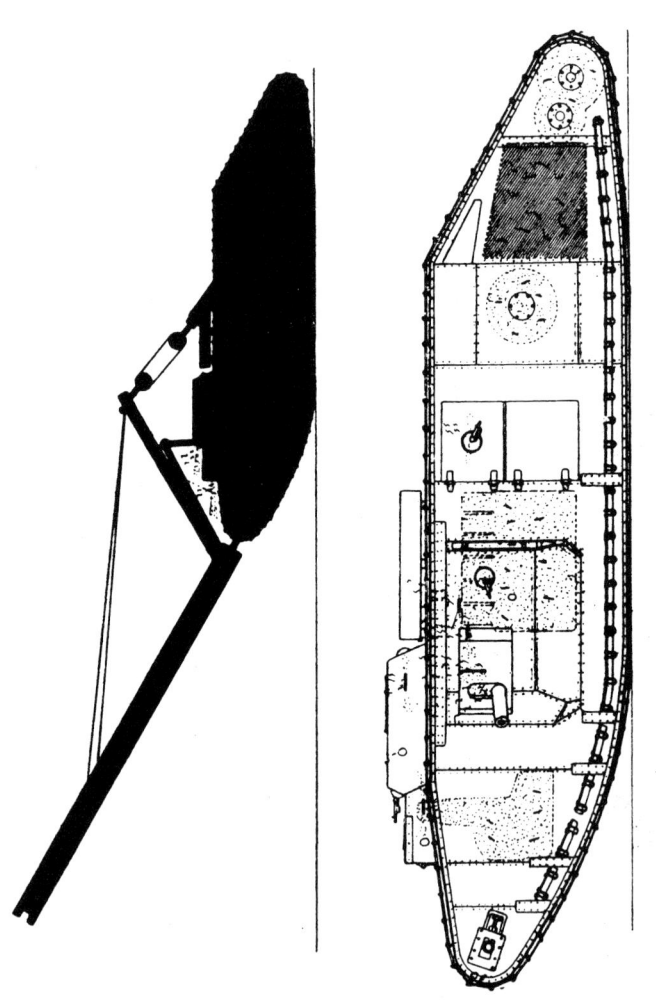

GROSSBRITANNIEN

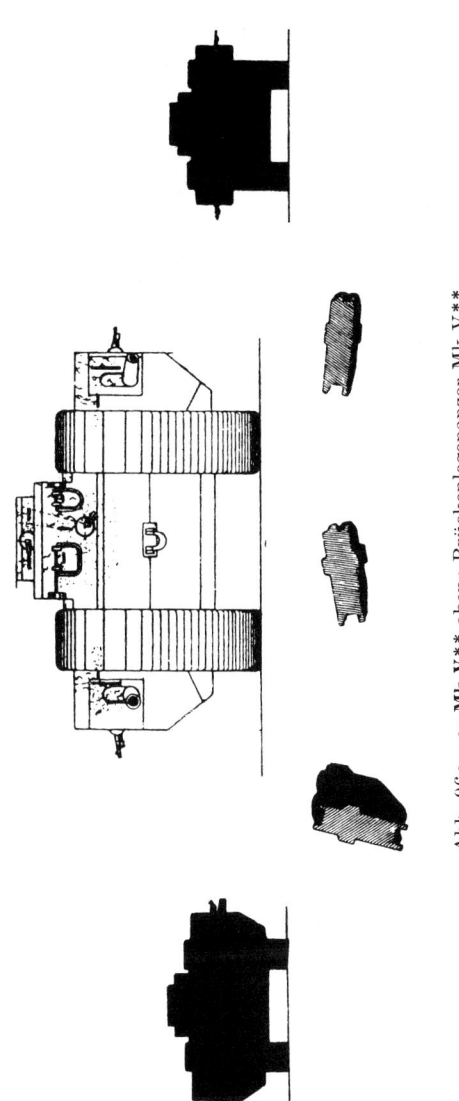

Abb. 96 a—c: **Mk V**** oben: Brückenlegepanzer Mk V**

GROSSBRITANNIEN

Abb. 97a: **Mk I**

Abb. 97b **Mk IV, weiblich**

Abb. 98: **Mk V*, männlich**

GROSSBRITANNIEN

Baureihe **Tank, Mark VIII** („**Allied**" oder „**Liberty**")
Gewicht   37
Länge   10,43
Breite   3,76
Höhe   3,12
Panzerung   16
PS   2×150 (zunächst 1×300)
km/h   8,4
Fahrbereich   89
Besatzung   8
Bewaffnung   2 K 57
               7 MG 7,7
In USA gebaut, 39,5 t, 338 PS, 11 Mann.

Entwicklung und Fertigung:
1918   1500 Stück in gemeinsamer Fertigung mit USA in Frankreich geplant.
Juli 1918 Prototyp, in England gebaut, nach USA zum Einbau des Antriebs. Bei Waffenstillstand waren 100 in USA und 7 in England fertig.

Besondere Merkmale:
Kasematte mit kleinem Beobachtungsturm. Fahrererker. Große Kugelblende für MG in der Seitenwand. Ungefedertes Laufwerk. Panzerstahlketten.

Verwendung:
Hauptausstattung der US InfPzEinh bis 1931. Einige noch 1940 in Kanada zu Ausbildungszwecken.

Beurteilung:
Große Geländegängikeit. Schwache Panzerung, geringer Fahrbereich. Dieser Typ stellt die letzte, am weitesten ausgereifte Form des alten Mk I dar, von dessen konstruktiven Merkmalen er sich nicht allzuweit entfernt. Gefederte Laufwerke, Drehtürme und höhere Geschwindigkeiten sollten erst später zur Reife gelangen.

GROSSBRITANNIEN

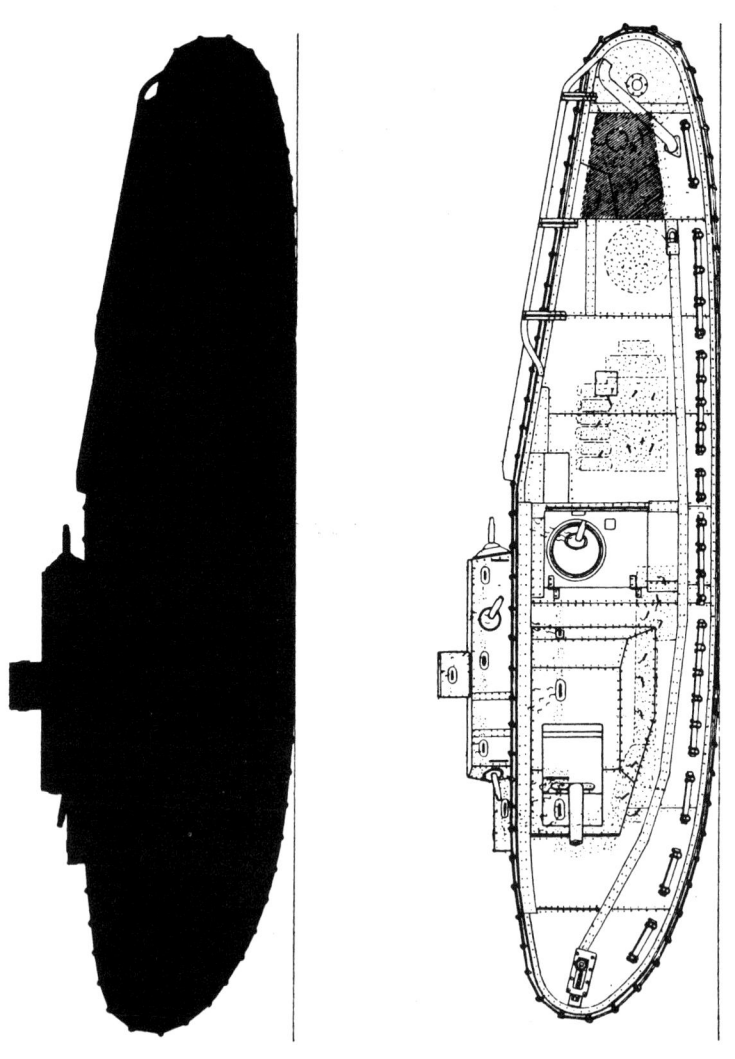

GROSSBRITANNIEN

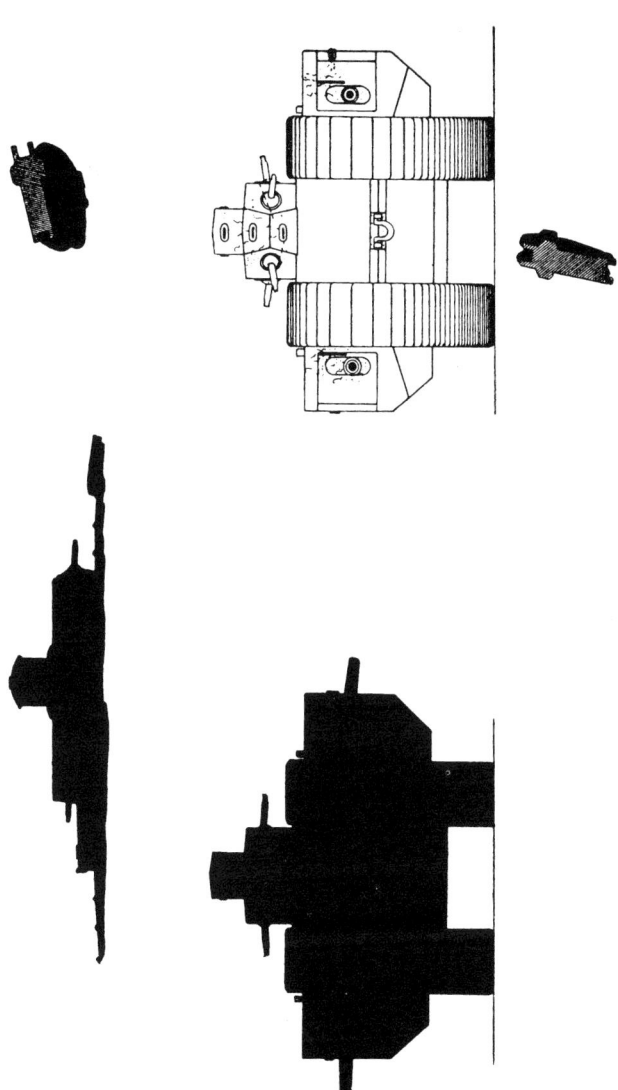

Abb. 99 a—e: **Mk VIII**

GROSSBRITANNIEN

Abb. 99 b **Mk V*** (weiblich)

Abb. 100: **Mk VII**

Abb. 101: **Mk VIII**

GROSSBRITANNIEN

Baureihe **Tank, Medium, Mark B bis D-2**

	B	C	D
Gewicht	18	19,5	13,5
Länge	6,95	7,87	9,14
Breite	2,82	2,70	.
Höhe	2,60	2,93	.
Panzerung	14	14	.
PS	100	150	240
km/h	9,8	13	43/5 (Wasser)
Fahrbereich	105	120	150
Besatzung	4—5	4	4
Bewaffnung	4 MG 7,7	4 MG 7,7	3 MG 7,7

Entwicklung und Fertigung:
B 45 Stück von Metropolitan Carriage 1918
C 36 Stück nach Waffenstillstand.
D 1918, Prototyp.
D-2 1921, Prototyp.

Besondere Merkmale:
B Rhombenförmiger Baukörper mit umlaufender Kette. Kasematte vorn.
C Drehbare Kommandantenkuppel, FlaMG.
D Laufwerk vorn niedrig, schwimmfähig. Seilaufhängung der Laufrollen.
D-2 Hydraulische Lenkbremse, drehbare, geschmierte ,,Schlangenkette''.
Geplant B (männlich) 1 K 40 mm 3 MG
 C ,, 1 K 57 3 MG
 D ,, 1 K 57 3 MG

Verwendung:
C Hauptausstattung Royal Tank Corps bis 1923.
B Japan.

Beurteilung:
B Leichter zu lenken als Mk A. Langsam. Motor schlecht zugänglich. Enger Kampfraum.
C Letzter Weltkriegstyp mit ungefedertem Laufwerk.
D und D-2 Unbefriedigende Versuchstypen.

GROSSBRITANNIEN

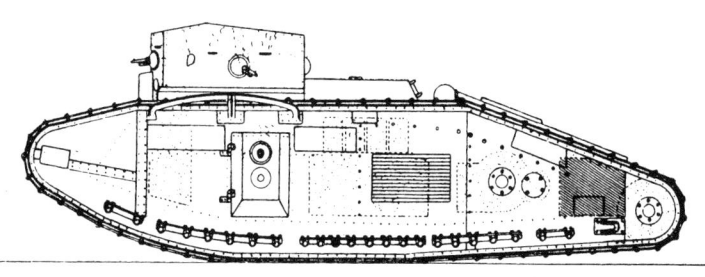

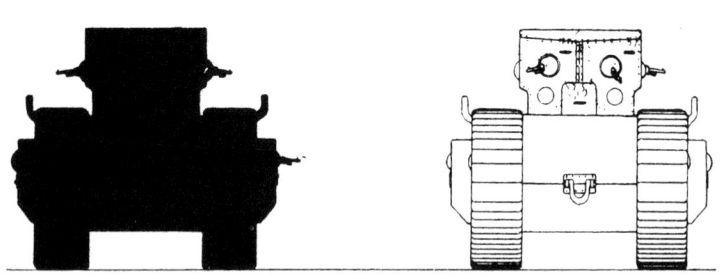

Abb. 102a—d: **Medium Mk B**

GROSSBRITANNIEN

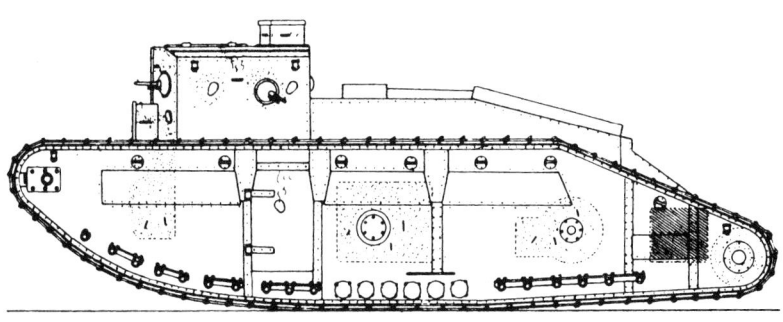

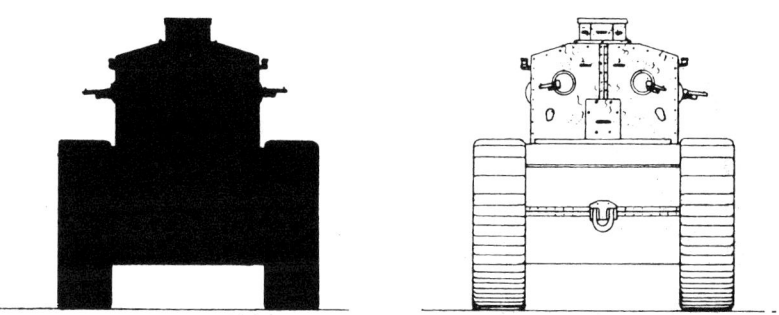

Abb. 103 a—d: **Medium Mk C**

GROSSBRITANNIEN

Abb. 104: **Medium B**, 1918

Abb. 105: **Medium C**, 1918

GROSSBRITANNIEN

Abb. 106: **Medium D,** 1918

GROSSBRITANNIEN

Baureihe **Tank, Medium, Mark I (A. 2) bis II**

	I	II	II A
Gewicht	11,7	13,2	13,5
Länge	5,33	5,33	5,33
Breite	2,78	2,78	2,78
Höhe	2,82	2,82	3,01
Panzerung	6,5	8	8
PS	90	90	90
km/h	29	29	29
Fahrbereich	192	192	192
Besatzung	5	5	5
Bewaffnung	1 K 47	1 K 47	1 K 47
	6 MG 7,7	6 MG 7,7	6 MG 7,7

Entwicklung und Fertigung:
1922 durch Vickers Armstrongs als leichter Infanteriepanzer,
1923—1928 160 Stück bei Vickers-Armstrongs gefertigt.
Abarten: 1925 PzH „Birch Gun" Mk I und II mit offenem Aufbau, III mit Drehturm 1926.

Besondere Merkmale:
Vgl. Silhouetten S. 177—179 über die äußeren Unterschiede. 10 paarweise an Blattfedern aufgehängte kleine Laufrollen, 2 Spannrollen, 4 Stüztrollen. Kastenartiger Aufbau mit hohem Turm. Abgeändert als I A*, II*, II**, II A*.

Verwendung:
Hauptausstattung von 4 Btl Royal Tank Corps ab 1923.

Beurteilung:
Bedeutende Steigerung der Geschwindigkeit. Erste Serienfahrzeuge mit Drehturm. Zuverlässig. Sehr geringes Leistungsgewicht. Schwer zu lenken. (4 Hebel). Ungünstige Waffenlagerung.

GROSSBRITANNIEN

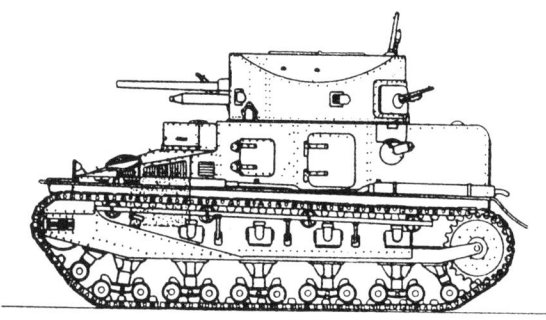

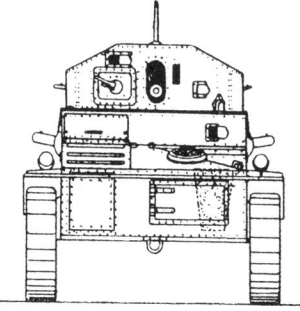

Abb. 107a—d: **Medium Mk I**

GROSSBRITANNIEN

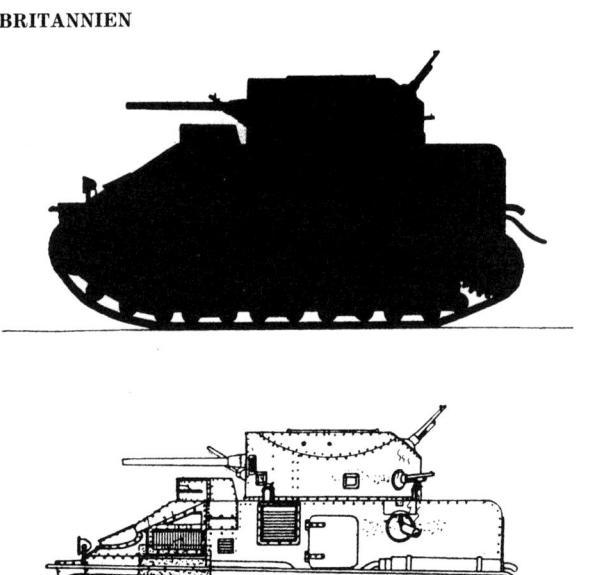

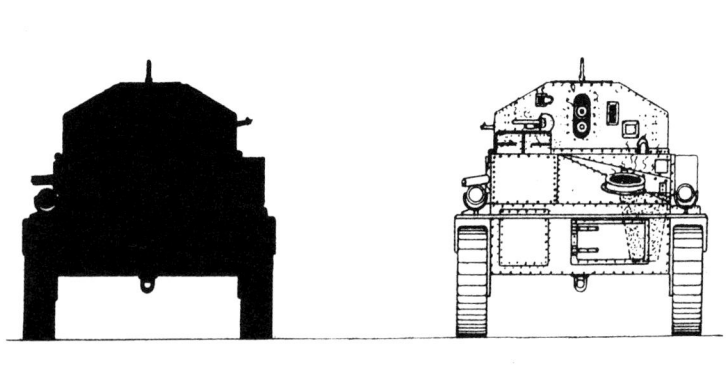

Abb. 108a—d: **Medium Mk II**

GROSSBRITANNIEN

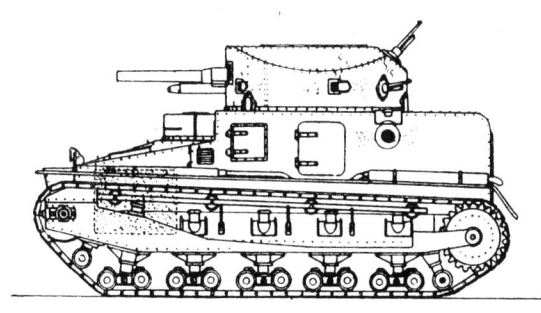

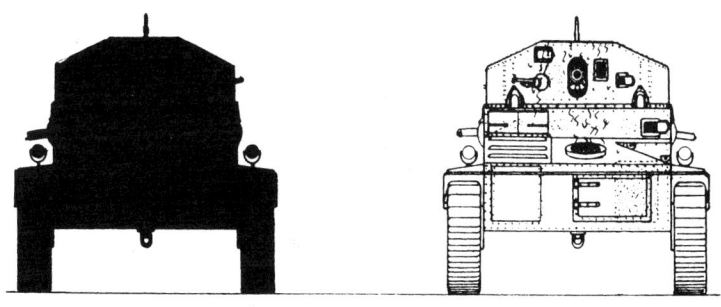

Abb. 109a—d: **Medium Mk I A**

GROSSBRITANNIEN

Abb. 110: Medium Mk II**

GROSSBRITANNIEN

Baureihe **Tank, Heavy, Vickers „Independent"** (A.1 E.1)
Gewicht 31,5
Länge 7,75
Breite 3,20
Höhe 2,66
Panzerung 29
PS 398
km/h 32
Fahrbereich 320
Besatzung 8
Bewaffnung 1 K 47
5 MG 7,7

Entwicklung und Fertigung:
1925/26 von Vickers-Armstrongs als Ersatz der Weltkriegsbaumuster entwickelt. Vorbild für UdSSR T-35 (1933) und T-28. 1 Stück gebaut.

Besondere Merkmale:
Überpanzertes Laufwerk. Geschützturm und 4 MG-Türme.

Verwendung:
Versuchsfahrzeug.

Beurteilung:
Fortsetzung der „weiblichen" Weltkriegstypen mit starker MG-Bewaffnung und zu schwacher Kanone.

GROSSBRITANNIEN

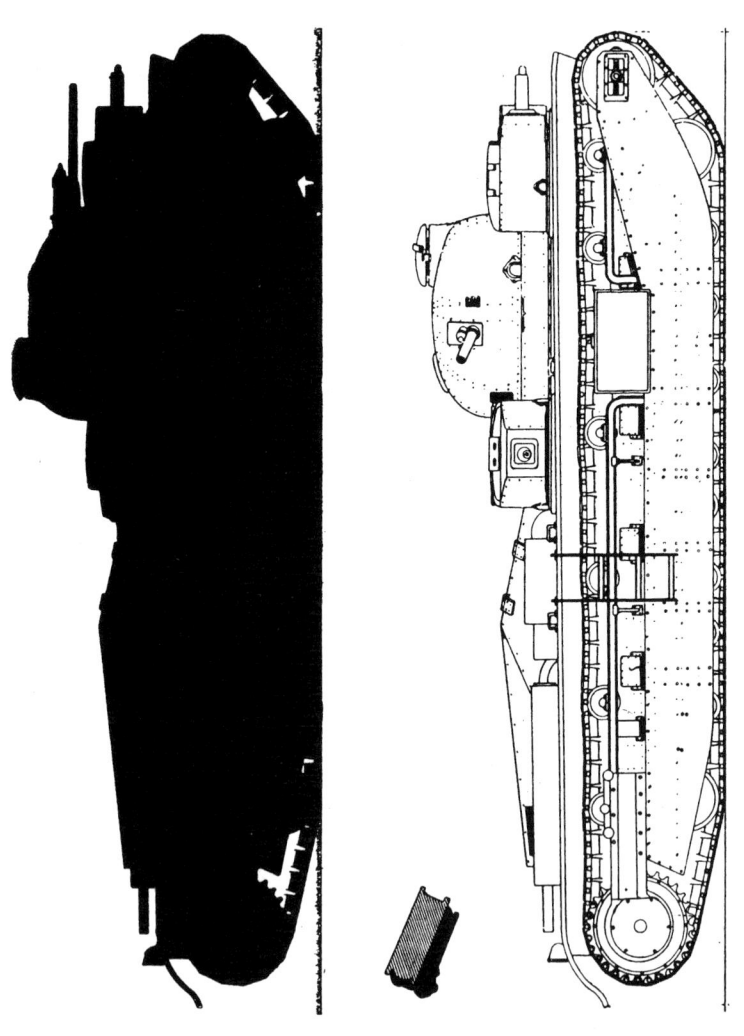

GROSSBRITANNIEN

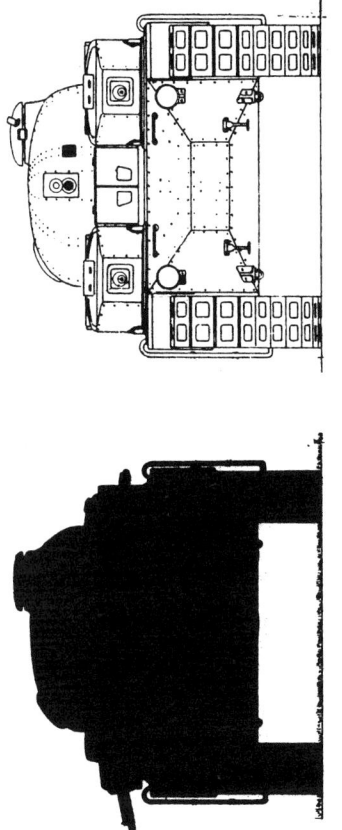

Abb. 111 a—d: Vickers „Independent"

GROSSBRITANNIEN

Abb. 112: „Independent", 1926

GROSSBRITANNIEN

Baureihe **Tank, Vickers Mk C**

Gewicht	11,6
Länge	5,59
Breite	2,54
Höhe	2,41
Panzerung	6,5
PS	165
km/h	32
Fahrbereich	220
Besatzung	5—6
Bewaffnung	1 K 57
	4 MG 7,7

Entwicklung und Fertigung:
1926/27 von Vickers-Armstrongs als Ersatz der Tank Medium Mk I und II entwickelt.

Besondere Merkmale:
Drehturm mit langer Kanone und Heckauslage mit MG.

Verwendung:
In England nicht eingeführt.
Truppenausstattung in Japan (M 2594) und Irland.

Beurteilung:
Übergangsmuster. Schwache Bewaffnung. Zuviel MG.

GROSSBRITANNIEN

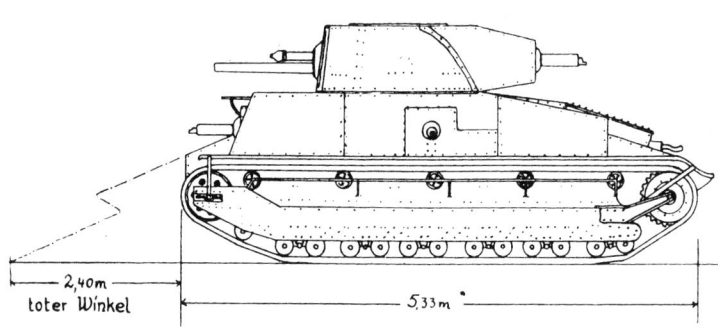

2,40m toter Winkel — 5,33m

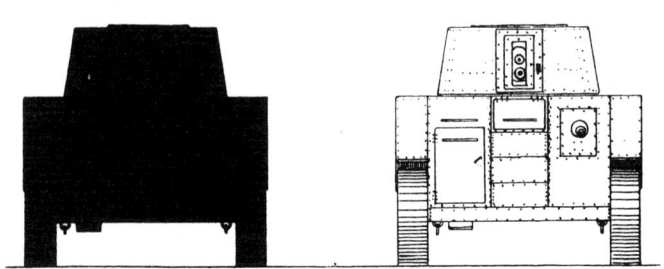

Abb. 113 a—d: **Vickers Mk C**

GROSSBRITANNIEN

Baureihe **Tank, Light, Vickers 6 to**

	A	B
Gewicht	7,2	7,4
Länge	4,88	4,88
Breite	2,41	2,41
Höhe	2,08	2,16
Panzerung	13	17
PS	87	87
km/h	35	35
Fahrbereich	160	160
Besatzung	3	3
Bewaffnung	2 MG 7,7 o.	1 K 47
	1 MG 7,7 und	1 MG 7,7
	1 MG 12,7	

Entwicklung und Fertigung:
1928 Prototyp A.
1931 Prototyp B.
Weiterentwicklung in USA zu Tank, Light M 3, in UdSSR zu T 26, in CSR zu Skoda 35, in Polen zu 7 TP:

Besondere Merkmale:
8 Laufrollen, paarweise an Blattfedern und Hebeln, je 2 Paar an einem Drehpunkt aufgehängt. 4 Stützrollen.
A: 2 MG-Türme.
B: 1 Geschützturm.

Verwendung:
A: Eingeführt in Polen, Bolivien, UdSSR.
In England nicht eingeführt, da dieser Typ den militärischen Forderungen nach leichten Infanterie- und Aufklärungspanzern auf der einen und schweren Infanteriepanzern auf der anderen Seite nicht entsprach.

Beurteilung:
Fortschrittliches Laufwerk. Billiges, gut bewaffnetes Fahrzeug, das für die Panzerentwicklung in der ganzen Welt richtungsweisend wurde.

GROSSBRITANNIEN

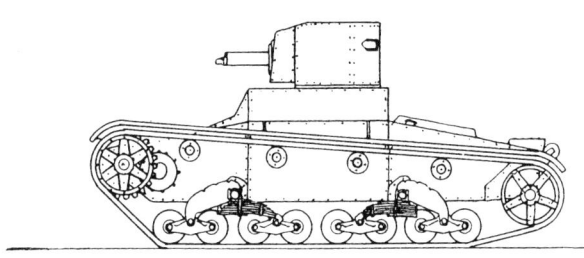

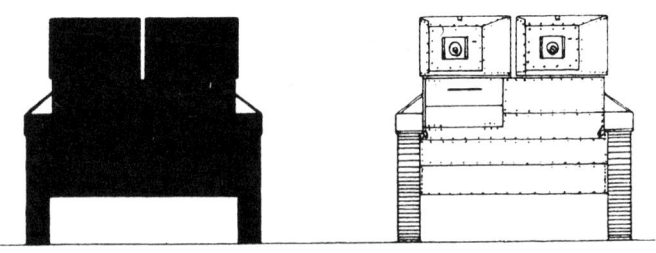

Abb. 114 a—d: **Vickers-Armstrongs 6 to** Ausf. A

GROSSBRITANNIEN

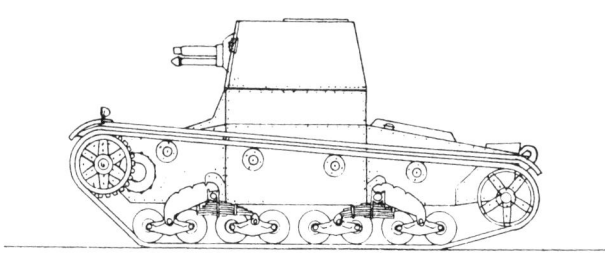

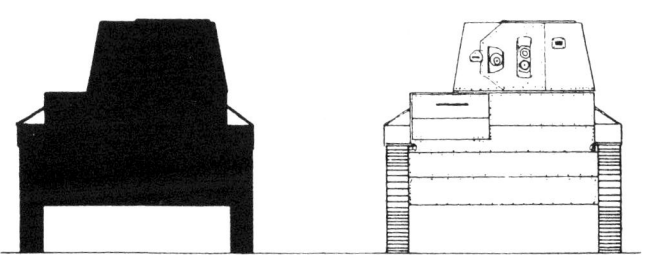

Abb. 115a—d: **Vickers-Armstrongs 6 to**, Ausf. B

GROSSBRITANNIEN

Abb. 116: **Vickers 6 to**, Ausf. A mit 2 Türmen, Prototyp

Abb. 117: **Vickers 6 to**, Ausf. B

GROSSBRITANNIEN

Baureihe **Tankette Morris-Martel**

	Einmann	Zweimann	Crossley Martel
Gewicht	2,5	2,2	1,8
Länge	2,44	3,0	3,05
Breite	1,37	1,5	1,45
Höhe	1,52	1,6	1,6
Panzerung	10	10	6
PS	16	16	18
km/h	35	25	30
Fahrbereich	.	.	.
Besatzung	1	2	1
Bewaffnung	1 MG 7,7	1 MG 7,7	1 MG 7,7

Entwicklung und Fertigung:
1925 Privatentwicklung durch Major G. Q. Le Martel als Infanterie- oder Schützenpanzer
1926 8 Zweimann-Fahrzeuge durch Firma Morris gebaut. Das Einmann-Fahrzeug sollte der kleinste und billigste Panzer für einen Infanteristen sein.

Besondere Merkmale:
Sehr kleine Halbkettenfahrzeuge mit hinten liegenden Lenkrädern. Einfache Panzerkästen mit senkrechten Wänden.

Verwendung:
1926 Zweimann-Fahrzeug Truppenversuch.
1927 8 Stück bei 3rd Btl Royal Tank Corps (PzAufklBtl) der „Experimental Mechanised Force" (PzBrig).

Beurteilung:
Die diesen Fahrzeugen zu Grunde liegende Idee sah eine Ergänzung der bisherigen Kampfpanzertruppe durch gepanzerte Infanterie vor. Sie wurde später von der Kavallerie aufgegriffen und führte zu den großen, mechanisierten Kavallerieverbänden, ausgestattet mit leichten Panzern.

GROSSBRITANNIEN

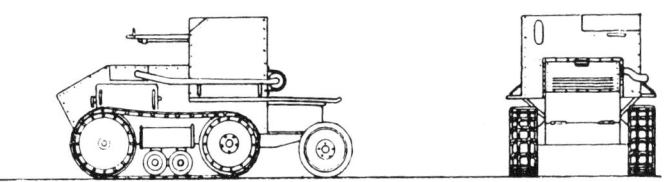

Abb. 118a—d: **Morris-Martel Zweimann-KPz**

Abb. 119a—d: **Crossley-Martel Einmann-KPz**

GROSSBRITANNIEN

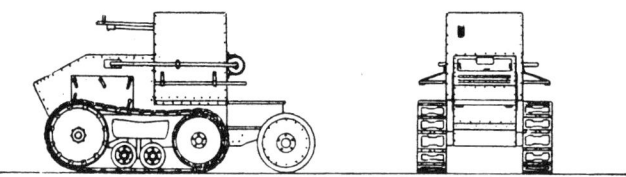

Abb. 120 a, b: **Morris-Martel Einmann-KPz**

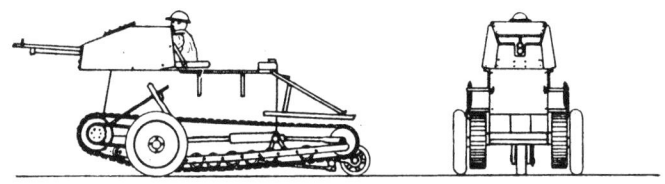

Abb. 121 a—d: **Carden-Loyd Mk III**

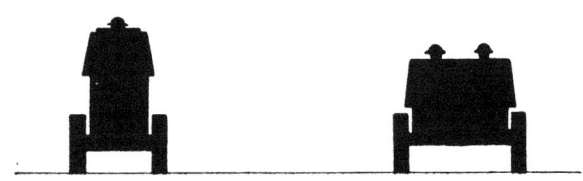

Abb. 122: **Carden Loyd Mk I**   Abb. 123: **Mk II**

GROSSBRITANNIEN

Abb. 124: **Tankette Morris-Martel,** Einmann

GROSSBRITANNIEN

Abb. 125: **Tankette Morris-Martel,** Zweimann

GROSSBRITANNIEN

Baureihe Tankette Carden-Loyd Mk I bis IV

	I	II	III	IV
Gewicht	1	1,6	1,6	1,1
Länge	2,59	3,20	3,20	3,02
Breite	.	1,40	1,40	1,02
Höhe	.	1,50	1,50	1,50
Panzerung	.	9	9	9
PS	22,5	22,5	22,5	22,5
km/h	32	56/39	30	38
Fahrbereich	.	160	.	.
Besatzung	1	1	2	1
Bewaffnung	1 MG 7,7	1 MG 7,7	1 MG 7,7	1 MG 7,7

Entwicklung und Fertigung:
Durch John Carden in der Firma Lloyd.
I 1925 als Infanteriepanzer Prototyp.
II 1926 Prototyp.
III 1926 Prototyp.
IV 1926 Protoyp.

Besondere Merkmale:
I Einmann-Vollkettenfahrzeug mit drehbarem MG-Schild.
II Zweimann-Vollkettenfahrzeug mit MG in Kugelblende.
III wie I mit 3-Rad-Zusatzfahrgestell. Übergang von Rad- auf Kettenfahrt geschieht durch Schraubenspindeln vom Inneren des Fahrzeuges aus.
IV Größere Laufräder, sonst wie I.

Verwendung:
Versuchsfahrzeuge. 8 IV als Gefechtsaufklärungsfahrzeuge bei der ,,Experimental Mechanised Force" von 1927, dem ersten gepanzerten Großverband gemischter Waffen, im 3rd Btl, Royal Tank Corps.

Beurteilung:
Empfindliche Fahrgestelle. Vorläufer der Aufklärungs- und Kavalleriepanzer, ebenso wie der SPz.

GROSSBRITANNIEN

Baureihe **Kleinkampfwagen Carden-Loyd Mk V bis VI**

	V	VI	VI b	Patrouillen
Gewicht	1,35	1,4	2,15	2
Länge	3,02	2,46	2,49	2,59
Breite	2,0	1,70	1,73	1,75
Höhe	1,2	1,22	1,5	1,65
Panzerung	9	9	9	11
PS	22,5	22,5	22,5	40
km/h	50/35	45		48
Fahrbereich	100	160		180
Besatzung	2	2	2	2
Bewaffnung	1 MG 7,7	1 MG 7,7 o. 12,7	1 MG 7,7	1 MG 7,7

Entwicklung und Fertigung:

V 1926 Prototyp. Als Waffenträger für mech. Inf.

VI 1928 Aus dem Räder-Raupen-Zweimann-Infanteriepanzer entstanden. In zahlreichen Ländern eingeführt oder nachgebaut. UdSSR: T 27, Polen: TK 1 bis 3, TKW, TKS, TKZ, Frankreich: UE, CSR: Tancikov MU 4, Italien: Fiat Ansaldo CV 33.

Besondere Merkmale:

V ähnlich III, jedoch für 2 Mann. Motorantrieb für Fahrgestellwechsel Rad/Kette. Gefederte Laufrollen.

VI Sehr kleines Vollkettenfahrzeug, oben offen, teilweise auch mit pyramidenförmigem Kopfpanzer. Fahrgestell, mit kleinen Laufrollen an Balken.

Verwendung:

VI als Übergangsmuster bei PzBtl als SpähPz und bei MechInf Versuchsbrigade 1928. 1932 80 bei 3rd R.T.C. (le PzBtl) der Versuchs-PzBrig. Patrouillenwagen in Dänemark, Finnland, Portugal und Schweden.

Beurteilung:

VI kann als erster Schützenpanzer gewertet werden, der den Kampf von Bord mit Infanteriewaffen ermöglichte. Aus ihm entstand eine lange Reihe von Kleinkampfwagen, Waffenträgern und leichten SPz. Gutes Leistungsgewicht. Wegen der geringen Größe beschränkte Geländegängigkeit.

GROSSBRITANNIEN

Abb. 126a, b: **Carden-Loyd Mk V**

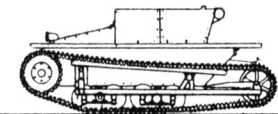 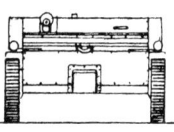

Abb. 127a—d: **Carden-Loyd Mk VI**

GROSSBRITANNIEN

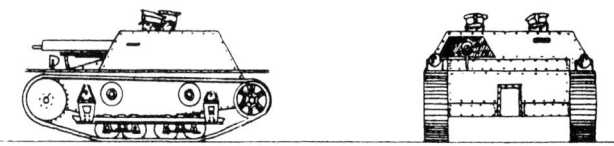

Abb. 128a, b: **Vickers-Carden-Loyd VI b**

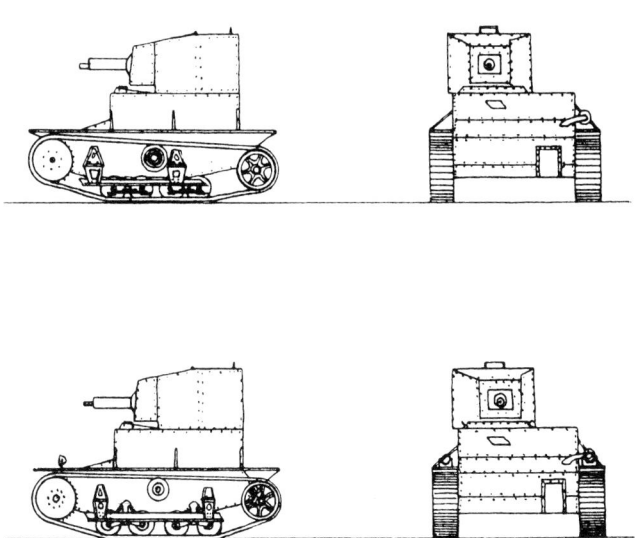

Abb. 129a—d: **Vickers-Carden-Loyd, Patrouillen,** Ausf. A und B

GROSSBRITANNIEN

Abb. 130: **Carden-Loyd Mk V**

Abb. 131: **Carden-Loyd Mk VI**

GROSSBRITANNIEN

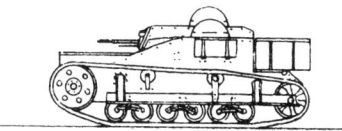

Abb. 132 a—d: **Renault UE** (franz. Skizzenfertigung)

GROSSBRITANNIEN

Abb. 133: Renault **UE**, Frankreich, 1931

Abb. 134: **Tk 3**, Polen, 1930

GROSSBRITANNIEN

Abb. 135: Skoda **MU 4**, Tschechoslowakei, 1931

GROSSBRITANNIEN

Baureihe **Tank, Medium, Mk III** (Vickers 16 to) **A. 6**

	A. 6 E 1	A. 6 E 2	A. 6 E 3
Gewicht	18		18,7
Länge	6,53		6,53
Breite	2,65		2,74
Höhe	2,49		2,79
Panzerung	14		14
PS	180	180	180
km/h	48		48
Fahrbereich	185		160
Besatzung	6		6
Bewaffnung	1 K 47	1 K 47	1 K 47
	5 MG 7,7	3 MG 7,7	3 MG 7,7

Entwicklung und Fertigung:
1928—1931 3 Prototypen nach den Erfahrungen mit Vickers Mk C und „Independent" in Truppenversuch.

Besondere Merkmale:
1   Geschützturm, 2 MG-Türme, überpanzertes Laufwerk.
E 1 12-Zyl. Armstrongs-Siddeley 180 HP-Motor.
E 2 12-Zyl. Ricardo Diesel-Motor 180 HP.
E 3 wie E 1, jedoch Turm mit Heckauslage.

Verwendung:
Nicht eingeführt.

Beurteilung:
Kompromiß zwischen leichten und schweren Vorläufern. Kompliziert, teuer, jedoch sehr fortschrittlich.

GROSSBRITANNIEN

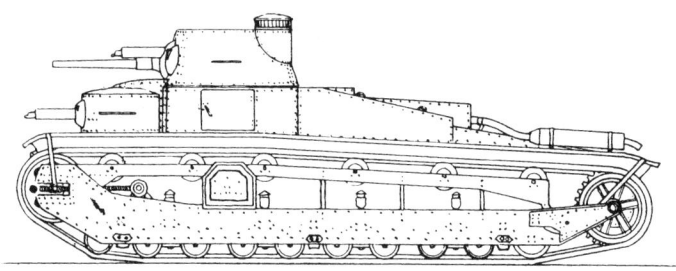

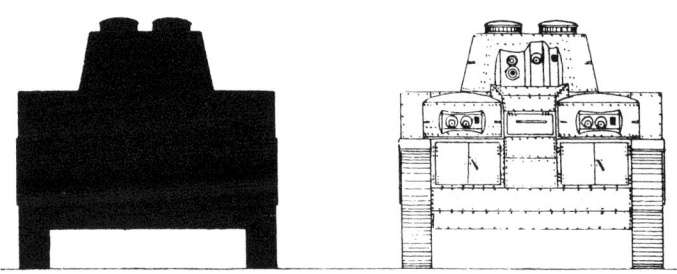

Abb. 136a—d: **Medium Mk III** (A 6 E 1)

GROSSBRITANNIEN

Abb. 137: Medium Mk III (A 6 E 3)

GROSSBRITANNIEN

Baureihe **Tank, Light, Vickers-Carden-Loyd 1930** bis **1933**

	1930	1931 (Amphib)	1933
Gewicht	3,8	3,1	3,8
Länge	3,50	3,96	3,50
Breite	1,85	2.08	1,85
Höhe	1,99	1,83	1,99
Panzerung	9	9	9
PS	56	56	56
km/h	48	64/9,7	48
Fahrbereich	180	260	180
Besatzung	2	2	2
Bewaffnung	1 MG 12,7 o. 7,7	1 MG 7,7	1 MG 12,7 o. 7,7

Entwicklung und Fertigung:

1930 Prototyp eines Schwimmpanzers für Aufklärung (A. 4) aus Raupenschlepper-Fahrgestell. Nachbau in UdSSR: T 37 A, T 38; Polen: PZInz 130; Japan: SR II: Deutschland: PzKpfw I.

Typ 1933 als Exportartikel.
Abarten: VCL 1935 Jagdpanzer mit 40 mm K im Drehturm, Prototyp.

Besondere Merkmale:

4 große Laufrollen an Blattfedern. Schwimmpanzer ohne Leitrad mit Ruder und Schraube im Heck. Auf Kettenabdeckung unter Panzer Balsa-Holzfüllung. Motor rechts hinten. Runder Einheits-MG-Turm.

Verwendung:

Typ 31 in China, Japan, Niederlande, Thailand, UdSSR.
Typ 33 in Schweiz, Belgien.

Beurteilung:

Vorläufer der Kavallerie- und Aufklärungspanzer der 30iger Jahre in vielen Ländern. Geringe Feuerkraft, aber hohe Beweglichkeit. Panzerschutz nur gegen Handwaffen.

Weitere Entwicklung:

| 1935 | M. 1936 mit 6-eckigem **Turm für Niederlande, China** |
| 1938 | Befehlspanzer für Belgien |

GROSSBRITANNIEN

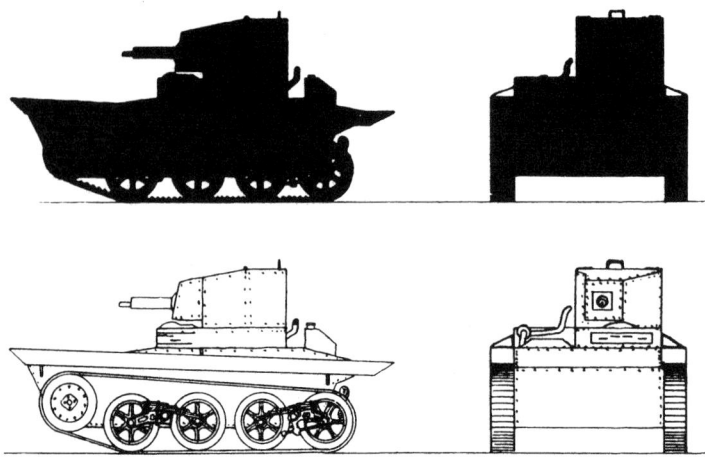

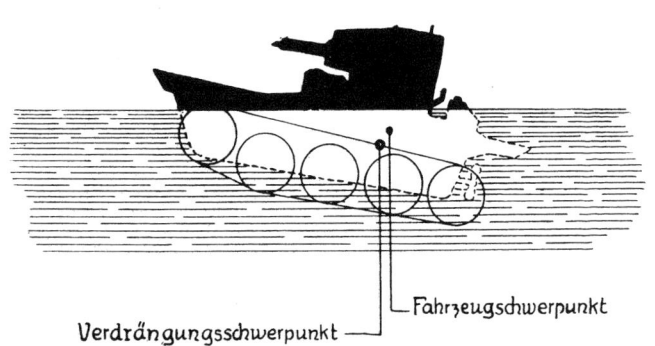

Abb. 138a—d: **Vickers-Carden-Loyd 1931** (Amphib.)

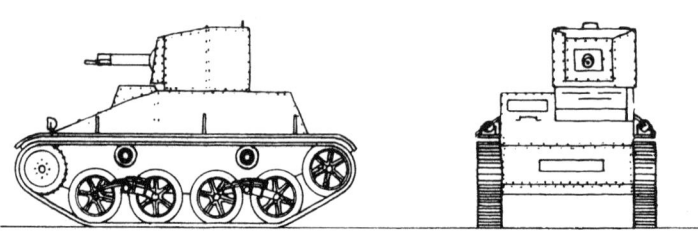

Abb. 139a, b: **Vickers-Carden-Loyd 1933**

GROSSBRITANNIEN

Abb. 140: **Vickers-Carden-Loyd, Typ 1931,** Schwimmpanzer

Abb. 141: **Vickers-Carden-Loyd, Typ 1933,** eingeführt im Schweizer Heer. (Ausf. mit schräg liegenden Spiralfedern).

GROSSBRITANNIEN

Baureihe **Tank, Light, Mk I (A. 4)** bis **V (A. 5)**

	I	I A	II A, B	III	IV	V
Gewicht	4,8		4,25	4,5	4,3	4,8
Länge	3,96		3,58	3,66	3,40	3,91
Breite	1,83		1,83	1,83	2,05	2,05
Höhe	1,68		2,02	2,11	2,13	2,21
Panzerung	14		10	12	12	12
PS	58		66	66	88	88
km/h	52		48	48	58	52
Fahrbereich	260		241	241	210	210
Besatzung	2		2	2	2	3
Bewaffnung	1 MG 7,7		1 MG 7,7	1 MG 7,7 o. 12,7	1 MG 7,7 o. 12,7	1 MG 7,7 1 MG 12,7

Entwicklung und Fertigung:
1928	Militärische Forderung A. 4 auf SpähPz für Kampfpanzerverbände.
1928	Carden-Loyd Mk VII, Prototyp mit Drehturm.
1930	Carden-Loyd Mk VIII, als Tank, Light, Mk I eingeführt.
1931	I A Prototyp
1932/33	**II, III** Kleine Serie III, 42 gebaut.
1932	IV Prototyp
1935	V Prototyp (A. 5)

Abarten:
1931 Carden-Loyd Mk VIII AA mit 2 × 12,7 mm FlaMG
1940 Light Tank AA Mk I mit 4 × 7,92 mm FlaMG

Besondere Merkmale:
4 große Laufräder, I an Blattfedern, IA an waagerechten Schraubenfedern.
I runder Turm, II 4-eckiger Turm, III schräge Doppelfedern.
IV ohne Leitrad!
V 3-Mann, hinten abgeschrägte Turmdecke.

Verwendung:
I A 4 Stück 1931 in Indien.
II 50 Stück 1932 bei Versuchs-PzBrig, zunächst als lePzBtl, dann in den gemischten Kp der mPzBtl, 1934 bei 1st (light) Bat R.T.C. in der 1st Tank Brigade.

Beurteilung:
Zweckmäßige, zuverlässige und billige Spähpanzer.
Ihre Zusammenfassung zu Bataillonen mit den Kampfaufgaben der späteren Panzertruppe wurde wegen ihrer geringen Kampfkraft bald wieder rückgängig gemacht. Dieser leichte Typ wurde fortan nur noch für Aufklärungszwecke verwendet, was seiner Beweglichkeit entsprach.

GROSSBRITANNIEN

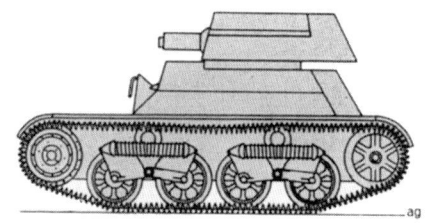

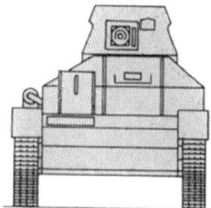 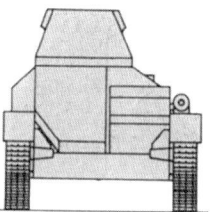

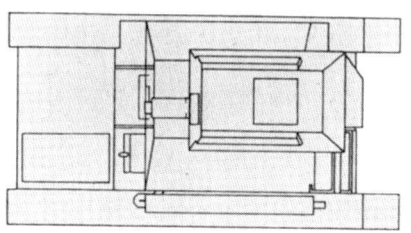

Abb. 142a—d: **Light Mk II**

GROSSBRITANNIEN

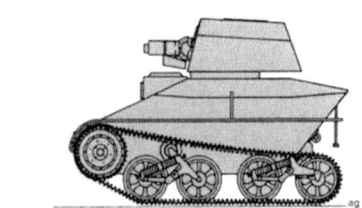

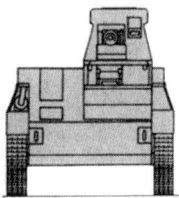 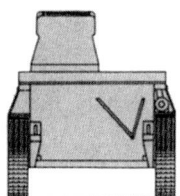

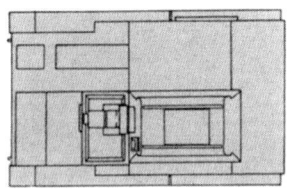

Abb. 143a—d: **Light Mk IV**

GROSSBRITANNIEN

Abb. 144: **Light Mk I**

Abb. 145: **Light Mk I A** (mit Horstmann-Federung)

GROSSBRITANNIEN

Abb. 146: **Tank, Light Mk II A**

Abb. 147: **Light Mk II A**

GROSSBRITANNIEN

Baureihe **Tank, Light, Mk VI**

	VI	VI A	VI B	VI C
Gewicht	4, 85	5,2	5,2	5,25
Länge	3,95	3,95	3,95	3,89
Breite	2,05	2,05	2,05	2,05
Höhe	2,22	2,22	2,22	2,13
Panzerung	15 (12)	15 (12)	15 (12)	15 (12)
PS	88	88	88	88
km/h	56	56	56	56
Fahrbereich	210	210	210	210
Besatzung	3	3	3	3
Bewaffnung	1 MG 12,7	1 MG 12,7	1 MG 12,7	1 MG 15
	1 MG 7,7	1 MG 7,7	1 MG 7,7	1 MG 7,92

Entwicklung und Fertigung:
1935 Militärische Forderung (A. 5) auf leichten 3-Mann-Panzer für die Ausbildung der mechanisierten Kavallerie.
1936 VI Serienfertigung.
1940 VIB und C Serie

Abarten:
Flakpanzer VI A und B mit 4 MG 7,92.

Besondere Merkmale:
VI Eckiger Turm, Heckauslage für Funkgeräte.
VI A Stützrolle an Wanne.
VI B Runde Turmkuppel, nur 1 Luftgitterabdeckung auf rechter Front, einige mit Leitrad.
VI C Besa-MG. Keine Turmkuppel.

Verwendung:
1938 bei Cav.Rgt. (Mcz) (PzKavBtl) der „Mobile Division".
Bei englischen, australischen, kanadischen und südafrikanischen PzAufkl-Einheiten und als Artillerie-Beobachtungspanzer. VI C bei 1st Armd Div in Frankreich ab Ende Mai 1940.

Beurteilung:
Brauchbare, aber schwach bewaffnete Spähpanzer. Sehr ungünstige Form. Etwa entsprechend PzKpfw I und II. Der Masseneinsatz solcher leichten Kavalleriepanzer in großen Verbänden führte bei den deutschen Panzerdivisionen 1939/40 zu operativen Erfolgen, wenn auch ihre Feuerkraft und ihr Panzerschutz gering waren.

GROSSBRITANNIEN

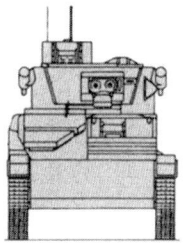 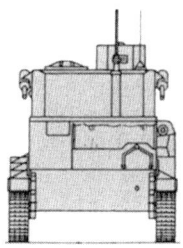

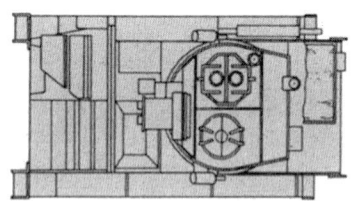

Abb. 148a—d: **Mk VI**

GROSSBRITANNIEN

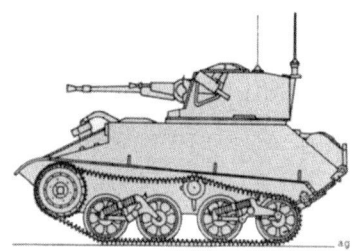

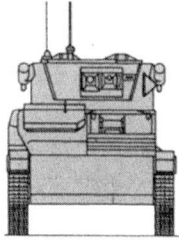
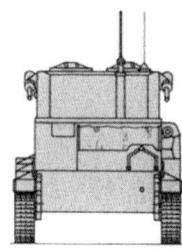

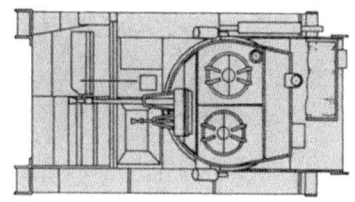

Abb. 149a—d: **Mk VI B**

GROSSBRITANNIEN

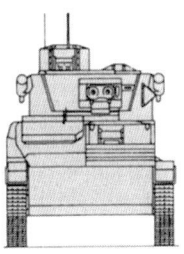
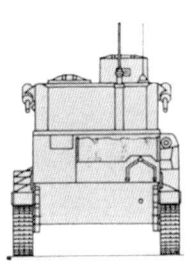
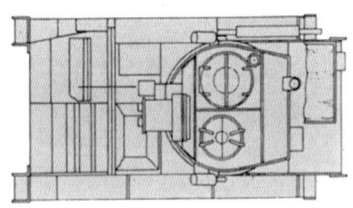

Abb. 150a—d: **Mk VI C**

GROSSBRITANNIEN

Abb. 151: Tank, Light Mk VI B

GROSSBRITANIENN

Baureihe **Tank, Infantry, Mark I (A. 11)**

Gewicht	11 (später 12)
Länge	4,85
Breite	2,30
Höhe	1,87
Panzerung	65 (60)
PS	70 (später 90)
km/h	13
Fahrbereich	128 (später 190)
Besatzung	2
Bewaffnung	1 MG 7,7 (später auch 1 MG 12,7)

Entwicklung und Fertigung:
Entsprechend der britischen Doktrin wurden Infanterie- und Kreuzer-Pz gefordert. Die Infanterie-KPz sollten stark gepanzert und langsam sein, um zu Fuß kämpfende Infanterie unmittelbar unterstützen zu können. A. 11 entstand auf der Basis älterer Vickers-Armstrongs-Panzer. Entwurf Sir John Carden. Fertigungsauftrag April 1937 auf 140 Stück, 139 gebaut.

Besondere Merkmale:
8 kleine Laufrollen, je 2 Paar an gemeinsamem Träger. Triebrad hinten, 2 Stützrollen. Schmaler Bug, kleiner zylindrischer MG-Turm. Stark abfallendes Heck.

Verwendung:
1940 bei 1st Army Tank Brigade in Frankreich.

Beurteilung:
Stark gepanzert, sehr langsam. Bewaffnung zum Kampf gegen Panzer unzureichend. Sicher gegen Beschuß durch 37 mm Pak.

GROSSBRITANNIEN

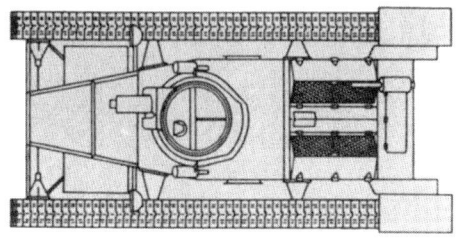

Abb. 152a—d: **Infantry Mk I (A. 11)**

GROSSBRITANNIEN

Abb. 153: Tank, Infantry **Mk I**

GROSSBRITANNIEN

Baureihe **Tank, Cruiser, Mark I (A. 9) bis II A (A. 10)**

	I	II	II A
Gewicht	12,7	13,7	14,5
Länge	5,87	5,51	5,51
Breite	2,54	2,52	2,52
Höhe	2,54	2,59	2,59
Panzerung	16,5	37 (23)	37 (23)
PS	150	150	150
km/h	37	26	26
Fahrbereich	210	160	160
Besatzung	6	4	5
Bewaffnung	1 K 40	1 K 40	1 K 40
	3 MG 7,7	1 MG 7,7	2 MG 7,99

Entwicklung und Fertigung:
1936 Prototyp von Vickers-Carden-Loyd als Ersatz der „Medium Tanks", Aug. 1937 Fertigungsauftrag auf Grund von Mil. Forderungen (A. 9) auf einen „Kreuzer"-KPz zur Ausstattung von Kavallerie-Panzerverbänden für operative Verwendung.
Etwa 100 gefertigt.
Fahrgestell für Inf-KPz „Valentine" verwendet.
A. 10 zunächst als Inf-KPz entwickelt, Fertigungsauftrag Juli 1938, dann jedoch als „Schwerer Kreuzer-KPz" übernommen. Fertigung bis Sept. 1940.
Abart: Sturmpanzer mit 94 mm H (Mk I CS).

Besondere Merkmale:
Laufwerk mit 2×3 gemeinsam aufgehängten Laufrollen, erstes und letztes Rad hat größeren Durchmesser. 3 Stützrollen. Antriebsrad hinten. 2 kleine MG-Türme vor Fahrerfront. Kantiger Drehturm mit Waffen in Walzenblende. A. 10 dickerer Panzer durch Zusatzplatten.

Verwendung:
1940 in Frankreich.
Bis Ende 1941 in Afrika im Einsatz bei 1st, 2nd und 7th Armoured Division.

Beurteilung:
Die Forderung A. 9 legte das Hauptgewicht auf Beweglichkeit während die Bewaffnung nur gegen Infanterieziele ausreichen sollte. Diese Forderung wurde nicht konsequent verwirklicht. So blieb die operative Beweglichkeit dieser Typen unbefriedigend.

GROSSBRITANNIEN

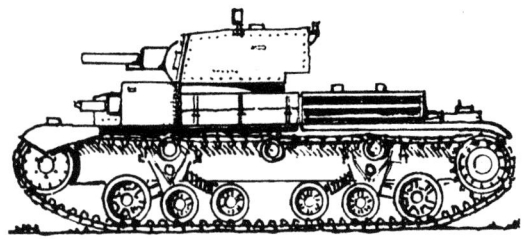

Abb. 154a, b: **Cruiser Mk I**

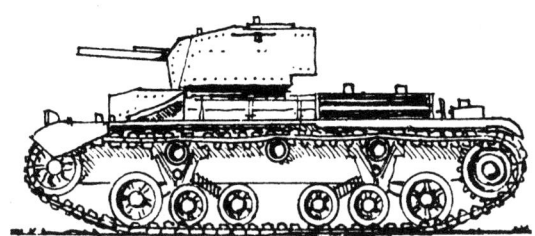

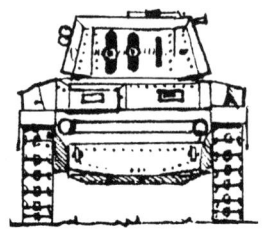

Abb. 155a, b: **Cruiser Mk III**

GROSSBRITANNIEN

Abb. 156: **Cruiser Mk I**

Abb. 157: **Cruiser Mk II**

GROSSBRITANNIEN

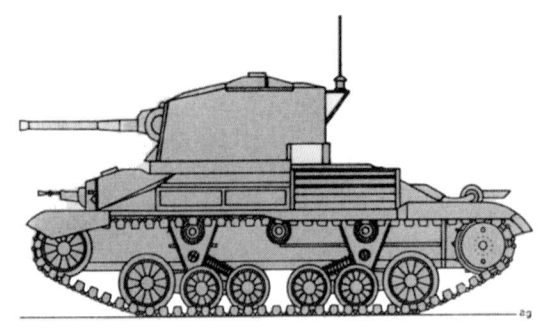

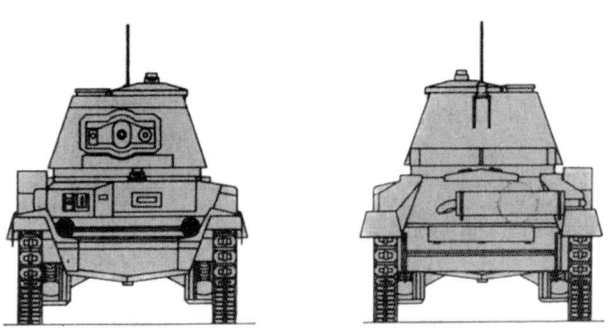

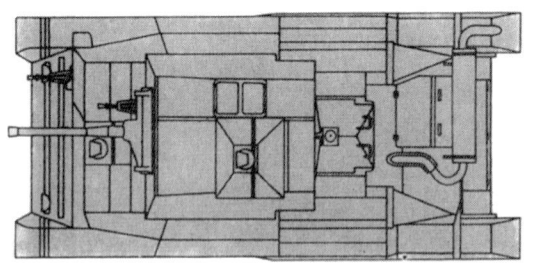

Abb. 158a—d: **Cruiser Mk II A (A 10)**

GROSSBRITANNIEN

Baureihe **Tank, Cruiser, Mark III (A. 13 I), IV (A. 13 II)**

	III	IV
Gewicht	14,8	15,0
Länge	6,02	6,02
Breite	2,54	2,54
Höhe	2,59	2,59
Panzerung	21	30
PS	340	340
km/h	48	48
Fahrbereich	150	150
Besatzung	4	4
Bewaffnung	1 K 40	1 K 40
	1 MG 7,7	1 MG 7,7

Entwicklung und Fertigung:
Nov. 1936 Ankauf eines Christie-Panzers aus USA, Prototyp von Morris Commercial Cars Co. unter Verwendung eines Liberty Motors aus dem 1. Weltkrieg.
1939 Fertigungsauftrag an Nuffield and Aero Ltd.

Besondere Merkmale:
Erstmalige Verwendung des Christie-Laufwerkes mit 4 großen Scheibenrädern, jedoch ohne Möglichkeit (wie UdSSR BT-Reihe) zur Radfahrt. Schwingarme an Schraubenfedern.
III Turm ähnlich Mk I.
IV Turm mit eingezogenen unteren Schrägflächen und verstärktem Panzer.
IV A mit Besa MG 7,92 mm.

Verwendung:
III 1940 bei 1st Armoured Division in Frankreich
IV auch noch in Afrika bis Ende 1941.

Beurteilung:
Leicht gepanzert, schnell, mechanisch nicht voll zuverlässig.

GROSSBRITANNIEN

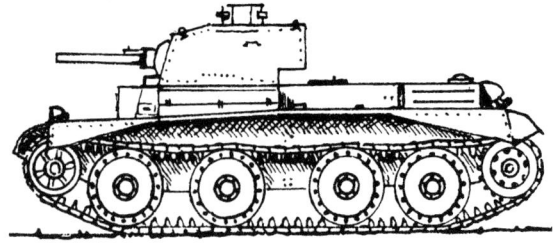

Abb. 159a, b: **Cruiser Mk III**

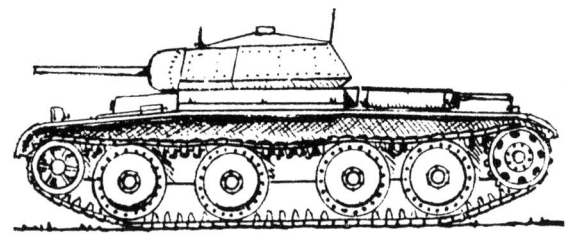

Abb. 160a, b: **Cruiser Mk IV**

GROSSBRITANNIEN

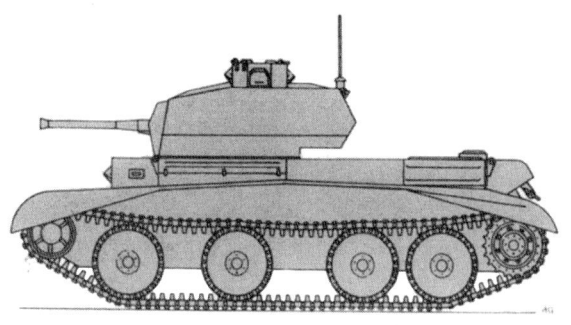

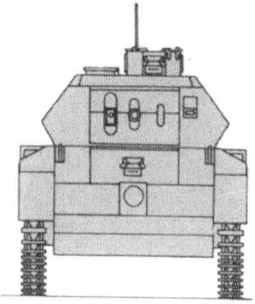　　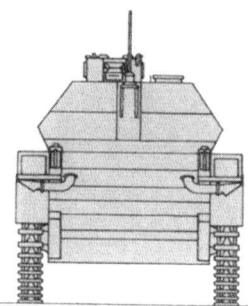

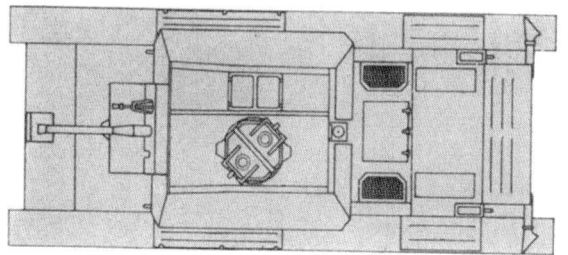

Abb. 161 a—d: **Cruiser Mk IV A (A. 13 Mk II)**

GROSSBRITANNIEN

Abb. 162: **Cruiser Mk III**

Abb. 163: **Cruiser Mk IV**

GROSSBRITANNIEN

Baureihe **Tank, Infantry, Mark II „Matilda"** (A. 12)

	Matilda I	II	III bis V
Gewicht	26	26,5	25
Länge	5,61	5,92	5,92
Breite	2,59	2,51	2,51
Höhe	2,44	2,39	2,39
Panzerung	80	80	80
PS	2×87	2×87	2×95
km/h	24	24	24
Fahrbereich	112	112	112
Besatzung	4	4	4
Bewaffnung	1 K 40	1 K 40	1 K 40
	1 MG 7,7	1 MG 7,92	1 MG 7,92

Entwicklung und Fertigung:

1938 Forderung auf InfPz mit 40 mm Kanone und entsprechendem Panzerschutz. Entwurf durch Woolwich Arsenal auf Basis A. 7 (1929—1937).

April 1938 Prototyp

1939 Fertigungsbeginn durch Vulcan Foundry Ltd. Gesamtfertigung 3000 Stück.

Abarten: Räumschlägelpanzer („Flailtank") „Mathilda Baron" 1942. III CS und IV CS mit 76 mm H

Besondere Merkmale:
Überpanzertes Laufwerk mit 5 Schlammöffnungen. Übergreifender Panzerkastenoberteil mit schrägen Wänden. Abgeschrägter Gußturm. Glatte Kanone in dicker, innenliegender Walzenblende. Kommandantenkuppel.

Verwendung:
4th und 5th Royal Tank Regiment 1940 in Frankreich, später in Kreta, Malta, UdSSR, Australien. Mai 1942 50 bei 32nd Army Tank Brigade und 100 bei 4th Army Tank Brigade in Nordafrika. Juli 1942 vor britischer Alamein-Offensive herausgezogen.

Beurteilung:
Bis 1941 stärkste Panzerung, sehr langsam. Mechanisch anfällig. Bewaffnung nur gegen PzKpfW I und II, sowie Turmfront III H, III I, IV auf 1000 m ausreichend. Panzerung nur 8,8 cm Flak (ab Juni 1941) unterlegen.

GROSSBRITANNIEN

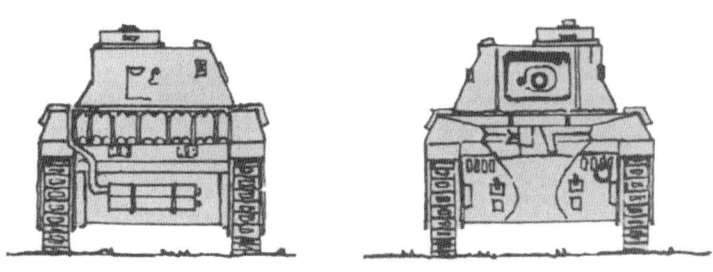

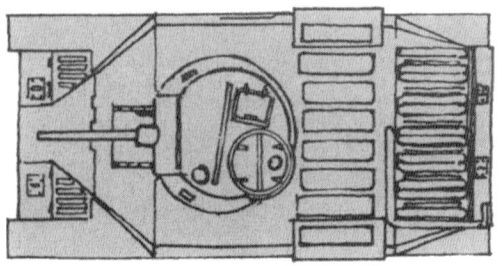

Abb. 164 a—d: „**Matilda**"

GROSSBRITANNIEN

Abb. 165: Tank, Infantry **Mk II „Matilda"**

GROSSBRITANNIEN

Baureihe **Tank, Heavy T. O. G. I bis II***

	II*
Gewicht	80
Länge	10,13
Breite	3,12
Höhe	3,05
Panzerung	63 + 13
PS	600
km/h	14
Besatzung	6
Bewaffnung	1 K 76,2
	1 MG Besa

Entwicklung und Fertigung:
1939 Forderung auf Durchbruchspanzer gegen den Westwall
Feb. 1940 Entwicklungsbeginn durch Foster & Co Ltd, wo die ersten Panzer des 1. Weltkrieges gebaut worden waren. Sir Albert Stern, Sir Ernest Swinton u. a. an der frühen PzEntwicklung beteiligte Konstrukteure bildeten ein Entwicklungskommitee.
Okt. 1940 Prototyp I, später umgebaut zu IA.
März 41 Prototyp II, später umgebaut zu II*

Besondere Merkmale:
I   Ähnlich franz. Char B mit kurzer K in Front und Matilda-Turm Ungefedertes Laufwerk. Diesel-Motor. Lenkung durch Elektromotoren.
IA   Hydraulisches Lenkgetriebe.
II   Bewaffnung nur im Drehturm.
II*   Lange Kanone im Drehturm. Gefedertes Laufwerk.

Verwendung:
Versuchsfahrzeuge

Beurteilung:
Dieser Rückgriff auf Erfahrungen des ersten Weltkrieges brachte einen überschweren Panzer hervor, dessen Beweglichkeit sehr gering war. Das Lenkverhältnis war wegen der Länge sehr ungünstig.

GROSSBRITANNIEN

Abb. 166: **TOG II***, 1941

GROSSBRITANNIEN

Baureihe **Tank, Cruiser, Mark V „Covenanter I bis IV"** (A. 13 III)

Gewicht	18
Länge	5,79
Breite	2,63
Höhe	2,24
Panzerung	40
PS	300
km/h	50
Fahrbereich	160
Besatzung	4
Bewaffnung	1 K 40
	1 MG 7,9

Entwicklung und Fertigung:
A. 14 1937 Prototyp von London, Midland und Scottish Railway, jedoch nicht weiter verfolgt, da zu schwer. A. 13 III weiterentwickelt aus Tank Cruiser Mk IV mit dickerem Panzer und neu entwickeltem Motor, Auslieferung 1940. 1771 Stück gefertigt. Umbau von Fahrgestellen für „Bridgelayer". II Formänderung der Kühlung, III Kühlroste auf Heck, IV Serienfertigung wie III.
Abarten: I—IV CS mit 76,2 mm H.

Besondere Merkmale:
4 große Laufräder, schmale Kette. Schnittige Bauform des Panzerkastens. Langer Turm in der Mitte. Walzenblende.

Verwendung:
Trotz hoher Fertigungszahl nur als Ausbildungsgerät verwendet.

Beurteilung:
Mängel im Antrieb, vor allem bei der Kühlung. Hoher Bodendruck.

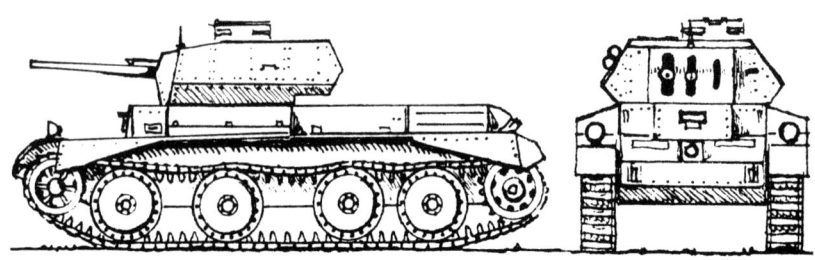

Abb. 167a, b: **Cruiser Mk V**

GROSSBRITANNIEN

Abb. 168: Cruiser Mk V „Covenanter"

GROSSBRITANNIEN

Baureihe **Tank, Cruiser, Mark VI „Crusader" I (A. 15)** bis **III**

	I	II	III
Gewicht	18	19	19,7
Länge	5,99	5,99	6,29
Breite	2,64	2,64	2,64
Höhe	2,24	2,24	2,24
Panzerung	40 (30)	49	51
PS	340	345	345
km/h	43,5	43,5	43,5
Fahrbereich	160	160	160
Besatzung	5	4	3
Bewaffnung	1 K 40	1 K 40	1 K 57
	1 MG 7,7	1 MG 7,7	1—2 MG 7,7
	2 MG 7,92	2 MG 7,92	1 MG 7,92

Entwicklung und Fertigung:
I Weiterentwicklung der A. 13 durch Nuffield und Aero Ldt.
Juli 1939   Auslieferungsbeginn I.
Mai 1942   Auslieferungsbeginn II.
ca. 5300 gebaut.

Abarten:
1943 Crusader AA Mk I mit 40 mm Flak
Crusader AA Mk II und III mit 2 × 20 mm Flak
I CS u. II CS mit 76,2 mm H

Besondere Merkmale:
5 große Laufräder, flache, schnittige Bauform. Kantiger, waagrecht gebrochener und abgeschrägter Turm.
I   MG-Turm vor Fahrerfront.
II und III Zusatzpanzerplatten, kein MG-Turm.

Verwendung:
Nordafrika, Mai 1942 je 100 bei 2nd und 22nd Armoured Brigade.

Beurteilung:
Schnell, nicht voll zuverlässig. I und II schwach bewaffnet.

GROSSBRITANNIEN

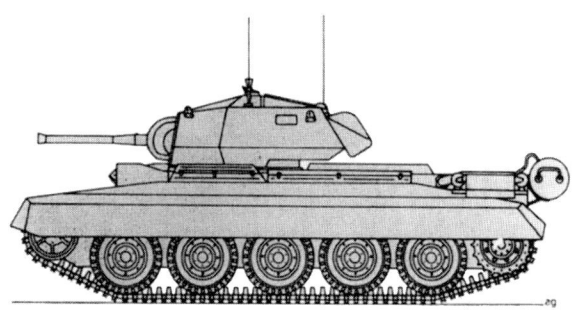

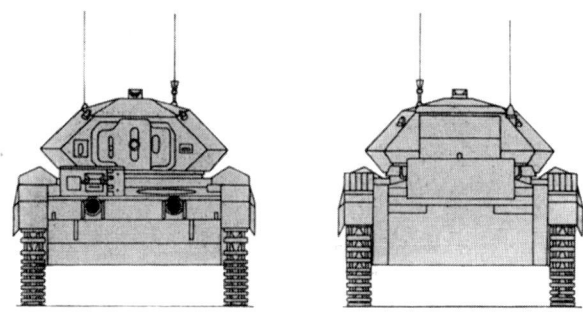

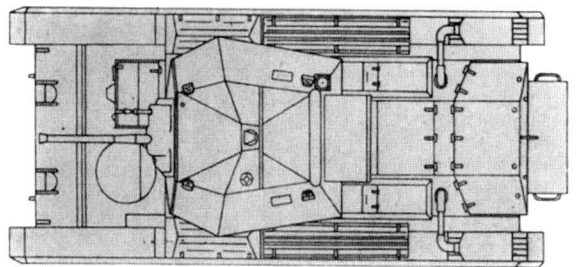

Abb. 169a—d: „**Crusader II**"

GROSSBRITANNIEN

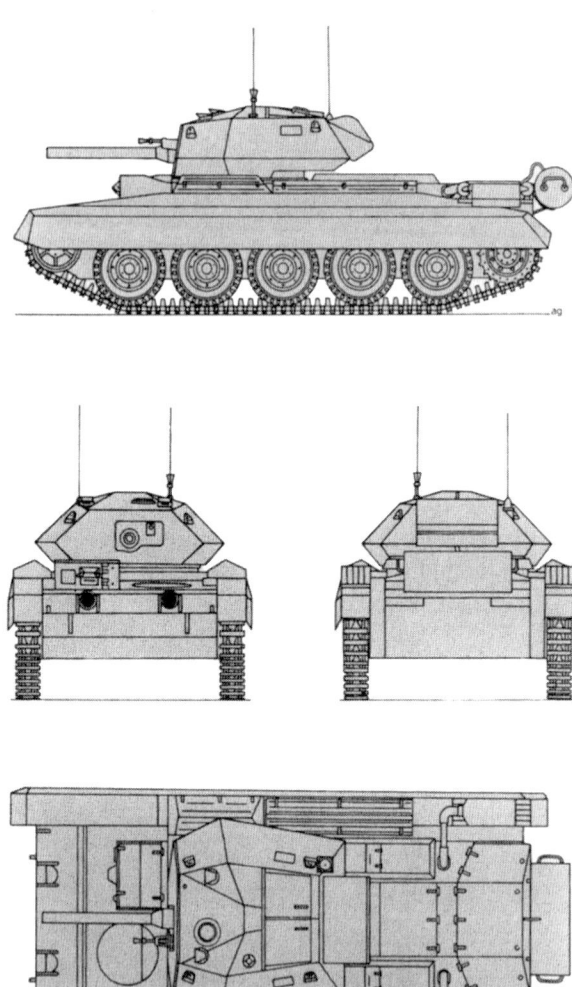

Abb. 170a—d: „**Crusader III**"

GROSSBRITANNIEN

Abb. 171: Cruiser Mk VI „Crusader I"

GROSSBRITANNIEN

Abb. 172a: **Cruiser Mk VI „Crusader I"**

Abb 172b: **Cruiser Mk VI „Crusader III"**

GROSSBRITANNIEN

Baureihe **Tank, Infantry, Mark III „Valentine I—XI"**

	I—VII	VIII—X	XI	„Valiant" (A. 38)
Gewicht	16	17	18	27
Länge	5,43	5,43	5,43	5,36
Breite	2,63	2,63	2,63	2,82
Höhe	2,27	2,28	2,31	2,13
Panzerung	65 (60)	65 (60)	65 (60)	114
PS	135*)	165*)	165	210
km/h	24	24	24	19,3
Fahrbereich	145	145	225	.
Besatzung	3 (III, V 4)	3	3	4
Bewaffnung	1 K 40	1 K 57	1 K 75	1 K 57 o. 75
	1 MG 7,9	X 1 MG 7,9	1 MG 7,9	1 MG 7,9

*) I 135 PS Diesel IV, IX 138 PS Diesel
II, III, VIII 131 PS Diesel X, XI 165 PS Diesel

Entwicklung und Fertigung:
1938 Vorschlag von Vickers-Armstrongs Ltd. 2 Tage vor dem Valentinstag an War Office. Basis: Tank, Cruiser Mk I und II.
Juli 1939 Fertigungsauftrag über 275 Stück.
Mai 1940 Auslieferungsbeginn. Großserie von 8275 Stück bis 1944, davon 1420 in Kanada, für UdSSR (Mk VI und VII).
1943 „Valiant" Prototyp von Ruston und Hornsby Ltd.

Abarten:
Räumschlägelpanzer „Valentine Scorpion", Brückenlegepanzer, PakSf „Archer" mit 76,2 mm K, PzH „Bishop" 1942 mit 25 pdr H.

Besondere Merkmale:
2 kleine und 1 mittelgroßes Laufrad gemeinsam aufgehängt. 3 Stützrollen, Triebrad hinten. Fahrererker mit schrägen Seitenwänden. Zylindrischer Turm mit innen liegender Walzenblende. Schräges Heck.
III und V 2-Mann Turm.
VII Gußfront.
„Valiant" 6 gleichgroße Laufräder, hoher Gußturm mit angeschraubter Frontplatte und Schlitzblende.

Verwendung:
Obwohl als InfKPz vorgesehen, Ausrüstung von PzDiv 1941 in Afrika. Mai 1942 je 50 Stück bei 4th Royal Tank Rgt und 32nd Army Tank Brigade in Nordafrika.
1943 im Mai herausgezogen.
1944 nur noch als Befehlspanzer für PzJägBtl.
Bei 3rd (neuseeländischer) Div im Pazifikfeldzug. In UdSSR ab 1943.

Beurteilung:
Etwas schwächer gepanzert und beweglicher als „Matilda". Erst ab III ausreichende Besatzung. Bewaffnung wie I-Tank Mk I und Mk II gegen PzKpfw III M und J (Fahrerfront) unzureichend. Mit diesem Typ wurde deutlich, daß die Trennung in Infanterie und Kreuzer-Pz zur Zersplitterung der Entwicklungskapazität, Verzögerungen in der Fertigung und im Ergebnis unterlegener Ausstattung der britischen Pz-Verbände geführt hat. Die Möglichkeiten des Gegners waren nicht früh genug den militärischen Forderungen zugrunde gelegt worden.

GROSSBRITANNIEN

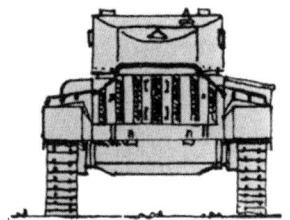 

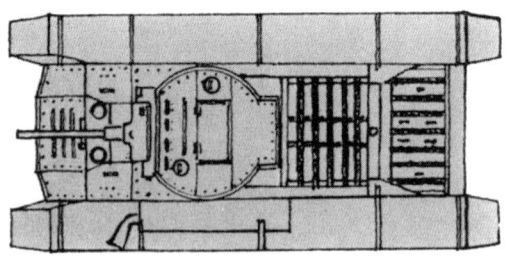

Abb. 173a—d: „Valentine III"

GROSSBRITANNIEN

Abb. 174: Tank, Infantry Mk III „Valentine III"

GROSSBRITANNIEN

Abb. 175: Tank, Infantry **Mk III** „**Valentine XI**"

Abb. 176: „**Valiant**" A. 38

GROSSBRITANNIEN

Baureihe **Tank, Infantry, Mark IV „Churchill I bis XI" (A. 22)**

	I—II	III—VI	VII—VIII	A. 45
Gewicht	38,5	39	40	50
Länge	7,45	7,45	7,45	8,81 m. R.
Breite	3,25	3,25	3,46	3,44
Höhe	2,49	2,74	2,74	2,74
Panzerung	102	88	152	152
PS	350	350	350	350
km/h	25	25	20	17,7
Fahrbereich	140	140	200	.
Besatzung	5	5	5	5

„Churchill-Baureihe":

Bezeichnung	Turmwaffen	Fahrerfrontwaffen	Bemerkungen
I	4 cm K + 7,92 mm Besa MG	7,62 cm H	
I CS	7,62 cm H + 7,92 mm Besa MG	7,62 cm H	
II	4 cm K + 7,92 mm Besa MG	7,92 Besa MG	
II CS	7,62 cm H + 7,92 mm Besa MG	4 cm K	
III	5,7 cm K + 7,92 mm Besa MG	7,92 mm MG	Walzturm
IV	7,5 cm K + 7,62 mm Browning MG	7,92 mm MG	Gußturm, z. T. 5,7 cm K
V	9,5 cm H + 7,92 mm Besa MG	7,92 mm MG	Gußturm
VI	7,5 cm Mk 5 K + 7,92 mm Besa MG	7,92 mm MG	Gußturm
VII	7,5 cm Mk 5 K + 7,92 mm Besa MG	7,92 mm MG	Walzturm mit Kuppel, verkleideter Kettenrücklauf
VIII	9,5 cm H + 7,92 mm MG		

IX wie II und IV mit verbessertem Aufbau und Zusatz-Pz.
IX LT wie IX, jedoch mit Turm wie IV bis VI.
X wie VI mit schwerem Turm und Zusatz-Pz, verbesserte Federung.
X LT wie X mit Turm wie IV bis VI.
XI wie V mit Verbesserungen wie VII.
XI LT wie XI mit Turm wie IV bis VI.
A. 45 „Black Prince" verbreiterter Panzerkasten mit verstärktem „Churchill"-Fahrgestell zur Aufnahme des 17 pdr (7,62 cm) Turmes (ähnlich „Centurion I").

GROSSBRITANNIEN

Abarten:
„Churchill Bridgelayer"
„Churchill Crocodile" Flammpanzer mit 400 gal. Anhänger
„Churchill AC P" Schützenpanzer ohne Drehturm
„Churchill Armoured Vehicle Royal Engineers (AVRE)" Zerstörerpanzer mit 23 cm Granatwerfer
„Churchill ARK" Brückenlegepanzer
„Churchill SBG" (Standard Box Girder) Brückenlegepanzer
„Churchill Bull's Horn" und „Farmer Deck Plough" Minenräumpflug-Pz.
„Churchill Twaby Ark" Brückenlegepanzer
„Churchill Great Eastern Ramp" Brückenpanzer
„Churchill Armoured Recovery Vehicle (ARV)" Bergepanzer
„Churchill Beach Armoured Recovery Vehicle (BARV)" Bergpanzer mit Watvorrichtung für Landungsoperation.

Entwicklung und Fertigung

20. Sept. 1939	Forderung A. 22 für Nachfolgemuster „Matilda".
Mitte 1940	Prototypen durch Harland and Wolff Ltd. Auf dieser Basis Entwurf von H. E. Merrit für A. 22 InfKPz.
Dez. 1940	Prototyp von Vauxhall Motors Ltd.
Juni 1941	Auslieferungsbeginn.
III ab März 1942	VII (A. 42) verstärkte Panzerung. Gesamtfertigung: 5640
1943	A. 45 Entwicklungsbeginn bei Vauxhall. Bis 1945 6 Prototypen.

Besondere Merkmale:
Langgestreckte Bauart mit senkrechten Wänden und Umlaufkette. I und II Geschütze in Fahrerfront. IX und X mit Schottpanzerung. Fahrerfront mit Sichtklappen zwischen vorderen Kettentrakten. Ab VII Kommandantenkuppel und durchgehende Kettenabdeckung, runde Türen und Periskop für Fahrer sowie hochgeführte Lufteintrittsöffnungen des Motors. SPz ohne Turm.

Verwendung:
Erstmalig in Dieppe August 1942 im Einsatz. Okt. 1942 3 Stück in Alamein. Später in Tunis und Italien eingesetzt. Ab August 1942 Lieferung an UdSSR. 3 Brigaden bei Invasion 1944. Nach dem Krieg bei Nahoststaaten.

Beurteilung:
Gut gepanzert, jedoch unterdurchschnittlich beweglich und unzureichend bewaffnet. Rückständige Laufwerktechnik, III mit 40 mm K Ende 1942 der deutschen 7,5 cm KwK L/48 unterlegen. VII trotz 152 mm Panzerung der 8,8 cm KwK L/56 des „Tiger I" unterlegen. Die ständigen Verbesserungen konnten die fehlerhafte Grundkonzeption nicht ausgleichen.

GROSSBRITANNIEN

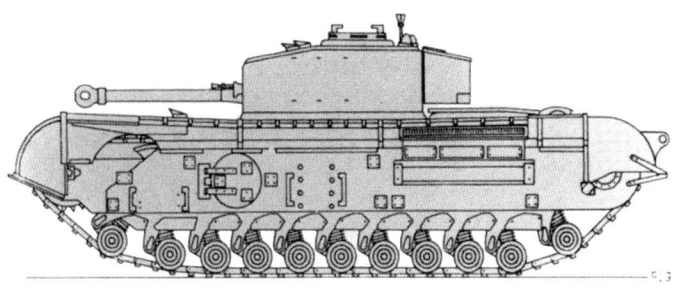

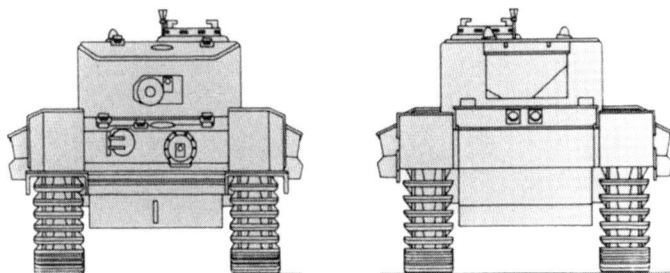

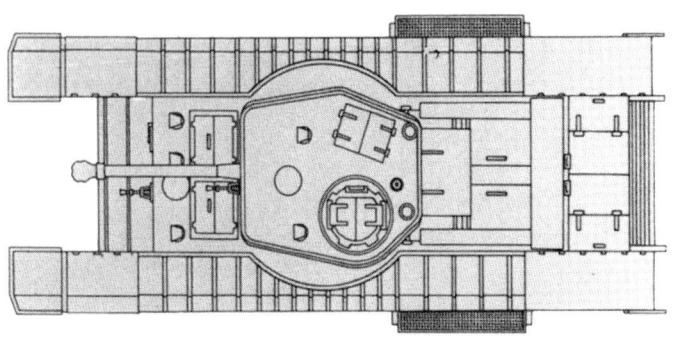

Abb. 177a—d: „**Churchill VII**"

GROSSBRITANNIEN

Abb. 178: „Churchill I"

Abb. 179: „Churchill III"

Abb. 180: „Black Prince" A. 45

GROSSBRITANNIEN

Abb. 181: „**Churchill VII**"

Abb. 182: „**Churchill VIII**"

Abb. 183: „**Avre**"

GROSSBRITANNIEN

Baureihe **Tank, Cruiser, "Cromwell"**

	Cavalier I (Tk Cruiser Mk VII)	Centaur I (A. 27 L)	Cromwell I bis VI (A. 27 M)	Cromwell VII bis VIII
Gewicht	26,5	27,5	27,5	28
Länge	6,35	6,35	6,35	6,35
Breite	2,88	2,89	2,91	3,05
Höhe	2,44	2,49	2,49	2,49
Panzerung	76	76	76	101
km/h	39	43	64 (IV—VI 52)	52
Fahrbereich	265	265	265	265
Besatzung	5	5	5	5

Bezeichnung	PS	K o. H	MG	Kettenbr.	Bemerkung
"Cavalier I"	360	5,7 L/45	2 × Besa	35,5	Nuffield-Liberty-Motor
"Centaur I"	380	5,7 L/45	2 × Besa	35,5	
"Centaur II"	380	5,7 L/45	2 × Besa	35,5	
"Centaur III"	405	5,7 L/45	2 × Besa	35,5	
"Centaur IV"	405	9,5 L/23	2 × Besa	35,5	Sturmpanzer
"Cromwell I"	600	5,7 L/45	2 × Besa	35,5	Meteor-Motor
"Cromwell II"	600	5,7 L/45	1 × Besa	39,5	
"Cromwell III"	600	5,7 L/45	2 × Besa	35,5	
"Cromwell IV, V"	600	7,5 L/39,5	2 × Besa	35,5	
"Cromwell VI"	600	9,5 L/23	2 × Besa	35,5	Sturmpanzer
"Cromwell VII"	600	7,5 L/39,5	2 × Besa	39,5	Zusatzpanzer. Neues Vorgelege. Neue Federung.
"Cromwell VIII"	600	9,5 L/23	2 × Besa	39,5	Sturmpanzer

Entwicklung und Fertigung:

1940 Forderung nach Kreuzer-KPz mit 76 mm Panzerung und Merlin Flugzeugmotor.

Jan. 1942 A. 24 Prototyp durch Nuffield unter Verwendung von Bauteilen von "Crusader" mit stärkerer Panzerung. Nur wenige hundert gefertigt ("Cavalier").

Juni 1942 A. 27 L Prototyp mit Liberty-Motor durch Leyland. Gleiche Wanne und gleicher Turm wie A. 24, jedoch Aufnahmefähigkeit für den Meteor-Motor ("Centaur)

Jan. 1942 A. 27 M Prototyp, Fertigungsbeginn der Serie Jan. 1943.

Abarten: FlaPz "Centaur" AAI, II mit 2 × 20 mm Flak Polsten.

Besondere Merkmale:

5 große Laufräder, kleine Stützrollen. Kantiger Turm mit senkrechter Front. Innenliegende Geschützblende. Senkrechte Fahrerfront mit MG in Kugelblende. "Cromwell VII und VIII" mit aufgeschraubten Zusatzpanzerplatten. Pz genietet, V w und VII w geschweißt.

GROSSBRITANNIEN

Verwendung:
,,Cavalier" nur noch als Artillerie-Beobachtungspanzer 1944 im Einsatz in Nordwesteuropa. 80 ,,Centaur IV" als Sturmpanzer bei Royal Marines Armoured Support Group bei der Invasion 1944. ,,Cromwell" 1944 bei allen Armoured Reconnaissance Regiments (PzAufklBtl) der Armoured Divisions und bei PzBrig der 7th Armd-Div.

Beurteilung:
Die zu zögernd formulierte militärische Forderung und mangelnde Koordinierung der Entwicklung führte zu den wenig leistungsfähigen Typen ,,Cavalier" und ,,Centaur", die trotz verhältnismäßig hoher Serienproduktionszahlen nicht mehr eingesetzt werden konnten. Erst ,,Cromwell" war durch den Meteor-Motor von hoher Beweglichkeit, aber zu schwach bewaffnet.

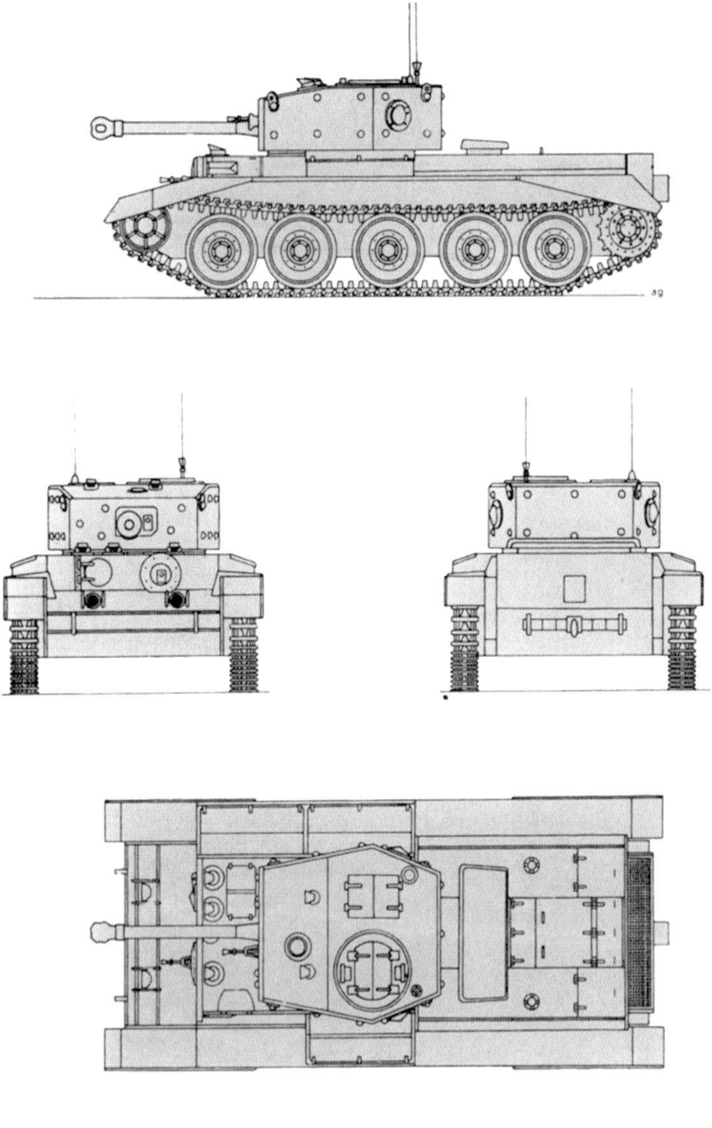

GROSSBRITANNIEN

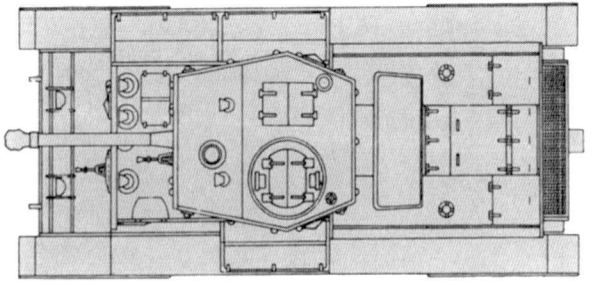

Abb. 184 a—d: „Cromwell IV"

GROSSBRITANNIEN

Abb. 185: „Cromwell III"

Abb. 186: „Cromwell VI"

Abb. 187: „Cromwell VII"

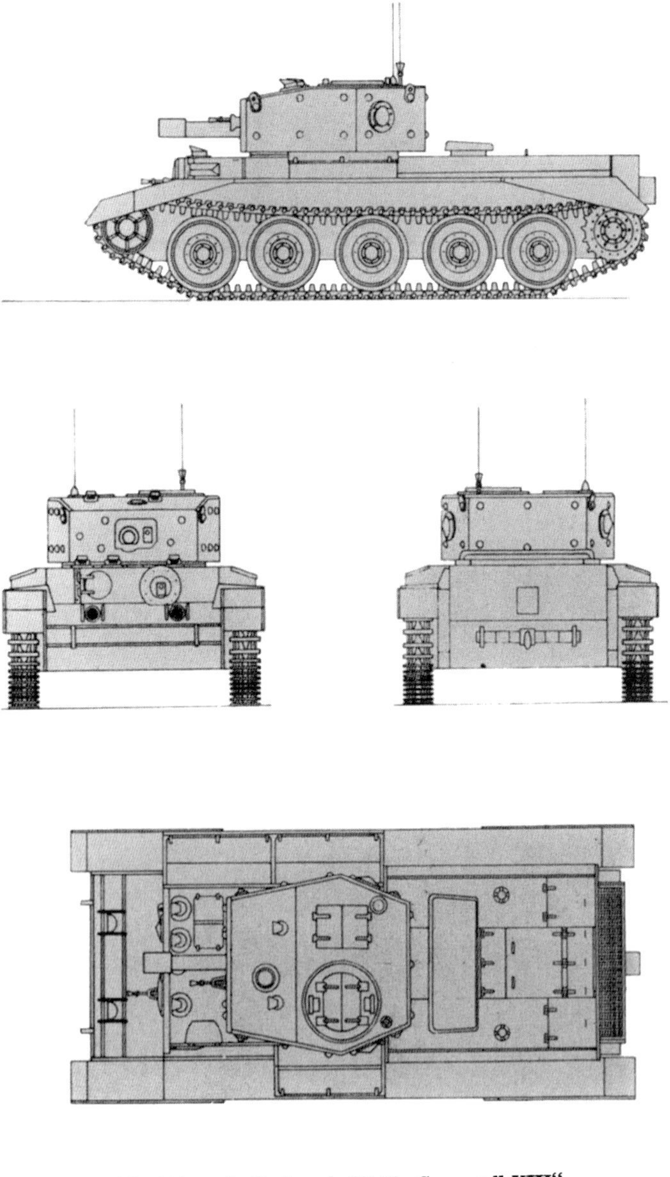

GROSSBRITANNIEN

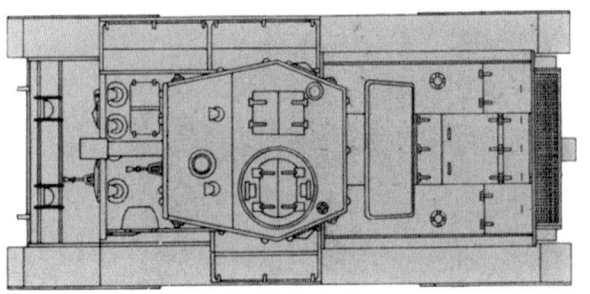

Abb. 188a—d: **Cruiser A. 27 M „Cromwell VIII"**

GROSSBRITANNIEN

Baureihe **Umbauten „Cromwell"**

	„Challenger" (A. 30)	Tk Heavy Assault A. 33	„Charioteer"
Gewicht	31,5	45	28,5
Länge	7,22	6,91	6,35
Breite	2,91	3,59	3,05
Höhe	2,67	2,41	2,50
Panzerung	102 (63)	114	57
PS	600	600	600
km/h	52	39	50
Fahrbereich	170	.	265
Besatzung	5	5	3—4
Bewaffnung	1 K 76	1 K 75	1 K 83,4
	1 MG 7,6	1 MG 7,9	1 MG 7,6

Entwicklung und Fertigung:

Anfang 1942 Entwicklungsbeginn einer stärkeren Kanone 76,2 mm oder 17 pdr. „Challenger" als Weiterentwicklung des „Cromwell" durch Birmingham Railway Carriage and Wagon Co. entwickelt.

Aug. 1942 Prototyp.

1943 Serienfertigung 200 Stück

1942 A. 33 durch English Electric Co. als Infanteriepanzer auf der Basis des „Cromwell"-Kreuzer-KPz. Prototyp 1943.

1950 „Charioteer": Umbau alter „Cromwell"-Fahrgestelle zur Aufnahme eines 2-Mann-Turmes mit der K des „Centurion".

Besondere Merkmale:

A. 30 und A. 33 6 Laufräder, große zylindrische Türme mit senkrechten Wänden. Kanonen in Schlitzblenden. „Avenger" oben offener Turm: „Charioteer" 5 Laufrollen, abgeschrägter kleiner Turm.

Verwendung:

„Challenger" 1944 bei PzBrig als Unterstützungsfahrzeug für „Cromwell"-Einheiten. 1945 in Jordanien.

„Charioteer" seit 1956 in Österreich.

„Avenger" Versuch.

Beurteilung:

Ungünstige Formgebung — Übergangsmuster.

„Challenger" erster Kreuzer-KPz mit ausreichender, den deutschen 7,5 cm KwK L/48 (Panzer IV) und 7,5 cm KwK L/70 (Panther) Kanonen gleichwertiger Bewaffnung. A. 33 zwar stark gepanzert, aber zu schwach bewaffnet. „Charioteer" zweckmäßige Verwendung alter Fahrgestelle, jedoch zu kleine Besatzung.

GROSSBRITANNIEN

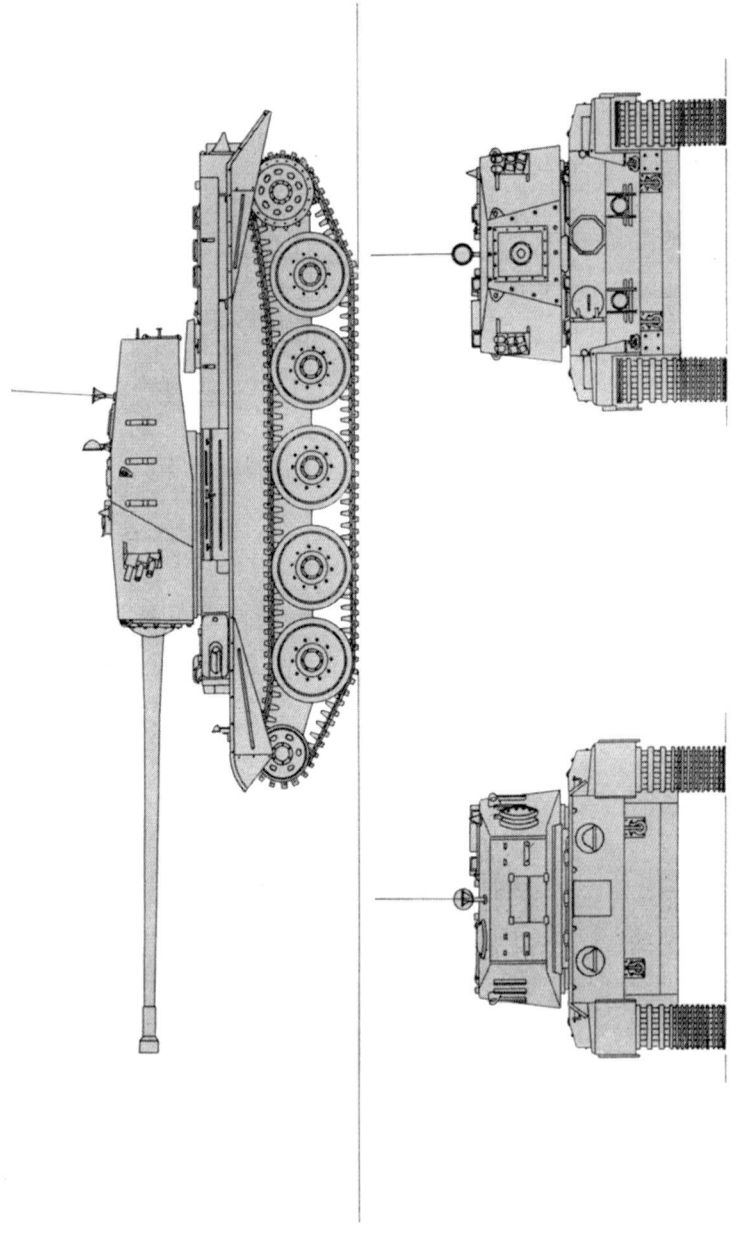

GROSSBRITANNIEN

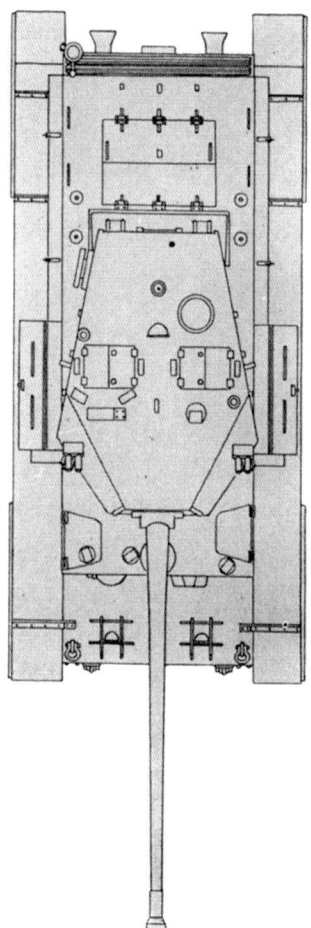

Abb. 189a—d: „Charioteer 6—8"

GROSSBRITANNIEN

Abb. 190: „**Challenger I**"

Abb. 191: **A. 33** (Versuchsfahrzeug 1943)

GROSSBRITANNIEN

Abb. 192: „Avenger"

GROSSBRITANNIEN

Abb. 193: „Charioteer"

GROSSBRITANNIEN

Baureihe **Tank, Cruiser, „Comet"** (A. 34)

Gewicht	33,5
Länge	6,55
Breite	3,05
Höhe	2,68
Panzerung	101
PS	600
km/h	47
Fahrbereich	198
Besatzung	5
Bewaffnung	1 K 76,2
	2 MG 7,92

Entwicklung und Fertigung:
Weiterentwicklung des „Cromwell" mit stärkerer Kanone. Feb. 1944 Prototyp von Leyland Motors Ldt. Serienfertigung ab Sept. 1944. Verwendung des verkürzten Rohres der britischen „Sherman"-Ausführung (17 pdr, 77 = 76,2 mm).

Besondere Merkmale:
„Cromwell"-Fahrgestell, jedoch 4 Stützrollen, breiterer Turm mit Kuppel. Längere Kanone mit birnenförmiger Mündungsbremse. Senkrechte Fahrerfront.

Verwendung:
Gelangte erst nach Rheinübergang 1945 zum Einsatz.

Beurteilung:
Zuverlässig, beweglich, schwächer bewaffnet als „Panther", aber stärker als Pz IV, lang. Letztes Fahrzeug der Kreuzer-Klasse, deren 9 verschiedene Baureihen nur unwesentliche Fortschritte brachten. Die zeitweise höhere Beweglichkeit dieser Klasse brachte keine Vorteile im Einsatz. Die Typenvielfalt hemmte die Produktions- und Entwicklungsgeschwindigkeit. So blieben die englischen Panzer der Kriegszeit stets einen Schritt hinter gleichzeitigen Standardmustern anderer Länder zurück. Ungünstige Formgebung.

GROSSBRITANNIEN

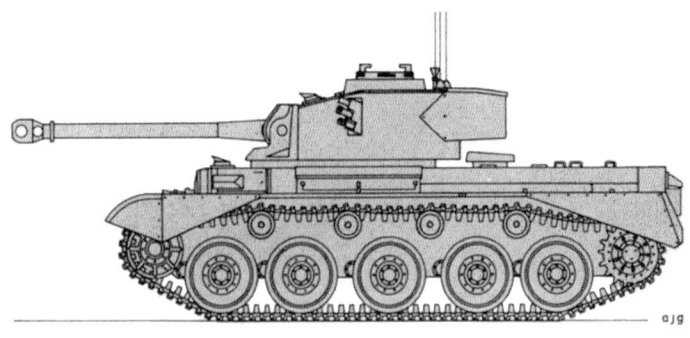

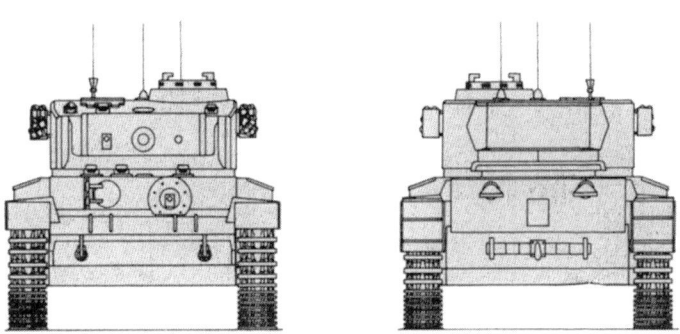

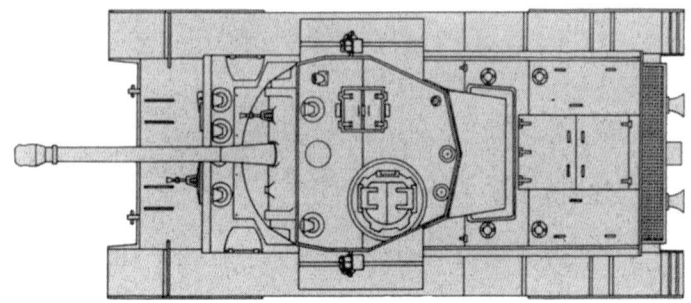

Abb. 194 a—d: „**Comet**"

GROSSBRITANNIEN

Abb. 195: „Comet"

GROSSBRITANNIEN

Baureihe **Tank, Heavy Assaault, ,,Tortoise"** (A. 39)

Gewicht	78
Länge	7,24
Breite	3,91
Höhe	3,05
Panzerung	225
PS	600
km/h	19
Fahrbereich	.
Besatzung	7
Bewaffnung	1 K 95
	3 MG 7,92

Entwicklung und Fertigung:
Entwurf 1942. Prototypen erst 1947 durch Nuffield Ltd. fertiggestellt.

Besondere Merkmale:
Kastenförmiger, verhältnismäßig hoher Aufbau mit senkrechten Wänden, Geschütz in Kugelblende mit Teller. 8 paarweise aufgehängte, kleine Doppellaufrollen. Stützrollen und oberer Kettenlauf hinter Panzerschürzen. Kommandantenturm mit Zwillings-Fla-MG. 1 Bug-MG.

Verwendung: Prototypen.

Beurteilung:
Letzte Form des schwer gepanzerten InfKPz. Stärkste britische BordK des 2. Weltkrieges. Teures Spezialfahrzeug mit unbefriedigender Formgebung und geringer Beweglichkeit (vgl. ,,Jagdtiger", US T 95, Sowj. JSU 122, Franz. AMX 50).

GROSSBRITANNIEN

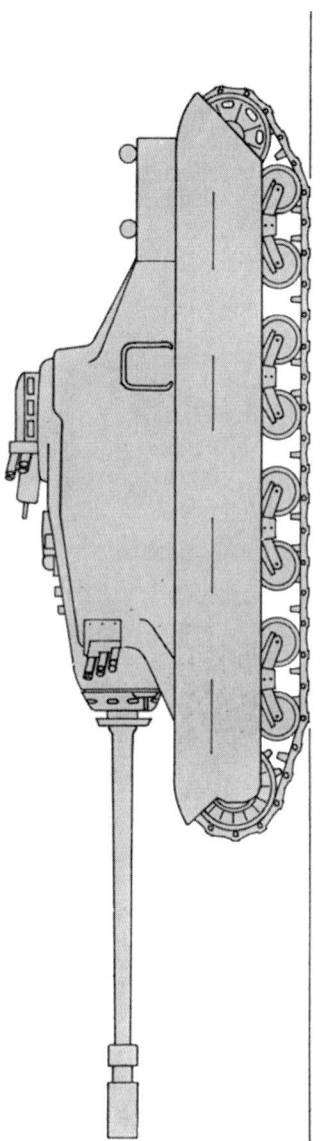

Abb. 196: „Tortoise" A. 39

GROSSBRITANNIEN

Abb. 197: „Tortoise" A. 39

GROSSBRITANNIEN

Baureihe **Tank, Medium Gun, "Centurion" 1 (A. 41) bis 11**

	1	3	9	11
Gewicht	42,5	49,5	50,8	51,8
Länge	7,67	7,55	7,55	7,82
Breite	3,53	3,37	3,37	3,39
Höhe	2,95	2,94	2,94	2,94
Panzerung	121 (76)	152 (76)	152 (76)	152 (76)
PS	600	635	635	635
km/h	38	34	34	35
Fahrbereich	105	105	241	185
Besatzung	4	4	4	4
Bewaffnung	1 K 76,2	1 K 83,4	1 K 105	1 K 105
	1 K 20	1 MG 7,92	1 MG 7,6	1 MG 12,7
	1 MG 7,92			1 MG 7,6

Entwicklung und Fertigung:
1944 Entwurf A. 41 als letzter Kreuzer-KPz mit 76,2 mm Kanone.
1945 nur Versuchsmuster I und II.
ab 1948 III als Einheits-KPz-Typ nach Aufgabe der Kreuzer- und Infanteriepanzer-Doktrin.
1950 "Centurion" 4 mit 83,4 mm BordK L/70 und 1 koax. MG Besa
1951 4 mit 83,4 mm BordK L/70 und 1 koax. MG Browning
1952 5 mit 83,4 mm BordK L/70 und 1 koax. MG Browning
1952 5/1 mit 83,4 mm BordK L/70 und 1 koax. MG, verst. Panzerung
1962 5/2 mit 105 mm BordK und 1 koax. MG Browning (Umrüstung)
1962 6, 7, 8 mit 83,4 mm BordK L/70 und 1 koax. MG Browning. 2—8 geringfügige Verbesserungen. 6 später umgerüstet auf 105 mm K.
1962 9 mit 105 mm BordK L/51 (Typ L 7 A 1).
1963 10 mit 105 mm BordK L/51.
1964 11 mit 105 mm BordK L/51.

Besondere Merkmale:
6 mittelgroße Laufräder. Antrieb hinten. Panzerschürze. Schräge Fahrerfront. Senkrechte Seitenwände. Motorabdeckung leicht erhöht. Zylinderförmiger Turm mit senkrechten Wänden und angesetzter, kastenförmiger Heckauslage. Breite Walzenblende. Lange, stabilisierte BordK mit Rauchabsauger. Breite, flache Kuppel.

Verwendung:
Standardausstattung der ArmdBrigGroup. Auch in Schweden (Bezeichnung: Strv 81 und 101), Dänemark, Holland, Schweiz (Pz 57), Kanada, Südafrika, Australien, Ägypten, Irak.

Beurteilung:
Brauchbarer, gut gepanzerter KPz. Geringes Leistungsgewicht. Ungünstige Formgebung.

GROSSBRITANNIEN

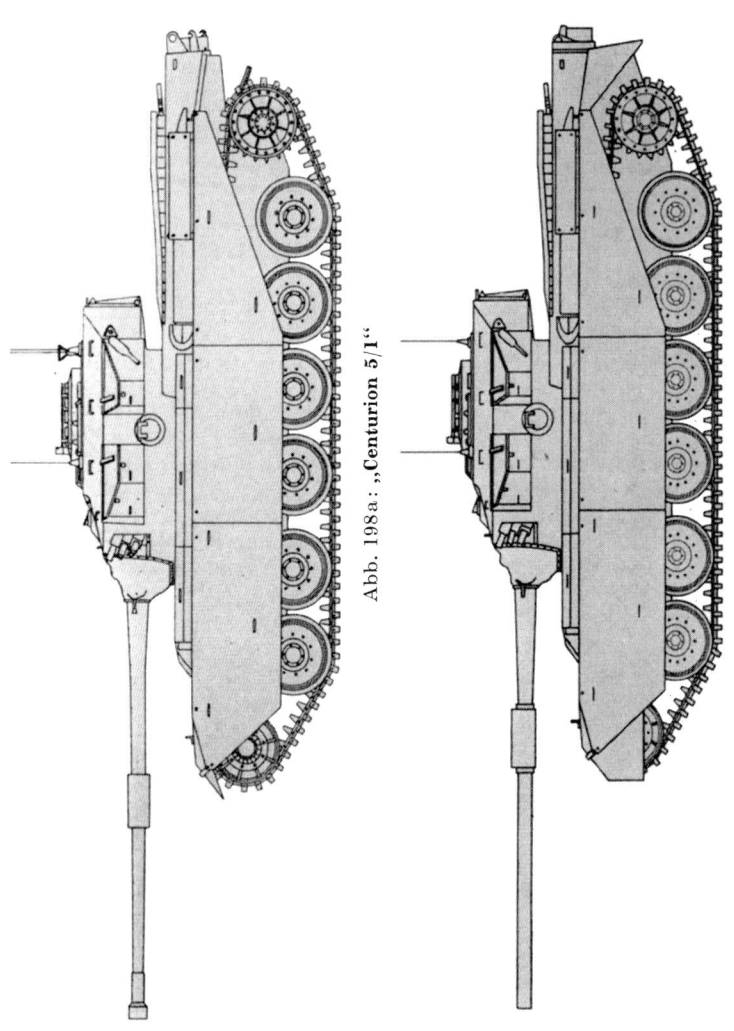

Abb. 198a: „Centurion 5/1"

GROSSBRITANNIEN

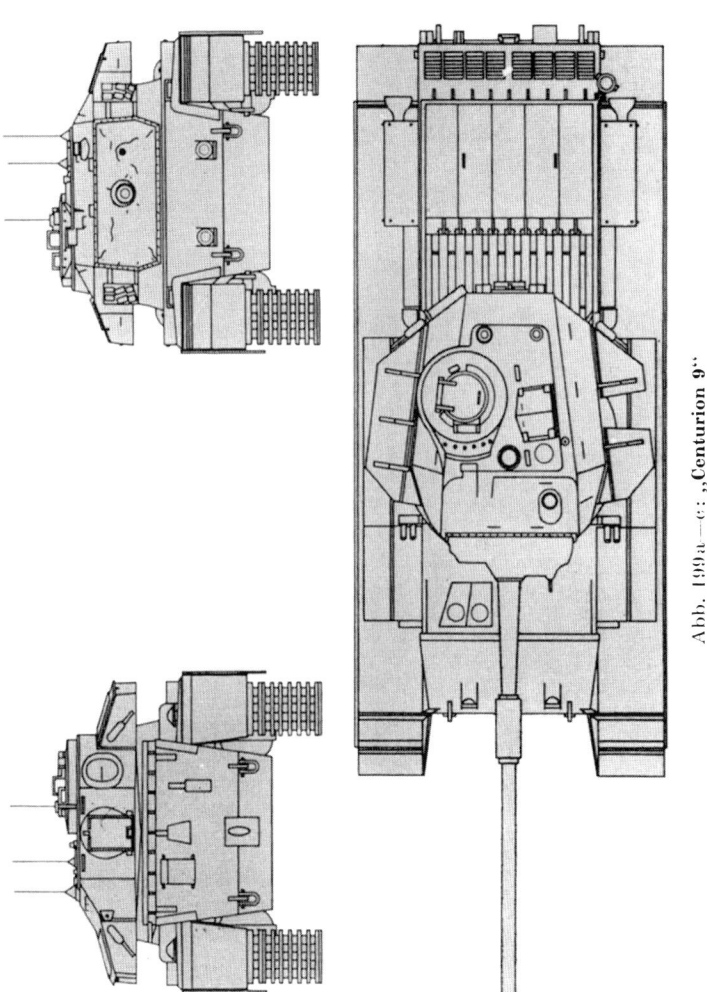

Abb. 199 a—c: „Centurion 9"

GROSSBRITANNIEN

Abb. 200: „Centurion 3"

GROSSBRITANNIEN

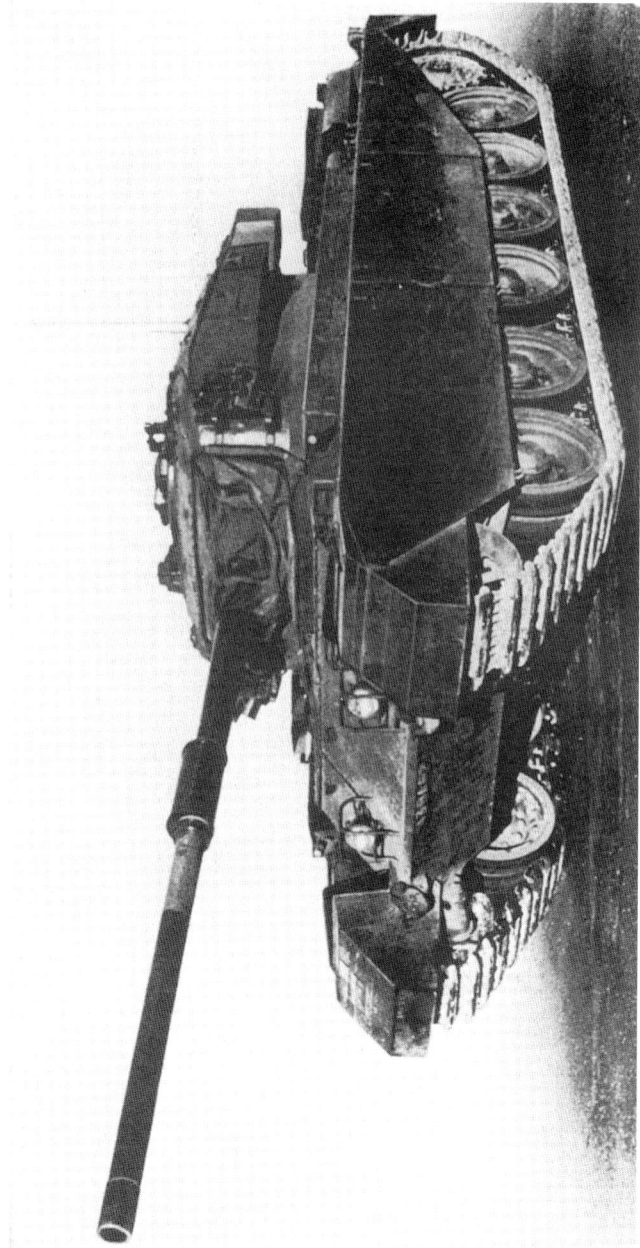

Abb. 201: „Centurion 7" mit 105 mm K L7 A1

GROSSBRITANNIEN

Abb. 202: „Centurion 10"

GROSSBRITANNIEN

Baureihe **Tank, Heavy „Conqueror"**

Gewicht	65
Länge	7,72
Breite	3,96
Höhe	3,41
Panzerung	200 (110)
PS	810
km/h	34
Fahrbereich	240
Besatzung	4
Bewaffnung	1 K 120
	2 MG 7,6

Entwicklung und Fertigung:
1948 Forderung auf weitreichenden, schweren Unterstützungspanzer.
1953 fertig entwickelt. „Caernarvon" Zwischentyp zu Versuchszwecken mit Turm des „Centurion".
1954—1958 Serienfertigung.

Besondere Merkmale:
8 kleine, schmale Doppellaufrollen, paarweise aufgehängt mit gummigefederten Stahlreifen. Stützrollen hinter Schürzenwänden. Großer Gußturm, nach vorne abfallend und stark abgeschrägt. Ausladendes, kantiges Turmheck mit aufgesetztem MG-Turm für Kommandant. Weit vorragende BordK mit Rauchabsorber in der Mitte. Kartuschmunition. 35 Schuß. Bug- und Fahrerfront abgeschrägt. Motor mit Einspritzung.

Verwendung:
Seit 1954 bei schweren Zügen der PzKp der Panzerregimenter (Btl.)

Beurteilung:
Sehr schweres Fahrzeug, das nicht mehr eisenbahntransportfähig ist! Geringes Leistungsgewicht und sehr geringe Geschwindigkeit. Stark gepanzert und bewaffnet. Front günstig geformt, am Turmheck jedoch Fangstellen. Als „Heavy gun tank" nur zum Kampf gegen Panzer auf weite Entfernungen gedacht. Schwerster z. Z. im Truppengebrauch befindlicher Kampfpanzer. Ablösung durch Raketenträger (MALKARA) geplant.

GROSSBRITANNIEN

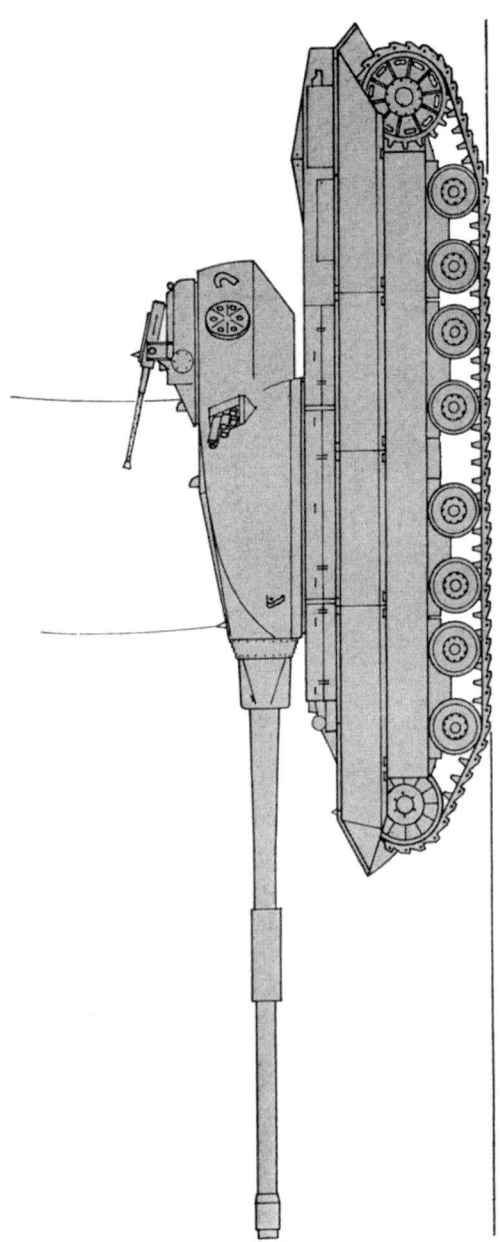

GROSSBRITANNIEN

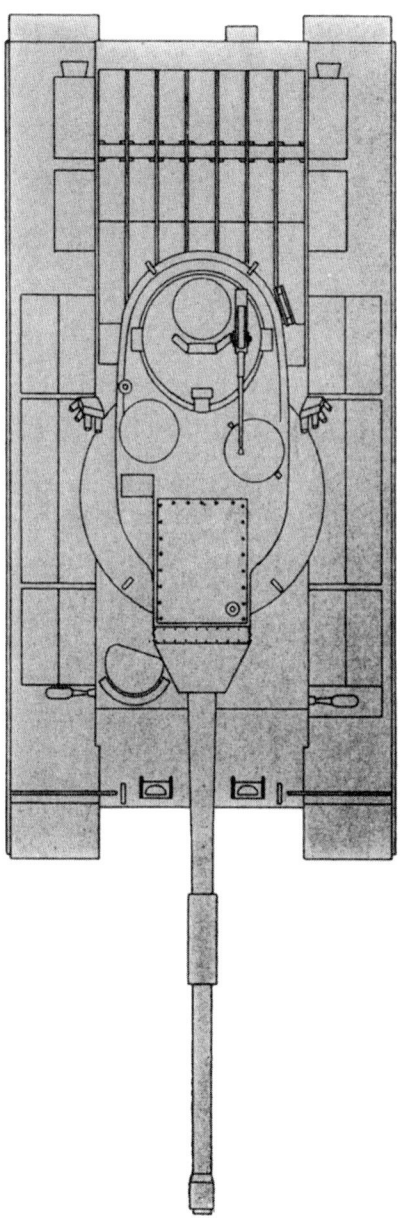

Abb. 203 a, b: „Conqueror 3"

GROSSBRITANNIEN

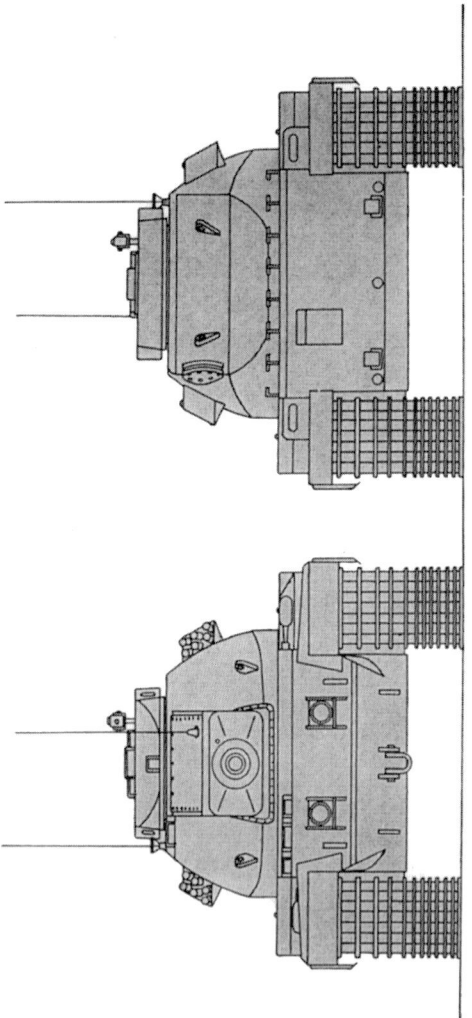

Abb. 203 c, d: „Conqueror 3"

GROSSBRITANNIEN

Abb. 204: **„Conqueror"** Rauchabsorber entfernt. Beachte die schmalen Laufrollen

GROSSBRITANNIEN

Baureihe Kampfpanzer ,,Chieftain"

Gewicht	52,2
Länge	7,65
Breite	3,51
Höhe	2,82
Panzerung	.
PS	700
km/h	40
Fahrbereich	402
Besatzung	4
Bewaffnung	1 K 120
	1 MG 12,7
	1 MG 7,6

Entwicklung und Fertigung:
Geplant als Ersatz für ,,Centurion" und ,,Conqueror". Erprobung 1961. Serienfertigung 1965 geplant.

Besondere Merkmale:
6 große Laufräder. Panzerschürze. Sehr flache Wanne. Fahrer liegend. Flacher Turm mit stark abgeschrägter Front und schrägen Seiten. Starke Heckauslage am Turm. Große Gepäckkästen an Turmseiten. Lange Kanone in schmaler Blende. Kommandantenkuppel mit Fla-MG. Rohrparalleles 12,7 mm Einschieß-MG.

Verwendung: Bei PzBtl.

Beurteilung:
Starke Feuerkraft. Kein E-Messer. Hohes Gewicht. Geringe Beweglichkeit.

GROSSBRITANNIEN

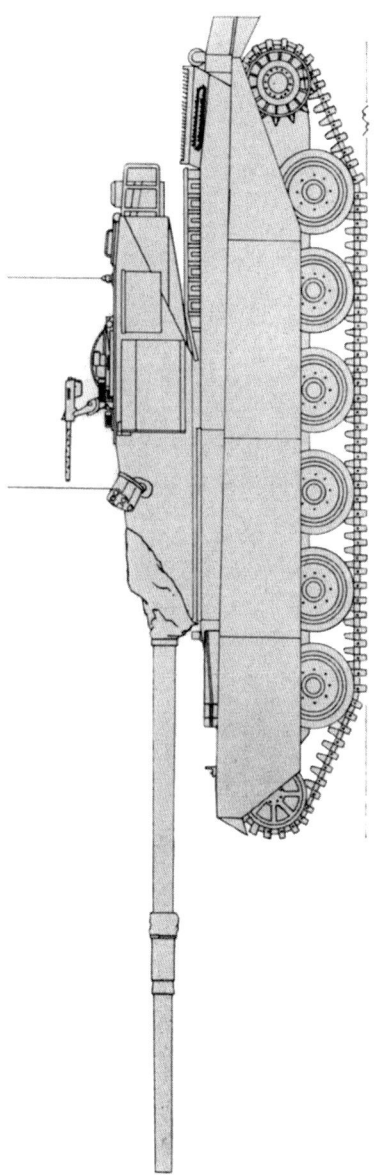

Abb. 205a: „Chieftain"

GROSSBRITANNIEN

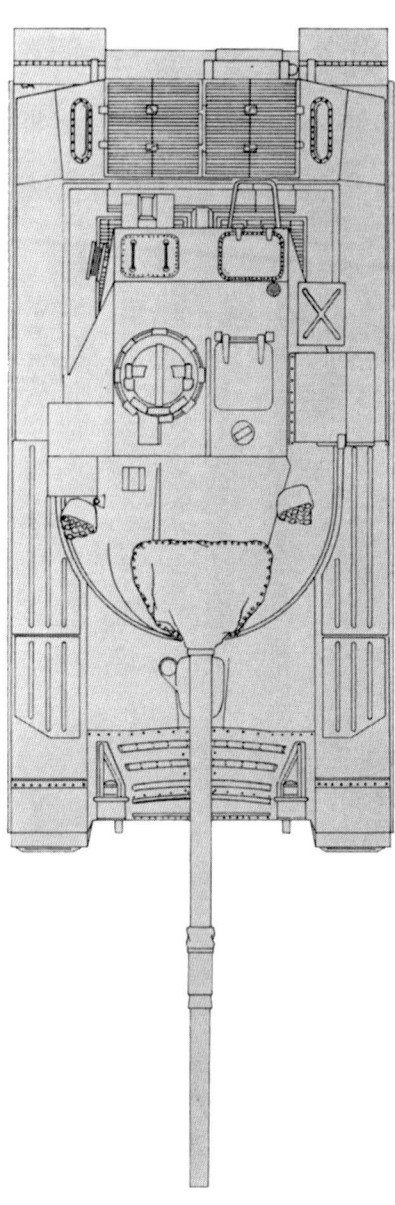

GROSSBRITANNIEN

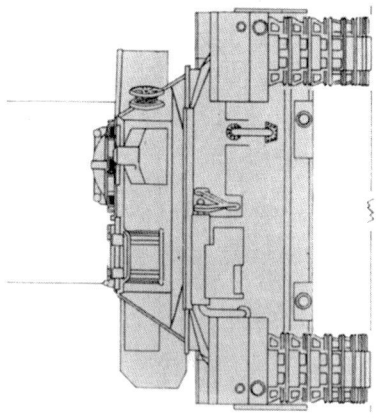

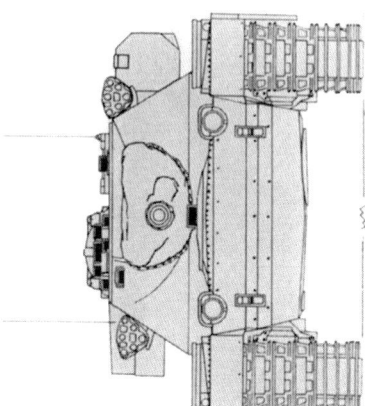

Abb. 205 b—d: „Chieftain"

GROSSBRITANNIEN

Abb. 206: **„Chieftain"**. Beachte die liegende Stellung des Fahrers.

GROSSBRITANNIEN

Abb. 207: „Chieftain", 1965

GROSSBRITANNIEN

Abb. 208: „**Chieftain**", Prototyp 1964

Abb. 209: „**Chieftain**", Prototyp 1964

JAPAN

JAPAN

Baureihe **Mittlere Kampfpanzer Typ 89**

	89 A	89 B
Gewicht	12,7	13,0
Länge	5,75	5,75
Breite	2,18	2,18
Höhe	2,56	2,56
Panzerung	17	17
PS	118	120
km/h	25	25
Fahrbereich	140	170
Besatzung	4	4
Bewaffnung	1 K 57	1 K 57
	2 MG 7,7	2 MG 7,7

Entwicklung:
1929 nach britischen (Vickers Medium C) Lizenzen von Fa. Mitsubishi entwickelt.

Besondere Merkmale:
Überpanzertes Laufwerk mit 9 kleinen Rollen. Kantiger, genieteter Aufbau. B mit Schwanz. Runder Drehturm mit Kuppel und Heck-MG hinten links. MG in Kugelblende in Fahrerfront links.

Verwendung:
Hauptausstattung der mittleren Panzereinheiten im Krieg gegen China.

Beurteilung:
Schwerfällige Fahrzeuge, die nur noch gegen Infanteriefeind eingesetzt werden konnten.

JAPAN

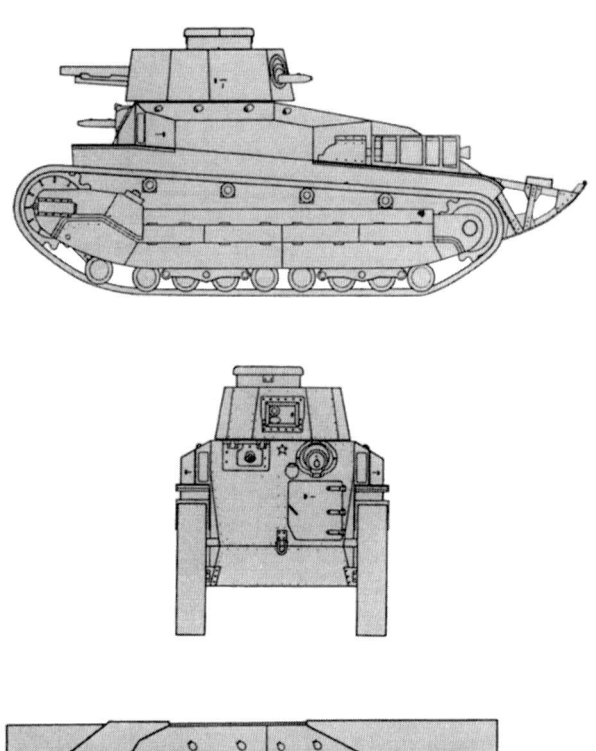

Abb. 210 a—d: Typ **89 B**

JAPAN

Abb. 211: **M 89 B**, 1929

Abb. 212: **M 89 B**

JAPAN

Abb. 213: **M 89 A**

JAPAN

Baureihe **Tankette**

	Typ 94 „TK"	Typ 97 „Teke"
Gewicht	3,45	4,9
Länge	3,08	4,0
Breite	1,62	1,99
Höhe	1,62	1,9
Panzerung	12	12
PS	35	60
km/h	40	40
Fahrbereich	200	250
Besatzung	2	2
Bewaffnung	1 MG 7,7	1 K 37
		1 MG 7,7

Entwicklung:

1934 (2594 jap. Zeitrechnung) TK auf Grund der damals herrschenden Auffassung über die Massenverwendbarkeit von Kleinkampfwagen

1937 „Teke" Verbesserte Weiterentwicklung.

Besondere Merkmale:

Motor vorn links. 2 Laufrollenpaare an Ausgleichshebeln. 94 teilweise mit kleinem, hochliegendem Leitrad. 97 mit großem, tiefliegendem Leitrad. Motor hinten.

Verwendung:

Seit 1934 vornehmlich auf dem chinesischen Kriegsschauplatz zur Infanterieunterstützung und in kleinen, selbstständigen Verbänden.

Beurteilung:

Kleinkampfwagen von geringem Kampfwert aus der Periode, in der auch die britischen Vickers-Carden-Loyd- und die deutschen PzKpfw. I und italienischen L 3/35 Kleinkampfwagen entstanden.

JAPAN

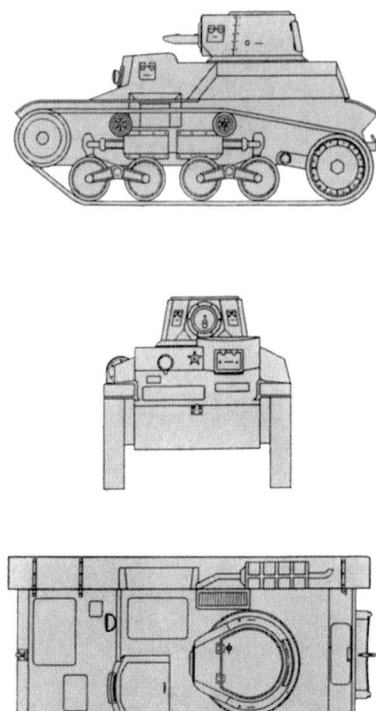

Abb. 214 a—c: Kleinkampfwagen **Typ 97** „**Teke**"

JAPAN

Abb. 215: **Typ 2594** „TK"

Abb. 216: **Typ 2597** „Teke"

JAPAN

Baureihe: **Leichter Kampfpanzer**

	Typ 92	Typ 95 "HA-GO"	Typ 98 "KE-NI"	Typ 2 "KE-TO"
Gewicht	3,5	7,4	7,2	7,2
Länge	4,45	4,3	4,11	4,10
Breite	1,80	2,07	2,12	2,12
Höhe	1,83	2,28	1,82	1,82
Panzerung	6	12	16	16
PS	.	120	130	130
km/h	40	40	50	50
Fahrbereich	200	250	300	300
Besatzung	3	3	3	3
Bewaffnung	1 MG 13,2	1 K 37	1 K 37	1 K 37
	1 MG 7,7	1 MG 7,7	1 MG 7,7	1 MG 7,7

	Typ 3 "KE-RI"	Typ 4 "KE-NU"	Typ 5 "KE-HO"
Gewicht	7,4	8,4	10,0
Länge	4,3	4,3	4,38
Breite	2,07	2,07	2,24
Höhe	2,28	.	2,23
Panzerung	12	25 (12)	20
PS	115	115	150
km/h	40	40	50
Fahrbereich	240	.	.
Besatzung	3	3	4
Bewaffnung	1 K 57	1 K 37	1 K 47
	2 MG 7,7	2 MG 7,7	1 MG 7,7

Entwicklung:

1932   Typ 92 auf Grund Forderungen der mech. Kavallerie, ähnlich US Combat Car.
1935   Typ 95 als leichter Kampfpanzer zur Massenverwendung.
1938   Typ 98 als besonders schneller KPz.
1939   Weitere Typen nur zu Versuchszwecken.

Besondere Merkmale:

92   4 kleine Laufrollen, paarweise an horizontalen Blattfedern. In rechter Fahrerfront Kugelblende für MG, später 20 mm K. Kleiner runder MG-Drehturm.

95   Laufwerk wie Tankette. Kugelblende in Fahrerfront links. Runder MG-Drehturm, später mit Kuppel.

98   Um ein Rollenpaar verlängertes Fahrgestell. Keine Waffe in Fahrerfront.

Typ 2   6 Laufrollen an innen liegenden Hebeln.

Typen 3 und 4 sehr ähnlich Typ 95.

Verwendung:

Seit 1933, vornehmlich als Unterstützungsfahrzeug für Kleinkampfwagen auf dem chinesischen, später als Aufklärungsfahrzeuge auf dem südostasiatischen Kriegsschauplatz.

Beurteilung: Technisch gut durchgebildet, geringer Kampfwert.

JAPAN

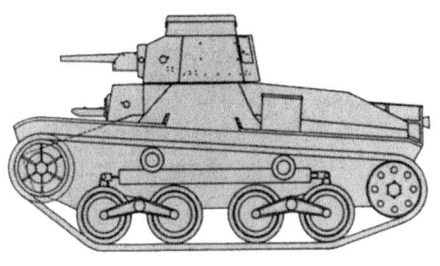

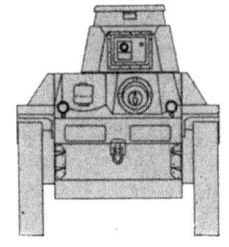

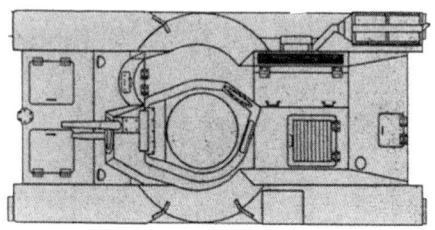

Abb. 217 a—c: **Typ 95 „Hago"**

JAPAN

Abb. 281: **Typ 2 „Keto"** ohne Waffe

Abb. 219: **Typ 92**

JAPAN

Abb. 220: **Typ 2595 „Hago"** mit 3,7 cm K

JAPAN

Baureihe **Schwerer Kampfpanzer**

	Typ 92	Typ 95
Gewicht		26,0
Länge		6,47
Breite		2,70
Höhe		2,90
Panzerung		35 (30)
PS		290
km/h		22
Fahrbereich		110
Besatzung		5
Bewaffnung		1 K'70
		1 K 37
		2 MG 7,7

Entwicklung:
1932 Nach vorangegangenen Prototypen kleine Serien des Typs 92.
1935 Geringe Verbesserung der Serie.

Besondere Merkmale.
Mehrtürmiges, relativ großes Fahrzeug. Bugturm vorn links, Heckturm hinter Motor. Runder Hauptturm mit Heck-MG und kurzer K. Überpanzertes Laufwerk mit 9 kleinen Rollen. Der ältere Typ 92 hatte 17 kleine Rollen.

Verwendung: In China in wenigen Exemplaren.

Beurteilung:
Diese Fahrzeuge folgten etwa den gleichen Bautendenzen wie der britische „Independent", der deutsche Nb.Fz. und der sowjetische T-28. Ihre schwache Panzerung und geringe Beweglichkeit befähigten sie kaum zum Kampf gegen Feindpanzer und machten sie für leichte PzAbwWaffen sehr verwundbar.

JAPAN

Abb. 221: **Typ 92**, Beachte den Heck-Turm

Abb. 222: **Typ 95**, 1935

JAPAN

Baureihe **Mittlere Kampfpanzer**

	Typ 97 „CHI-HA"	„SHINHOTO CHI-HA"	„CHI-NI"	
Gewicht	15,0	15,8	9,8	
Länge	5,55	5,50	5,26	
Breite	2,33	2,33	.	
Höhe	2,23	2,38	.	
Panzerung	25	25	25	
PS	170	170	135	
km/h	38	38	30	
Fahrbereich	210	210	.	
Besatzung	4	4	3	
Bewaffnung	1 K 57	1 K 47	1 K 57	
	2 MG 7,7	2 MG 7,7	1 MG 7,7	

	Typ 1 „CHI-HE"	Typ 3 „CHI-NU"	Typ 4 „CHI-TO"	Typ 5 „CHI-RI"
Gewicht	17,2	18,8	30,0	37,0
Länge	5,73	5,73	6,34	7,30
Breite	2,33	2,33	2,87	3,05
Höhe	2,38	2,61	2,87	3,05
Panzerung	50	50	75	75
PS	240	240	400	550
km/h	44	39	45	45
Fahrbereich	210	210	250	200
Besatzung	5	5	5	5
Bewaffnung	1 K 47	1 K 75	1 K 75	1 K 75
	2 MG 7,7	1 MG 7,7	2 MG 7,7	1 K 37
				2 MG 7,7

Entwicklung:

1937 eigenständige japanische Entwicklung, angelehnt an deutsche Vorbilder, etwa PzKpfw III.
Während des 2. Weltkrieges laufend Verbesserungen der Bewaffnung.

Abarten:

Flammpanzer Typ 2597   „HO—NI" I   75 mm K
Sturmpanzer „HOI" Typ 2   „NA—TO"   75 mm K
Panzerbefehlswagen „SHIKI"   „HO—NI" II   100 mm M
Panzerbefehlswagen „KASO"   „HO—RO"   150 mm H
Pionierpanzer „SERI"   „HA—TO"   300 mm Mörser
Landepanzer „KACHISHA 2599"

Besondere Merkmale:

Langestreckte Bauart. Bis Typ 3 sechs Laufrollen, Typ 4 um eine weitere, Typ 5 um 2 weitere Laufrollen verlängert. „Shinhoto Chiha" mit Turm des „Chihe" auf Basis des „Chiha". Typ 3 mit Feldkanone Typ 90 (Schneider). Typ 4 mit langer K. Typ 5 auch mit 8,8 cm K und 7,5 cm K in Fahrerfront geplant. Sturmpanzer mit kurzer K im Drehturm. Landepanzer mit vorne ansetzbaren Schwimmkörpern.

JAPAN

Verwendung:
„Chiha" seit 1937 bei Panzereinheiten der Infanterie. „Chini seit" 1940, „Chihe" seit 1944 in geringer Zahl bei Panzereinheiten der Infanterie und in selbständigen großen Panzerverbänden auf dem südostasiatischen Kriegsschauplatz eingesetzt. Typen 3, 4, 5, nur Versuchsfahrzeuge.

Beurteilung:
Bewegliche Fahrzeuge von etwa gleichem Kampfwert wie europäische Vorkriegsmodelle. Während des Krieges im Pazifik unterdurchschnittliche Panzerung und Bewaffnung. Typ 4 und 5 verbesserte Ausführungen unter deutschem Einfluß.

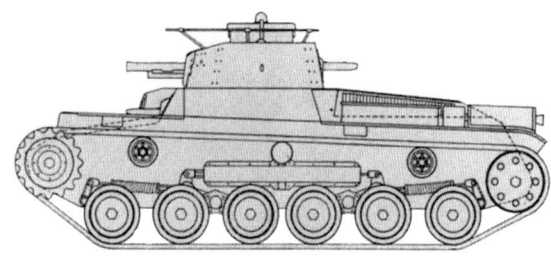

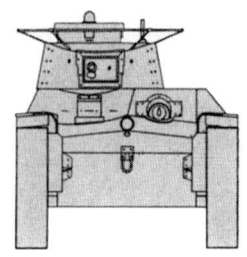

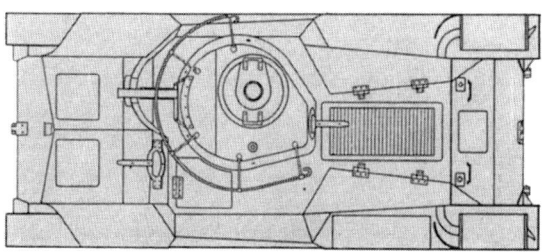

Abb. 223 a—c: **Typ 97 „Chiha"**

JAPAN

Abb. 224: ,,Shinhoto Chiha"

Abb. 225a: **Typ 1** ,,Chihe"

Abb. 225b: **Typ 3** ,,Chinu"

JAPAN

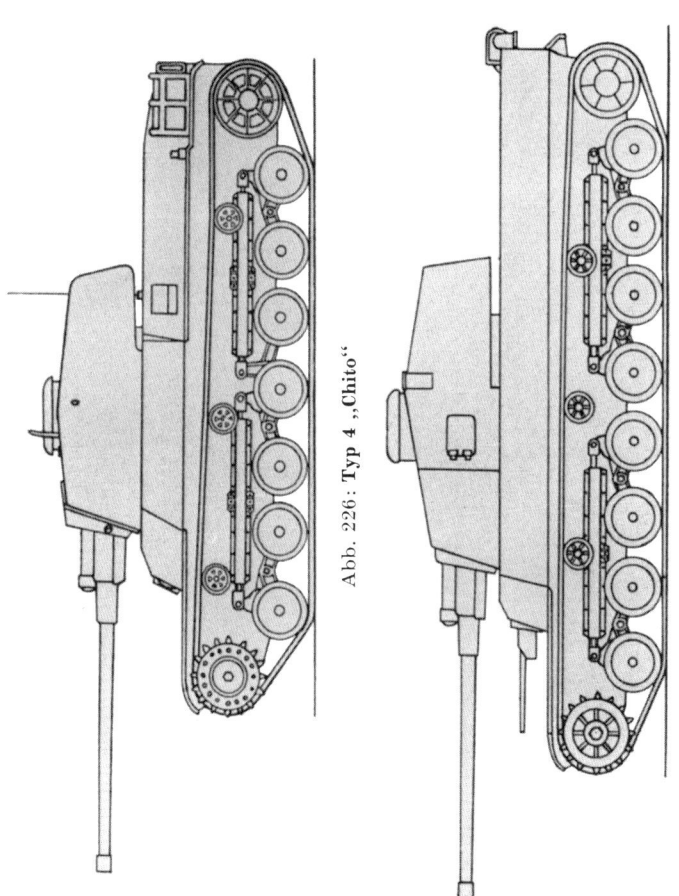

Abb. 226: Typ 4 „Chito"

Abb. 227: Typ 5 „Chiri"

JAPAN

Abb. 228: **Typ 2597 „Chiha"**

Abb. 229: **Typ 1 „Chihe"**. Beachte die verbesserte Gußform der Fahrerfront

JAPAN

Abb. 230: „Shinhoto Chiha"

Abb. 231: **Typ 3** „Chinu"

JAPAN

Abb. 232: **Typ 4 „Chito"** mit verlängertem Fahrgestell

Abb. 233: **Typ 5 „Chiri"**

JAPAN

Baureihe Kampfpanzer **STA**

	STA-1	STA-2	STA-4
Gewicht	35	35	35
Länge	6,60	6,00	6,30
Breite	2,95	2,95	2,95
Höhe	2,23	2,50	2,48
Panzerung	75	75	75
PS	550	550	600
km/h	45	45	45
Fahrbereich	200	.	.
Besatzung	4	4	4
Bewaffnung	1 K 90	1 K 90	1 K 90
	1 MG 12,7	1 MG 12,7	1 MG 12,7
	1 MG 7,7	1 MG 7,7	1 MG 7,7

Entwicklung:
Beginn 1955. STA-1 Prototyp 1957. Die Prototypen unterscheiden sich im wesentlichen durch die Form der KdtKuppel und die Lagerung des FlaMG. STA-2 1957, STA-3 1960, STA-4 (Typ 61) 1960 Serie.

Besondere Merkmale:
6 mittelgroße Laufräder, 3 Stützrollen, Antrieb vorn. Schräge Fahrerfront. Halbkugelförmiger Gußturm mit E-Messer und Heckauslage. Walzenblende. BordK mit Mündungsbremse. Flache Kuppel, Dieselmotor. STA-1 hatte 7 mittelgroße Laufräder und 3 Stützrollen sowie tiefer aufgesetzten Turm und erhöhte Motorabdeckung.

Verwendung: 1957 serienreif.

Beurteilung:
Nach US-Vorbildern entstandenes Fahrzeug in der 30-t-Klasse. Konventionelle Form.gebung. Etwa gleiche Leistungen wie sowj. T 54, jedoch ungünstiger geformt.

JAPAN

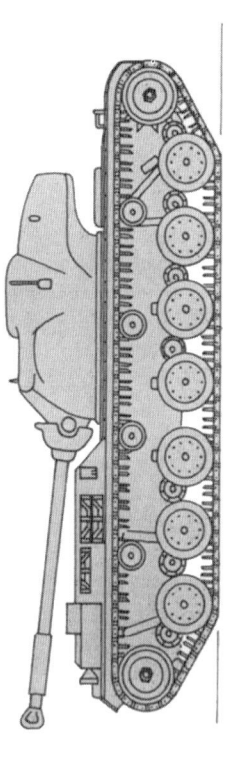

Abb. 234: STA-1

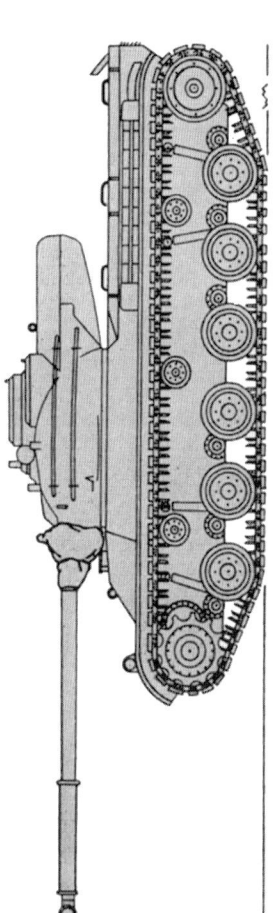

Abb. 235: STA-2

JAPAN

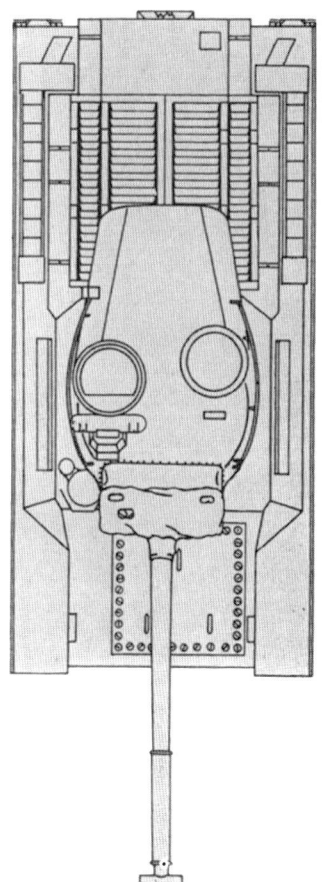
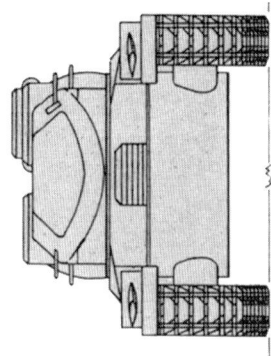
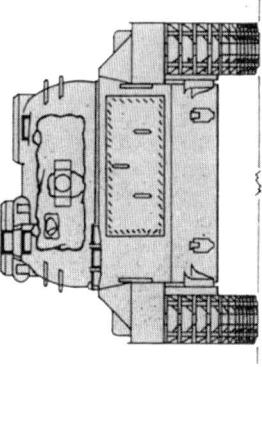

Abb. 236a—c: **STA-4**

JAPAN

Abb. 237: STA-4

ITALIEN

ITALIEN

Baureihe **Carro Armato Fiat 2000**

Gewicht	40
Länge	7,4
Breite	3,1
Höhe	3,8
Panzerung	20
PS	240
km/h	7,5
Fahrbereich	75
Besatzung	10
Bewaffnung	1 K 65
	7 MG 6,5

Entwicklung und Fertigung:
1918 von Fiat 2 Prototypen eines schweren KPz nach deutschen (A7V) und französischen (M 16 CA) Vorbildern, jedoch mit Drehturm.

Besondere Merkmale:
Überpanzertes Laufwerk, Motor hinten. Leicht abgeschrägter Aufbau mit zahlreichen Scharten. Halbkugelartiger Drehturm für kurze Gebirgs-K.

Verwendung:
Versuch.

Beurteilung:
Schweres, aber relativ fortschrittliches Fahrzeug.

ITALIEN

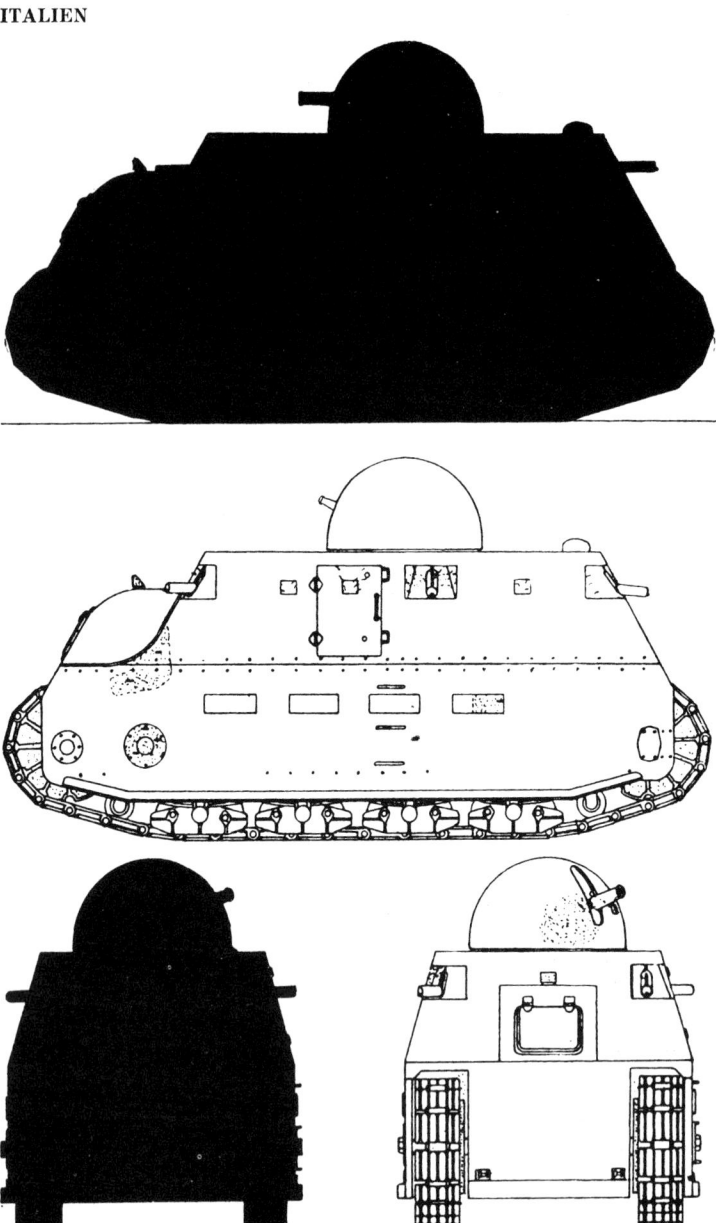

Abb. 238 a—d: **Fiat 2000**

ITALIEN

Abb. 239: Carro Armato **Fiat 2000**, 1918.

ITALIEN

Baureihe **Carro Armato Fiat 3000**

	3000 A (Mod 21)	3000 B (Mod 23)
Gewicht	5,0	5,6
Länge	4,29 (3,70)	4,29 (3,70)
Breite	1,65	1,67
Höhe	2,20	2,20
Panzerung	16	16
PS	55	63
km/h	22	22
Fahrbereich	100—130	100
Besatzung	2	2
Bewaffnung	1 K 37 o. 1—2 MG 6,5	1 K 37 o. 2 MG 6,5

Entwicklung und Fertigung:
1919 Typ A durch Fiat nach Lizenz Renault, 100 Stück gefertigt.
1928 Typ B.

Besondere Merkmale:
A und B äußerlich sehr ähnlich Renault M 17. Sporn am Heck. Runde Kommandantenkuppel.

Verwendung:
Noch 1936 im Truppengebrauch als „Carro di rottura".

Beurteilung:
Der KPz entsprach 1920 den Anforderungen, 1930 war er veraltet.

ITALIEN

Abb. 240: Carro Armato **Fiat 3000 A**

Abb. 241: Carro Armato **Fiat 3000 B**

ITALIEN

Baureihe Kleinkampfwagen **Carro Veloce**

	CV 33 (L3/33)	CV 35 (L3/35)
Gewicht	2,7	3,3
Länge	3,03	3,15
Breite	1,4	1,4
Höhe	1,2	1,28
Panzerung	12	13
PS	40	43
km/h	42	42
Fahrbereich	110	150
Besatzung	2	2
Bewaffnung	1 MG 6,5	2 MG

Entwicklung und Fertigung:
1933 aus Vickers-Carden-Loyd Mk VI. Serie in großer Zahl bis 1936 von Fiat-Ansaldo.
Abarten: Flammpanzer, Brückenlegepanzer, Nebelpanzer.

Besondere Merkmale:
Turmloses Fahrzeug. Motor hinten, Fahrer rechts. Waffen links in Kardanblende.

Verwendung:
Bei 1ePzKp des Bersaglieri-Rgt (KradSchtz) der 3 InfDiv (mot) Typ 40, bei 1ePzBtl des Bersaglieri-Rgt 3, 6, 11 (KradSchtz) Schnelle Div. 1 („Eugenio di Savoia"), 2 („E.F.T. die Ferro") und 3 („Principe Amedeo Duca di Aosta").
1936 in Spanien, im Abessinienfeldzug. Brasilien, Ungarn.
1938 bei österreichischer schneller Brigade.
1940—1941 im Nordafrikafeldzug.

Beurteilung:
Sehr leistungsfähiger, schneller und robuster Kleinkampfwagen für Zwecke der mechanisierten Kavallerie (bzw. der italienischen Sonderform der Bersaglieri).

ITALIEN

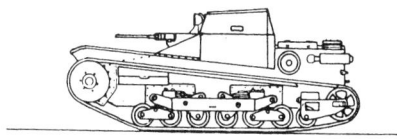

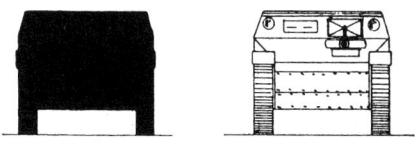

Abb. 249: **L 3/33** (CV 33)

ITALIEN

Abb. 243: Carro Veloce **CV 33** (L 3/33) Ausführung als Flammpanzer

Abb. 244: Carro Veloce **CV 35** (L 3/35)

ITALIEN

Baureihe **Carro Armato L**

	L 6/40 1. Ausf.	L 6/40 2. Ausf.
Gewicht	5	6,8
Länge	3,5	3,8
Breite	1,7	1,80
Höhe	1,98	2,17
Panzerung	12	15
PS	40	68
km/h	32	42
Fahrbereich		200
Besatzung	2	2
Bewaffnung	1 K 20	1 K 20
	1 MG 6,5	1 MG 8

Entwicklung und Fertigung:
1939 von Fiat als leKPz für die lePzBtl der PzRgt und als Ersatz der CV 33/35.
Nur wenige Stücke gefertigt.
Abart: 4,7 cm Pak Sfl L 6/40.

Besondere Merkmale:
2 Laufrollenpaare an dicken, gebogenen Schwingarmen an Drehstäben. Kastenartiger Aufbau. Leitrad tief. Kleiner, kantiger Drehturm.

Verwendung:
1941 in Nordafrika bei lePzBtl.

Beurteilung:
Geringer Kampfwert, ähnlich PzKpfwg II, ungünstige Formgebung. Nur noch als Spähpanzer geeignet.

ITALIEN

Abb. 245: Carro Armato **L 6/40** 2. Ausf., 1940

ITALIEN

Baureihe **Carro Armato M**

	M 11/39	M 13/40	M 14/41	M 15/42	P 40
Gewicht	11	14	14	15	26
Länge	4,75	4,91	4,91	5,04	5,80
Breite	2,20	2,20	2,20	2,23	2,80
Höhe	2,30	2,37	2,37	2,38	2,52
Panzerung	29	40 (30)	40 (30)	40	60
PS	105	105	125	170	275
km/h	32	31	31	32	35
Fahrbereich	200	200	200	150	150
Besatzung	3	4	4	4	4
Bewaffnung	1 K 37	1 K 47	1 K 47	1 K 47	1 K 75
	2 MG 8	4 MG 8	4 MG 8	4 MG 8	1 MG 8

Entwicklung und Fertigung:
1939 M 11/39 durch Fiat als mittlerer KPz mit panzerbrechender Waffe.
1940 M 13/40 mit verbesserter Waffenlagerung. Großserie.
1941 M 14/41.
1942 M 15/42 mit längerer Kanone. Umbewaffnung älterer Typen.
1943 P 40 nur in wenigen Exemplaren.
Abarten: Sturmpanzer M 13/40, M 42, M 43, JagdPz M 42, M 43, Befehlspanzer M 14/41, M 42, PzK 90/53 (1943), Selbstfahrlafette K 149/40 Mod. 1935.

Besondere Merkmale:
M 11   BordK in Fahrerfront, Zwillings-MG in Drehturm.
P 40   Schrägflächenpanzerung, breitere Ketten.
Alle Typen 8 Laufrollen, paarweise an Blattfedern.

Verwendung:
M 13 und M 14 waren Standardausstattung der italienischen Panzerdivisionen im Afrikafeldzug. M 42 gelangte nur in geringer Zahl zur Truppe. Das letzte Muster der Fiat-Ansaldo-Baureihe P 40 wurde nur in wenigen Exemplaren eingeführt. M 13/40 1941 bei englischem 6th Royal Tank Rgt (Beute) in Nordafrika.

Beurteilung:
Die mittleren Fahrzeuge M 13 bis M 42 gehörten nach Gewicht und Panzerung zur Klasse der leichten Fahrzeuge, nach Bewaffnung zu den mittleren Panzern der Zeit um 1939 bis 1940. Ungünstige Formgebung, ab 1942 unterlegene Bewaffnung. Auch die Bewaffnung des P 40 stand nicht mehr auf der Höhe der Zeit. Im Afrikafeldzug waren diese Typen den englischen Panzern an Beweglichkeit und Panzerung stark unterlegen.

ITALIEN

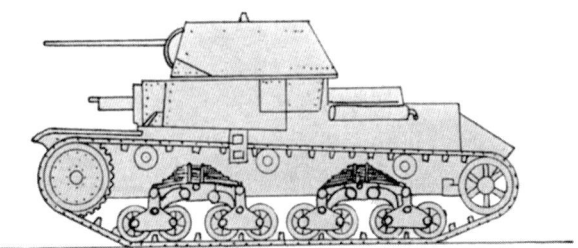

Abb. 246: **M 13/40** mit 4,7 cm K L/32*

Abb. 247: **M 11/39**

ITALIEN

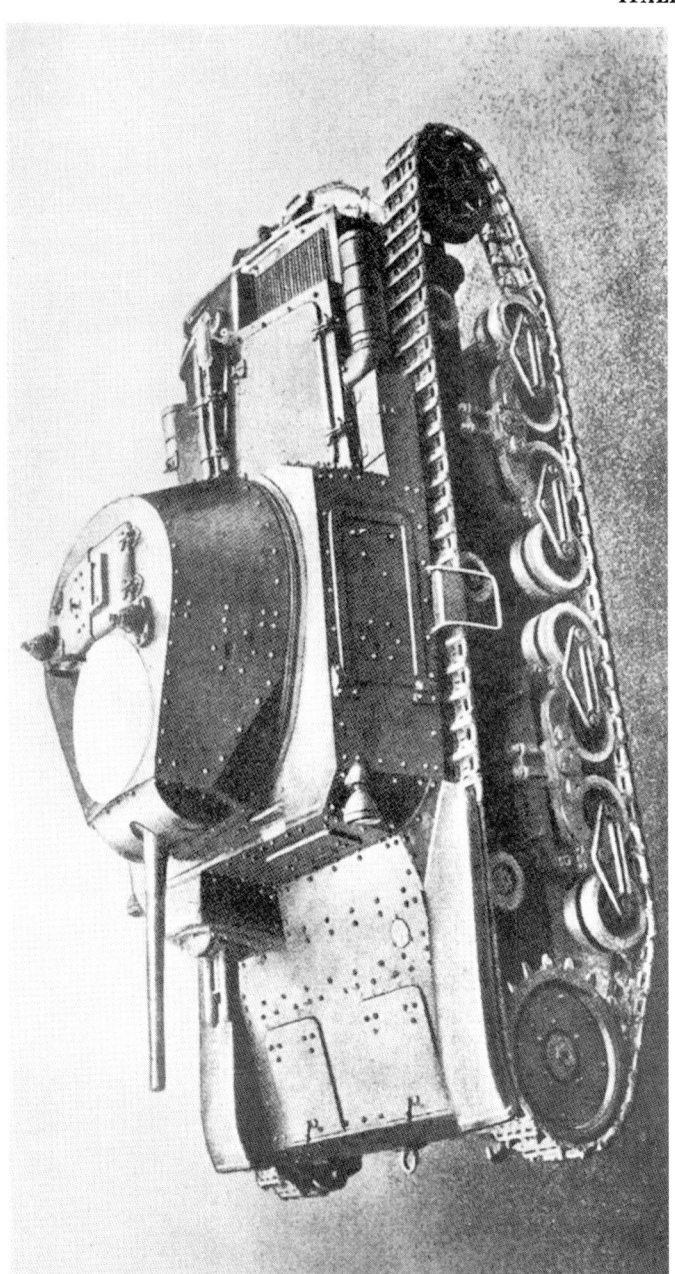

Abb. 248: M 13/40 von oben

ITALIEN

Abb. 249: **M 42**

Abb. 250: **P 40**

SCHWEDEN

SCHWEDEN

Baureihe **Stridsvagn Landsverk**

	10 A	30	60
Gewicht	11	11,5	6,8
Länge	5,20	5,2	4,61
Breite	2,15	2,45	1,97
Höhe	2,22	2,5/2,25	1,85
Panzerung	24	14	13
PS	200	200	160
km/h	35	75/35	48
Fahrbereich	150	300/125	200
Besatzung	4	3—4	3
Bewaffnung	1 K 37	1 K 37	1 K 20
	o. 47	o. 47	1 MG
	1 MG	2 MG	

	80	100	Strv m/40
Gewicht	6,8	4,5 (4,8)	11
Länge	4,7	4,30	4,9
Breite	2,75	1,75	2,1
Höhe	2,33	1,65 (1,85)	2,1
Panzerung	13	9	24
PS	100	130	145
km/h	75/35	60	45
Fahrbereich	120/90	200	.
Besatzung	2	2	3
Bewaffnung	1 K 20	2 MG	1 K 37
	1 MG	(1 K 20)	2 MG 8

Entwicklung und Fertigung:
1931 Von Firma Landsverk unter maßgeblicher Beteiligung des deutschen Ingenieurs Vollmer Typ 10 als Kampfpanzer entwickelt.
Typ 30 und 80 Räder-Raupenfahrgestell zur Verbesserung der Beweglichkeit.
1934 Typ 100 mit Ein-Mann-Turm.
1934 Typ 60 als Strv m/33 (1938) eingeführt.
1938 Typ 60 zu m/38 verändert.
1939 Typ 60 zu m/39 verändert.
1940 Letzte Ausführung Strv m/40.
Abarten: PzFlak LVKV 40, LVKV 41 m/43.

Besondere Merkmale:
10   4 Laufräder, paarweise an Blattfedern und an einer zentralen Spiralfeder. 2-Mann-Turm mit Schildblende. Hoher Motorraum.
30   Zusätzlich 4 Ballonräder an Schwenkhebeln.
60   Drehstabfederung. Tiefliegendes Leitrad hinten. Walzenblende.
m/40 K in Walzenblende, rechts daneben 2-MG in Schlitzblende.

Verwendung:
1934—1950 bei Panzerverbänden, m/40 als „Toldi" auch in Ungarn.

Beurteilung: Technisch sehr gut durchentwickelte Fahrzeuge von hoher Beweglichkeit, deren Formgebung richtungsweisend war und die zahlreiche Verwandtschaften mit den deutschen KPz I—IV aufwiesen.

SCHWEDEN

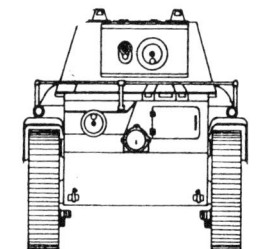 

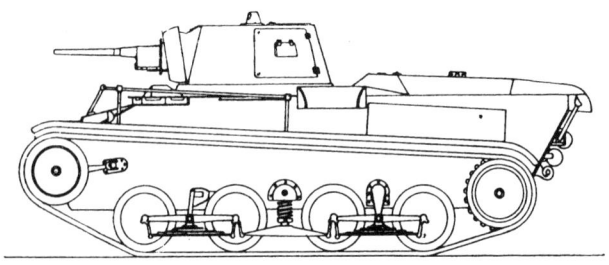

Abb. 251 a—d: **Landsverk 10**

SCHWEDEN

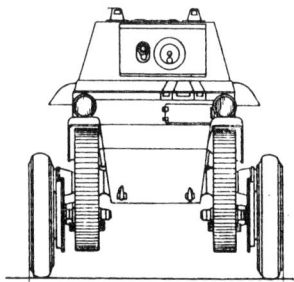 

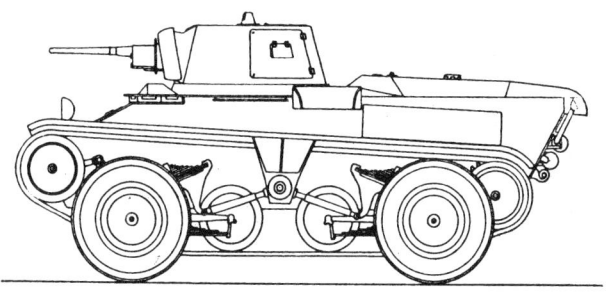

Abb. 252 a—d: **Landsverk 30**

SCHWEDEN

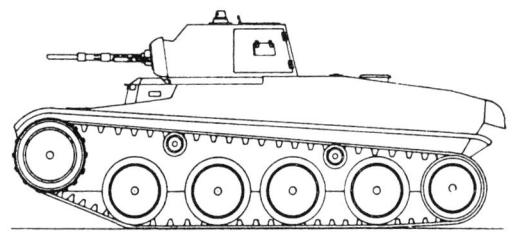

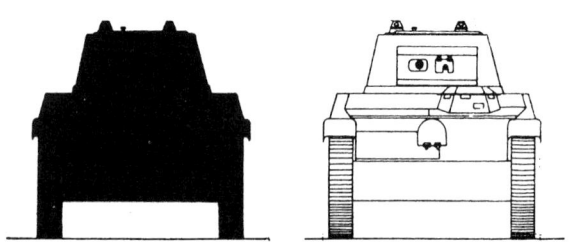

Abb. 253 a—d: **Landsverk 60**

SCHWEDEN

Abb. 254: **Landsverk 10** (1931)

Abb. 255: **Landsverk 80** (1935)

SCHWEDEN

Abb. 256: **Landsverk 60** (1934)

Abb. 257: **Strv m/40**

SCHWEDEN

Baureihe **Stridsvagn Strv 71**

	71 m/42	74
Gewicht	22,5	26
Länge	6,10	6,08
Breite	2,35	2,43
Höhe	2,60	3,00
Panzerung	80 (40)	80 (40)
PS	380	2 × 179
km/h	45	.
Fahrbereich	.	.
Besatzung	4	4
Bewaffnung	1 K 75	1 K 75
	4 MG 8	2 MG 8

Entwicklung und Fertigung:
1942 Als schwerer KPz von Landsverk für das schwedische Heer entwickelt.
1945 Veränderte Aufgabenstellung führte zur Bezeichnung IKV 73 (Infantrie-Kanon-Vagn)
1959 Umbau durch Aufsetzen eines größeren Turmes für lange 75 mm K.
Abarten: Jagdpanzer PVKV 71 m/43.

Besondere Merkmale:
6 Laufrollen an Drehstäben, 3 Stützrollen. Abgeschrägter Turm mit Kuppel und Walzenblende für K, kleine Schildblenden für MG. Abfallende Motorabdeckung. m/74. Turm mit langer Heckauslage, spitze Blende, Kanone mit Rauchabsauger, flache Kuppel, eingeschnürter Turmhals.

Verwendung:
Zunächst als schwerer KPz, später als SturmPz zur Infanterieunterstützung, schließlich als Spähpanzer.

Beurteilung:
Bemerkenswertes Beispiel für einen gut durchentwickelten Panzer, der über 20 Jahre lang zweckentsprechend Verwendung finden konnte. Noch 1966 im Truppengebrauch.

SCHWEDEN

Abb. 258a: **Strv 71 m/42 (IKV 73)**

Abb. 258b: **Strv 74**

SCHWEDEN

Baureihe **Stridsvagn Strv 103 „S"**

Gewicht	37
Länge	5,50 (8,80)
Breite	3,30
Höhe	2,34
Panzerung	.
PS	240+330
km/h	50
Fahrbereich	.
Besatzung	3
Bewaffnung	1 K 105
	3 MG 7,6

Entwicklung und Fertigung:
Schwedische Armee in Verbindung mit Fa. Bofors. Entwicklungsbeginn 1958. Prototypen März 1963 erstmals vorgeführt. Entwicklungskosten 50 Mil. DM. 7.7.1964 500 Mil. SKr für Serie.

Besondere Merkmale:
Turmloses Fahrzeug. 4 große Laufräder, keine Stützrollen. Stark zugespitzter Bug und übergreifender Panzerkasten. Schwimmfähig durch aufklappbare Nylonwände. Rolls-Royce-K 60-Motor und Zusatz-Gasturbine. Hydrokinetischer Volvo-Drehmomentwandler vor dem Vielstoffmotor. Zweistufenlenkung. Mechanische Lenkbremse und hydrostatisches Getriebe. Die Motoren können einzeln oder gemeinsam wirken. Kombinierter Lenk-, Richt- und Abfeuerungshandgriff. Hydropneumatische Federung. Vordere und hintere Laufräder sind über Kreuz hydraulisch verbunden, mittlere Räder unabhängig gefedert. Ein drittes hydraulisches System hebt oder senkt die vorderen und hinteren Radpaare gleichmäßig, um die Kettenspannung zu gewährleisten. Funker ist zugleich Rückwärtsfahrer. Waffen können nur durch Lenkung des Fahrzeuges gerichtet werden. Starre Bordkanone mit Ladeautomatik für APDS und HE mit Hülsenausstoß aus der Heckwand des Fahrzeuges. Stabilisierte Kommandantenkuppel.

Verwendung:

Beurteilung:
Bahnbrechende Neuentwicklung, die zahlreiche technische Verbesserungen in sich vereinigt. Durch Wegfall des Drehturmes besonders niedrig. Hohe Feuergeschwindigkeit. Laufräder austauschbar mit „Centurion". Munition NATO-standardisiert.

SCHWEDEN

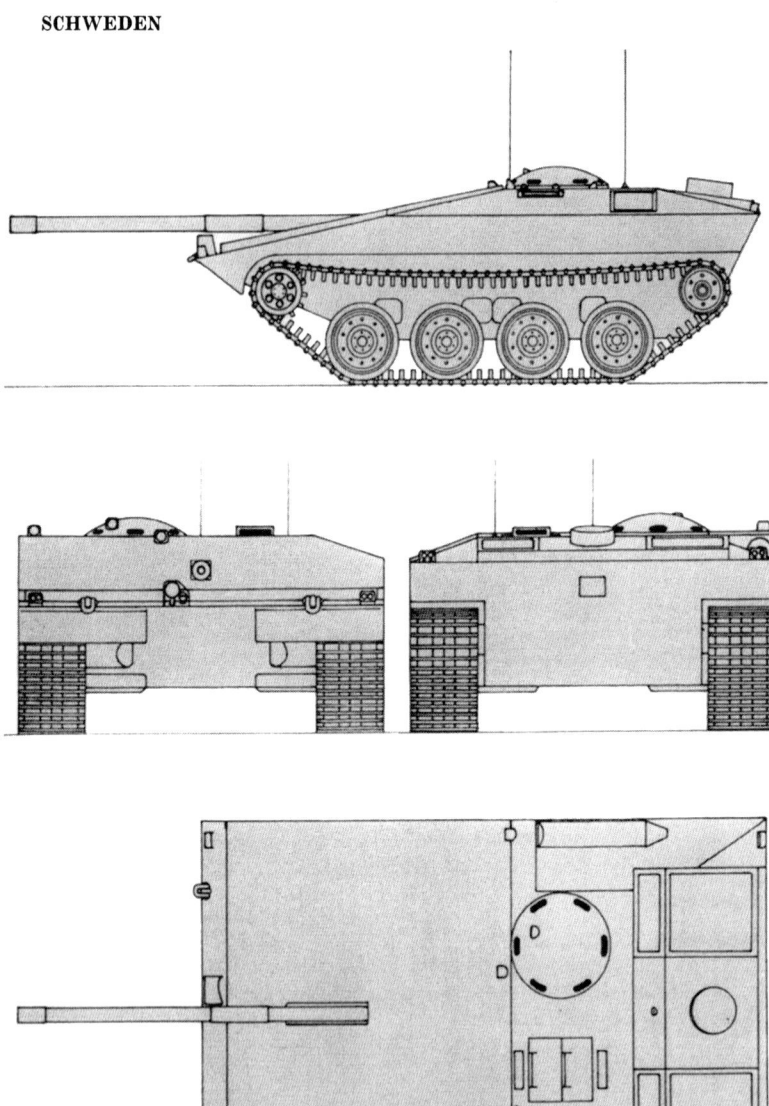

Abb. 259 a—d: **Strv 103** „S"

SCHWEDEN

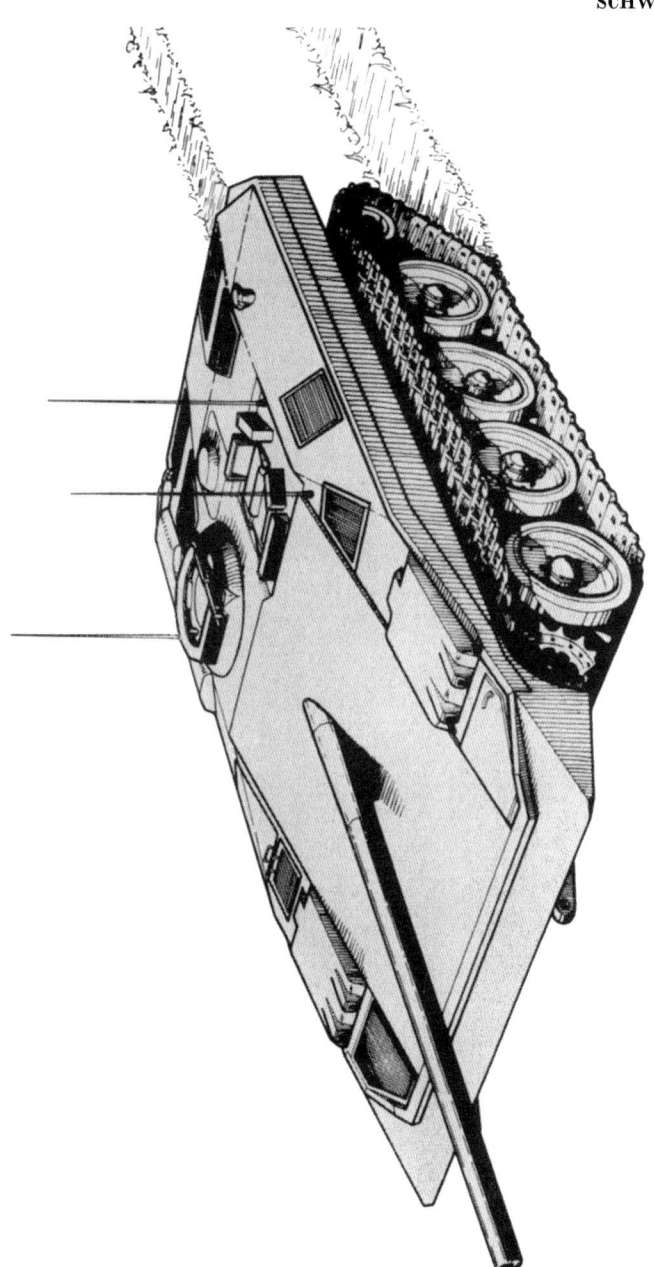

Abb. 260: Kampfpanzer **Strv 103** „S", Prototyp 1964

SCHWEDEN

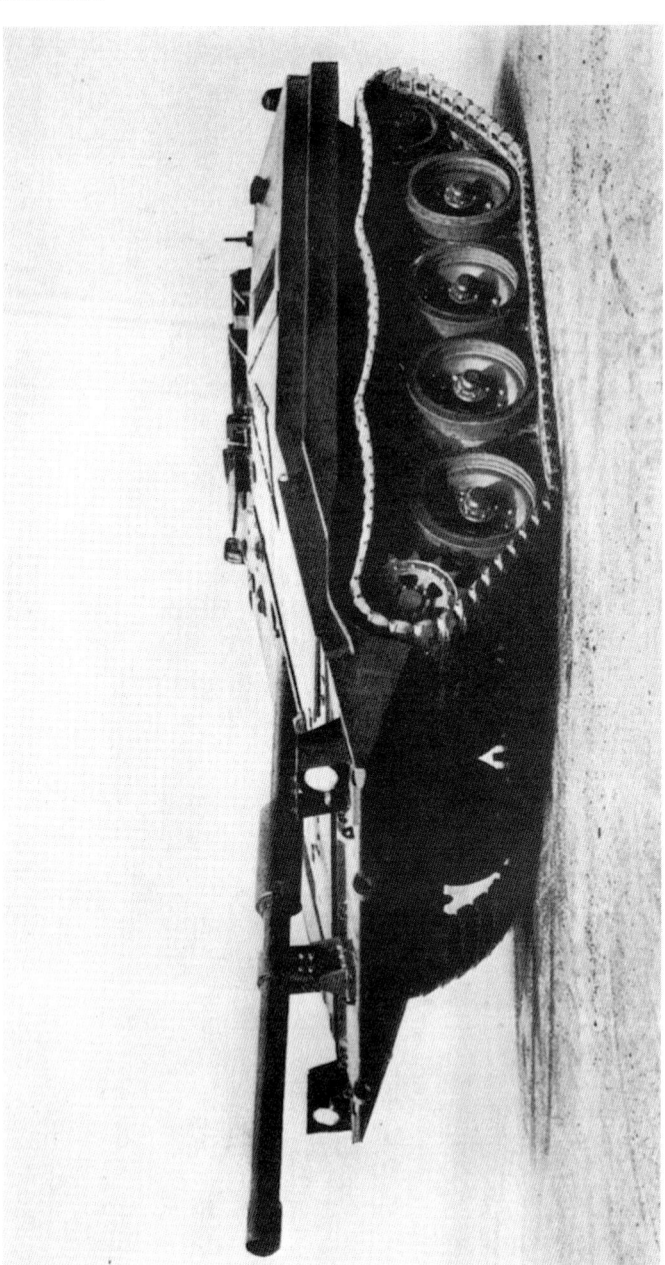

Abb. 261: Kampfpanzer **Strv 103** „S", Prototyp 1965

SCHWEIZ

SCHWEIZ

Baureihe **Pz. 61**

	Pz. 58	Pz. 61
Gewicht	35	36
Länge	6,55	6,68
Breite	3,0!	3,06
Höhe	2,63	2,72
Panzerung	.	.
PS	600	630
km/h	55	55
Fahrbereich	180	300
Besatzung	4	4
Bewaffnung	1 K 83,4 o.	1 K 105
	1 K 90	1 K 20
	1 K 20	1 MG 7,5
	1 MG 7,5	

Entwicklung:

1953 technischer Entwurf für KW 30, 1954 mil. Forderungen, 1958 Prototyp I, Pz 58 fertig. Montage durch Eidg. Konstruktionswerkstätte Thun. 1957 Bewilligung von 20 Mil. Fr. für O-Serie Pz 58. Ende 1961 Truppenversuche mit O-Serie. 1961 Bewilligung der Serie von 150 Pz 61 mit 105 mm BordK. Lieferungsbeginn: Anfang 1964.

Besondere Merkmale:

6 mittelgroße Laufräder, 3 Stützrollen. Antriebsrad hinten. Abgerundete Gußwanne. leicht übergreifend. Kuppelartiger, abgerundeter Drehturm mit schwacher Heckauslage. E-Messer. Flache Kommandantenkuppel rechts. Lange, schlanke BordK in schmaler Schildblende mit Rauchabsauger. Links daneben koaxiale 20 mm BordK mit weit vorragendem Rohr und dicker Mündungsbremse. Abfallendes Heck.

Verwendung:

Zur Ausstattung von 3 PzBtl der 3 InfDiv vorgesehen.

Beurteilung:

Beachtliche Leistung der schweizerischen Hersteller. Feuerkraft wie vergleichbare Typen. Durchschnittliche Beweglichkeit. Hohe Silhouette.

SCHWEIZ

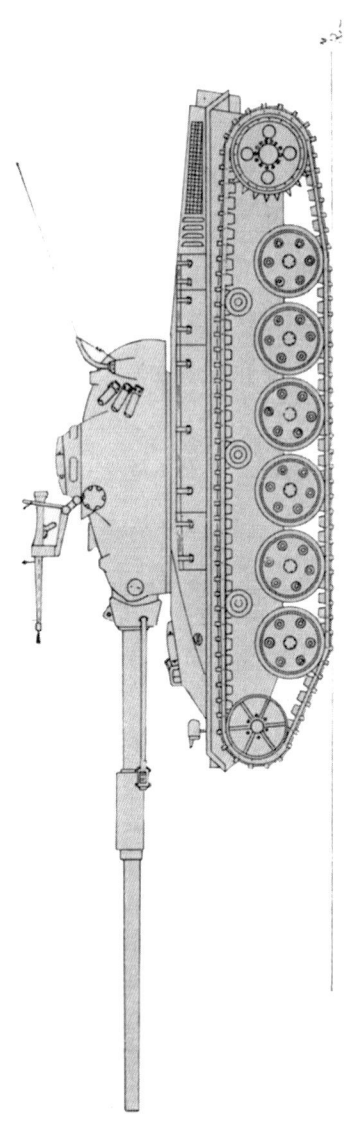

SCHWEIZ

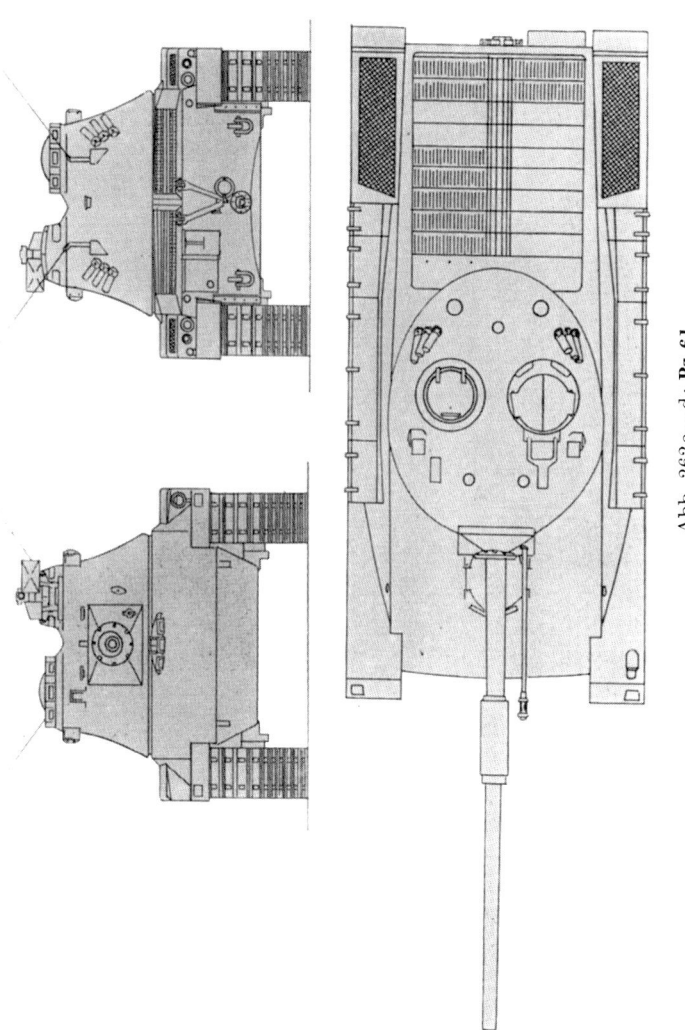

Abb. 262a—d: **Pz 61**

SCHWEIZ

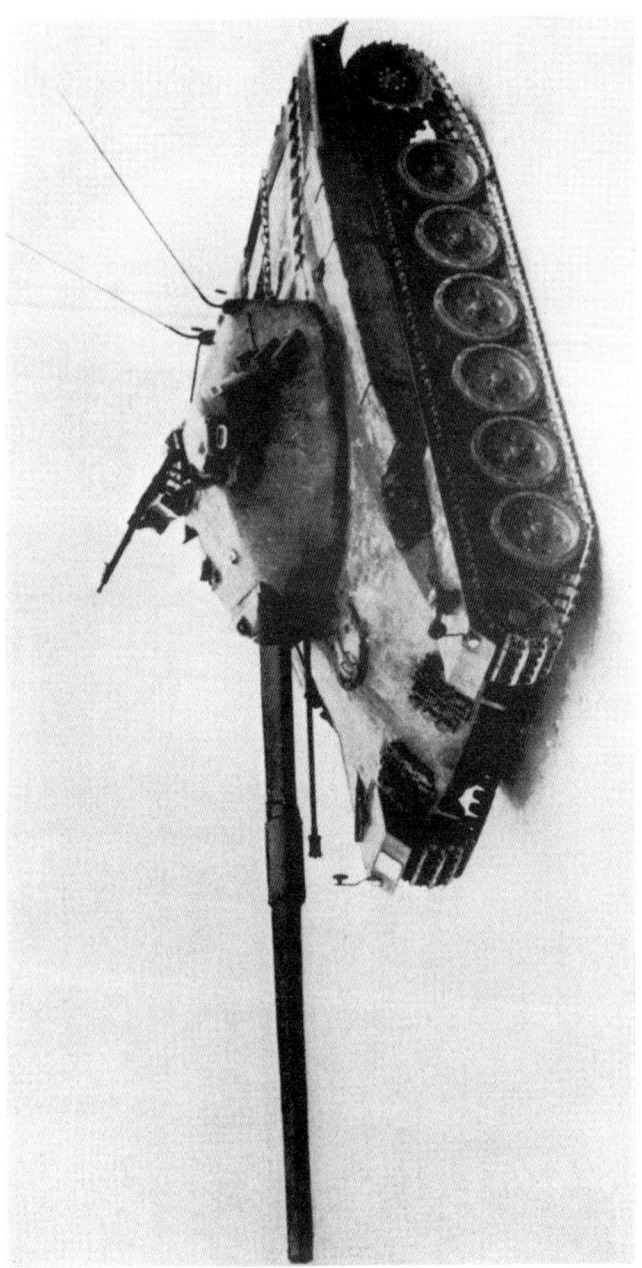

Abb. 263: **Pz 61** Prototyp 1962

SOWJETUNION

SOWJETUNION

Baureihe „Lenin"

	M-17	**T-17**	T-18(MS-1)	T-19	T-23
Gewicht	7	**2,4**	5,5		3,5
Länge	5,00	.	4,38		.
Breite	1,75	.	1,76		.
Höhe	2,25	.	2,12		.
Panzerung	16	**14**	16		.
PS	33,5	**20**	35		.
km/h	8,5	**16**	17		35
Fahrbereich	60	.	60		.
Besatzung	2	**1**	2		2
Bewaffnung	1 K 37	**1 MG 7,6**	1 K 37		1 MG 7,6
	1 MG 7,6	**1 K 37**	1 MG 7,6		

Entwicklung und Fertigung:
1919 Nachbau Renault M 17 in Krasnoje Sormowo (Russki Renault) „Freiheitskämpfer Genosse Lenin". Serie ab 1. 8. 1920.
1927 MS-1 (T 18) (Malyj Soprowoshdienija) Serie 1928—31 (900), MS 2 22 km/h
1931 T 19, T 23 Kleinpanzer.

Besondere Merkmale:
T-18 7 kleine Laufrollen an 3 senkrechten Schraubenfedern, kleiner, kantiger Turm mit Kuppel, Hecksporn.
T-23 Ohne Drehturm.

Verwendung:
„Lenin" PzAbt 7 der Roten Arbeiter- und Bauernarmee.
MS-1 1929 in den Kämpfen um die Ostchinabahn verwendet.

Beurteilung:
Mechanisch meist noch anfällige Baumuster, mit denen die Sowjetarmee und die Industrie erste Erfahrungen sammeln konnte.

SOWJETUNION

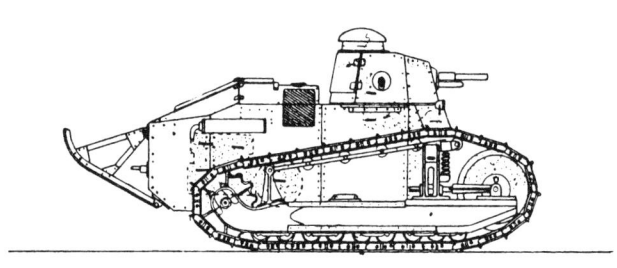

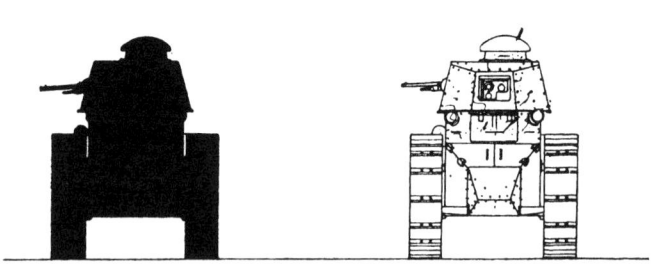

Abb. 264 a—d: Kampfpanzer **M-17**

SOWJETUNION

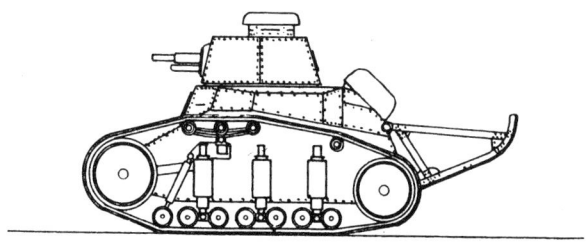

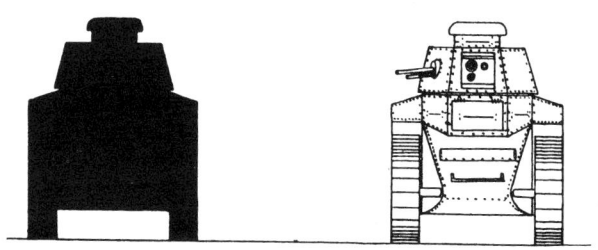

Abb. 265 a—d: Kampfpanzer **T-18** (MS-2)

SOWJETUNION

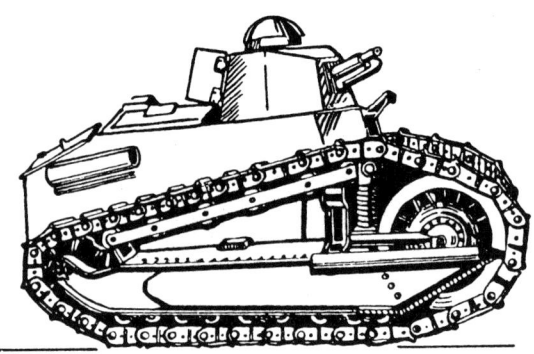

Abb. 266: **M-17**

Abb. 267: **T-18** (MS 1)

Abb. 268: **T-23**

SOWJETUNION

Baureihe T-24

	T-24	TG	T-12
Gewicht	18,5	25	19,7
Länge	6,50	.	.
Breite	3,00	.	.
Höhe	2,81	.	.
Panzerung	20 + 8,5	.	22 + 12
PS	250	300	200
km/h	25	35	22
Fahrbereich	.	.	.
Besatzung	4	5	4
Bewaffnung	1 K 45	1 K 76	1 K 45
	4 MG 7,6	4 MG 7,6	3 MG 7,62

Entwicklung und Fertigung:
1927 T-1—12 Übergangsmuster.
1930 T-24, Serie, 25 Stück.
1929 TG Versuchsmuster.

Besondere Merkmale:
T-24 Laufwerk ähnlich Renault NC mit 4 senkrechten Schraubenfedern für je 2 kleine Laufrollen. Übergreifender Panzerkastenoberteil. Großer, zylindrischer Turm mit aufgesetztem MG-Turm.
TG 5 große Laufräder und Panzerschürze.
Pneumatische Servosteuerung, pfeilverzahnte Zahnräder.

Verwendung:
Versuchs- und Vorserienfahrzeuge.

Beurteilung:
Erstmaliges Auftreten konstruktiver Eigenheiten im sowjetischen Panzerbau (z. B. 3-geschossige Waffenanordnung beim T 24, 76 mm Kanone beim TG), die das Bestreben erkennen lassen, zu überlegenen Lösungen zu kommen.

SOWJETUNION

Abb. 269: **T-24**

Abb. 270: **TG**

SOWJETUNION

Baureihe **Bystrochodnij Tank** (Schnellkampfwagen) **BT**

	BT-2	BT-5	BT-7
Gewicht	10,2	11,5	13,8 —
Länge	5,76	5,76	5,66
Breite	2,15	2,15	2,29
Höhe	2,25	2,31	2,42
Panzerung	13.	13	20
PS	343	350	450
km/h	70/52	.	73/53
Fahrbereich	300/200	.	500/375
Besatzung	3	3	3
Bewaffnung	1 K 37	1 K 45	1 K 45
	1 MG 7,6	1 MG 7,6	1—3 MG

	BT-7 A	BT-7 M	BT-I S
Gewicht	.	14,7	
Länge	5,66	5,66	
Breite	2,29	2,29	
Höhe	.	2,42	
Panzerung	20	20	
PS	450	500	
km/h	53	86/62	
Fahrbereich	375	700/600	
Besatzung	3	3	
Bewaffnung	1 H 76,2	1 K 45	
	1 MG 7,6	2—3 MG	

Entwicklung und Fertigung:
1931 Ankauf des amerikanischen Christie-Kampfwagens M 31 als Grundlage für einen schnellen Kavallerie-Kampfwagen für operative Verwendung.
1931 BT-2 Beginn der Serienfertigung am 23. 5. 31.
1933 BT-5
1935 BT-7
1938 BT-5 mit sowj. Flugzeugmotor Versuch.
Von BT-5 u. 7 Abwandlung BT-5 A u. 7 A mit 76,2 mm L/16,5 BordH (Artilleriepanzer).
1939 BT-7 M aus BT-7 durch Einbau eines Dieselmotors.
1936 BT-I S Versuchsmuster.
Abarten: BrückenlegePz BT/MU

Besondere Merkmale:
Erstmalig Einzelaufhängung der 4 großen Laufräder des Räder-Kettenlaufwerks. Bei Radfahrt nur Hinterräder getrieben. BT-2 zylindrischer Turm, BT-5 Turm mit Heckauslage und Funkgerät. BT-7 konischer Turm mit Heckauslage, ab 1938 stabilisierte Kanone.
BT-IS mit abgeschrägter Panzerung und 3 angetriebenen Radpaaren bei Räderfahrt.

Verwendung:
Bei den Panzerverbänden für Fernkampf (DD=Dalynewa Deistwija)

SOWJETUNION

Beurteilung:
BT-2 sehr hohes Leistungsgewicht (34 PS/t), Enger Kampfraum, schwache Bewaffnung, kein Funk. Sehr anfällig bei Räderfahrt. Ab BT-5 gut bewaffnet. BT-7 M sehr hoher Fahrbereich. Große Geschwindigkeit. Mit diesem Panzer machte die Rote Armee grundlegende Erfahrungen in der Panzertechnik sowie in der operativen Verwendung großer PzVerbände, die später im T-34 Früchte trugen.

SOWJETUNION

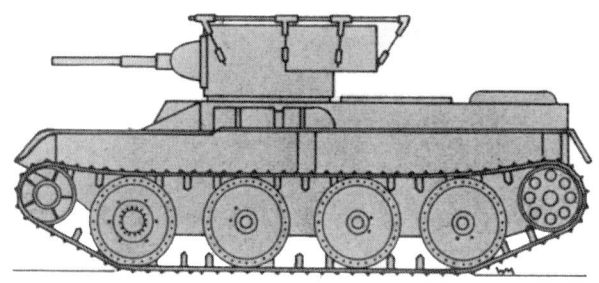

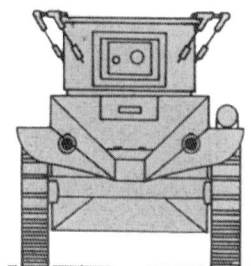
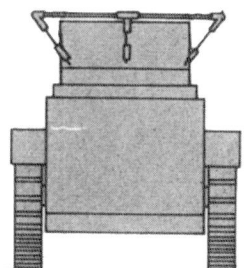

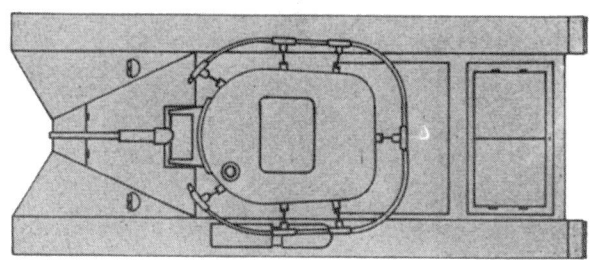

Abb. 271 a—d: **BT-5**

SOWJETUNION

Abb. 272: Schnellkampfwagen **BT-2**

Abb. 273: **BT-5**

SOWJETUNION

Abb. 274: **BT-7**

Abb. 275: **BT-IS**

SOWJETUNION

Baureihe **T 26**

	A	B	C	D	E
Gewicht	8,6	9,4	10,3		
Länge	4,88	4,88	4,62		
Breite	2,41	2,41	2,44		
Höhe	2,08	2,41	2,33		
Panzerung	15	15	25 (16)		
PS	91	91	91		
km/h	30	28	27		
Fahrbereich	140	375	225		
Besatzung	3	3	3		
Bewaffnung	1 K 37	1 K 45	1 K 45	1 H 76,2	1 K 45
	1 MG 7,6	1—2 MG	2—3 MG	1 MG 7,6	2 MG 7,6
	o. 2 MG				

Entwicklung und Fertigung:
1928 Prototyp A des Tank Light Vickers 6 to in England entwickelt und von der UdSSR angekauft.
1931 Typ A, 17 Stk., später noch 103
1933 Typ C,
1934 Typ D,
1937 Typ E, Produktion bis 1940
1935 T-46, Versuchsmuster.
Abarten 76 mm PzH SU-5-1, 122 mm PzH SU-5-2, 152 mm PzH SU-5-3
  Flammpanzer OT-26 (T-26 A), OT-130 (T 26-B), OT-133 (T 26 C)

Besondere Merkmale:
A 2 Türme mit MG
B 1 Turm mit MG, 1 Turm mit 37 mm K.
C 1 Turm mit 45 mm K und MG. Funk mit Rahmenantenne.
D 1 Turm mit 76,2 mm H L/16,5.
E 1 Turm, konische Formgebung, geschweißte Panzerung. MG in der Heckauslage des Turmes. Stabilisator, Stabantenne.
T-46 Räder/Kettenlaufwerk mit 4 Laufrädern.

Verwendung:
Hauptausstattung der Panzerverbände zur unmittelbaren Unterstützung der Infanterie (NPP=Neposredstwennaja Poderska Pechoty) meist 1 Btl je InfDiv.

Beurteilung:
Fortschrittliches Laufwerk. Billig, gut bewaffnet, langsam. Der Versuch mit T-46, ein schnelleres Fahrzeug zu gewinnen, scheiterte, weil kein Fortschritt gegenüber der BT-Reihe erzielt werden konnte. Mit dem Aufkommen von Panzerabwehrkanonen größerer Kaliber Mitte der dreißiger Jahre, vor allem im spanischen Bürgerkrieg, verloren diese Typen an Kampfwert.

SOWJETUNION

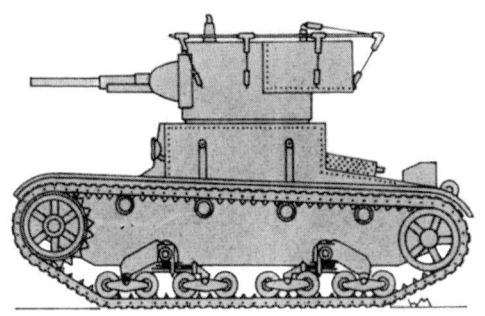

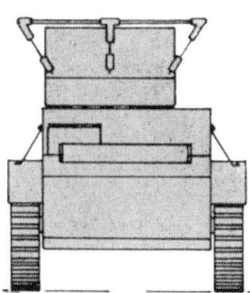

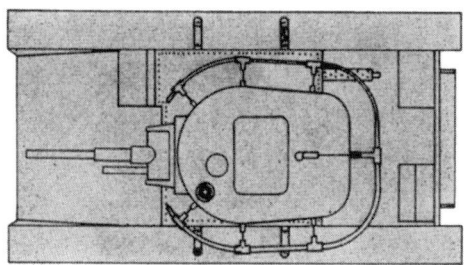

Abb. 276 a—d: **T-26 B**

SOWJETUNION

Abb. 277: **T-26 A**

Abb. 278: **T-26 B**

SOWJETUNION

Abb. 279: **T-26 C**

SOWJETUNION

Baureihe **T-32**

	T-46-5(T111)	A-20	A-30	T-32
Gewicht	28	18		19
Länge	.	.		.
Breite	.	.		.
Höhe	.	.		.
Panzerung	60	20-10		30-10
PS	300	450	500	450
km/h	30	65		65
Fahrbereich	.	.		.
Besatzung	4—5	4		4
Bewaffnung	1 K 45	1 K 45	1 K 76,2	1 K 76,2
	2 MG 7,6			2 MG

Entwicklung und Fertigung:
1937 T-46-5 auf Grund der Erfahrungen im spanischen Bürgerkrieg Forderung auf besseren Panzerschutz gegen schnellfeuernde Pak bis 37 mm und bessere Bewaffnung.
1937 A-20 verbesserte Formgebung von M. I. Tarschinow, Gesamtprojektion von M. L. Koschin.
1939 A-30 Auf Grund Forderung nach Bewaffnung mit Durchschlagsleistung gegen 60 mm Panzer bis 1300 m Entfernung.
1938 T-32 Projekt von M. L. Koschin und A. A. Morosow als reines Kettenfahrwerk mit neuartigem Motor.

Besondere Merkmale:
T-46-5 6 kleine Laufrollen, doppelt aufgehängt.
A-20 Räder-/Kettenlaufwerk mit 3 angetriebenen Laufradpaaren bei Straßenfahrt. Allseitig abgeschrägte Panzerung. Dieselmotor wie BT-7 M.
A-30 76,2 mm Kanone.
T-32 wie T-34/76. Dieselmotor W 2.

Verwendung:
Sämtlich Versuchsmuster. Unmittelbare Vorläufer des T-34.

Beurteilung:
Diese nach dem spanischen Bürgerkrieg begonnene Entwicklungsreihe führte nach dem Beschluß, den Räder-/Kettenantrieb fallen zu lassen, in 3 Jahren zu dem truppenreifen T-34. Die für T-46-5 und A-30 nach dem damaligen Stand der Ausstattung, vor allem des deutschen Heeres mit 37 mm Pak und Panzern, deren Panzerstärke unter 60 mm lag, richtig gestellten Entwicklungsforderungen wurden in erstaunlich kurzer Zeit erfüllt.

SOWJETUNION

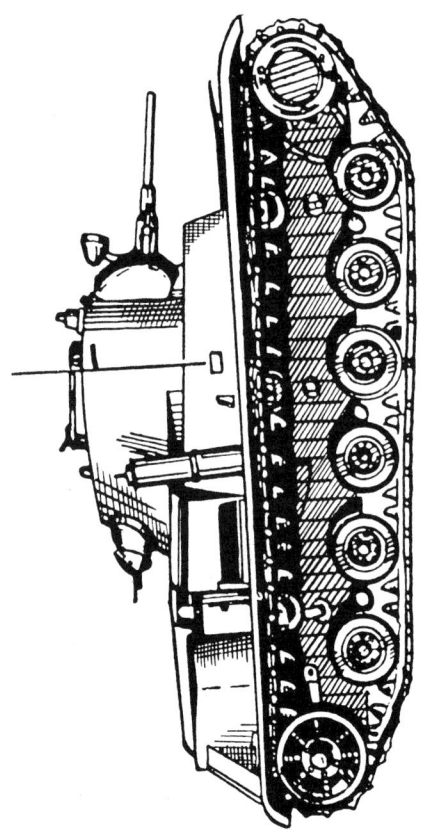

Abb. 280: T-46-5

SOWJETUNION

Abb. 281: **T-46**

Abb. 282: **A-20**

SOWJETUNION

Baureihe **T-27**

	T-27	T-37 A	T-38	T-38 M-2
Gewicht	2,7	3,2	3,3	3,8
Länge	2,6	3,75	3,78	.
Breite	1,83	2,0	2,33	.
Höhe	1,44	1,82	1,63	.
Panzerung	10	9	9	.
PS	40	40	40	50
km/h	40	36/6	40/6	46/6
Fahrbereich	120	230	230	.
Besatzung	2	2	2	2
Bewaffnung	1 MG 7,6	1 MG 7,6	1 MG 7,6	1 MG 7,6

Entwicklung und Fertigung:
Nachbau des britischen Carden Loyd Kleinkampfwagens Mk VI von 1928.

T-27   Serienbau 1931—1933 unter Verwendung von Bauelementen des Lkw GAS-AA.

T-37 A   Schwimmfähig nach Vorbild Vickers-Carden-Loyd 1931. Serie von 1933—1936.

T-38   Serie von 1936—1937.

T-38 M-2 Serie von 1938.

Besondere Merkmale:

T-27   4 kleine Laufrollen, paarweise an Tragbalken. MG in Erker rechts.

T-37   4 größere Laufrollen an waagerechten Schraubenfedern. MG-Turm rechts. T-37 A mit Schwimmkörpern. Schraubenantrieb im Wasser.

T-38   Turm links, T-38 M 2 stärkerer Motor.

Verwendung:
Als Erkundungs- und Gefechtsaufklärungsfahrzeuge für Panzer- und Kavallerieverbände.

Beurteilung:
Sehr klein, enger Kampfraum. Kampfwert etwa entsprechend dem deutschen Panzer I. Mit diesem Typ machte die Sowjetarmee grundlegende Erfahrungen mit schwimmfähigen Konstruktionen, die im Westen damals amtlich nirgends für notwendig befunden wurden.

SOWJETUNION

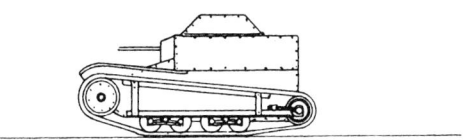

 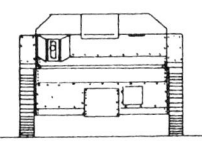

Abb. 283 a—d: Kleinkampfwagen **T-27**

SOWJETUNION

Abb. 284: Kleinkampfwagen **T-27**

Abb. 285: Kleinkampfwagen **T-37**

SOWJETUNION

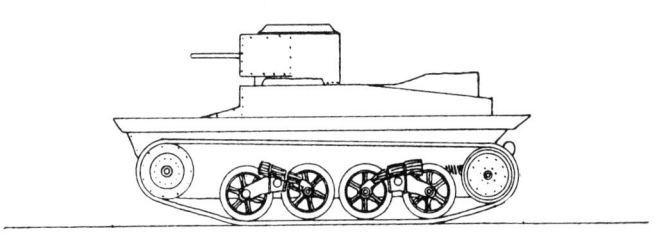

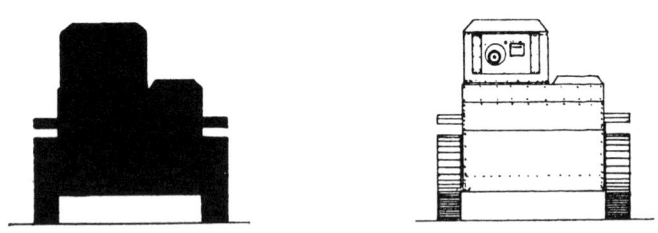

Abb. 286 a—d: **T-37**

SOWJETUNION

Abb. 287: Kleiner Schwimmkampfwagen **T-38**, 1938

SOWJETUNION

Baureihe **T-28**

	A	T-29	B	M
Gewicht	28	24	28	31—32
Länge	7,44	.	7,44	.
Breite	2,81	.	2,81	.
Höhe	2,82	.	2,82	.
Panzerung	30	.	30	80
PS	500	500	500	500
km/h	37	80/54	37	23
Fahrbereich	220	.	220	.
Besatzung	6	6	6	6
Bewaffnung	1 H 76,2	1 H 76,2	1 K 76,2	1 K 76,2
	3—4 MG	3 MG 7,6	4 MG 7,6	4 MG 7,6

Entwicklung und Fertigung:
1932 Nachbau nach dem Vorbild des 1926 entwickelten englischen Vickers „Independent". 1933—1940 in großer Serie hergestellt.
1933 A als Durchbruchswagen zum Überwinden von befestigten Verteidigungsstellungen.
1936 T-29 mit Räder/Kettenlaufwerk.
1938 B längere Kanone zum Kampf gegen Panzer.
1940 M nach sowjetisch-finnischem Winterkrieg 1939/40 verstärkte Panzerung.
Abarten: Brückenpanzer IT-28.

Besondere Merkmale:
12 kleine Laufräder. Überpanzerte Laufwerkaufhängung. Großer Geschützturm und zwei kleine MG-Türme vorne. Hoher Motorraum mit schrägem Heck.
M rundum Zusatzpanzerplatten.
T-29 4 große Doppelrollen, keine Stützrollen.

Verwendung:
T-28 A, B u. M bei „Panzerverbänden zur weitreichenden Infanterieunterstützung" (DPP=Dalynei Podershki Pechoty), meist in selbst. Heerespanzerbrigaden.
T-29 nur Versuchstyp.

Beurteilung:
Die Forderung nach diesem Panzer beruhte noch auf Vorstellungen des 1. Weltkrieges. Daher war dieser Typ langsam und schwerfällig. Der Versuch, durch Räder/Kettenlaufwerk zu besserer Beweglichkeit zu kommen (T-29), schlug fehl. Die späteren Verbesserungen der Panzerung und Bewaffnung machten das Fahrzeug noch schwerfälliger.

SOWJETUNION

Abb. 288: T-28

SOWJETUNION

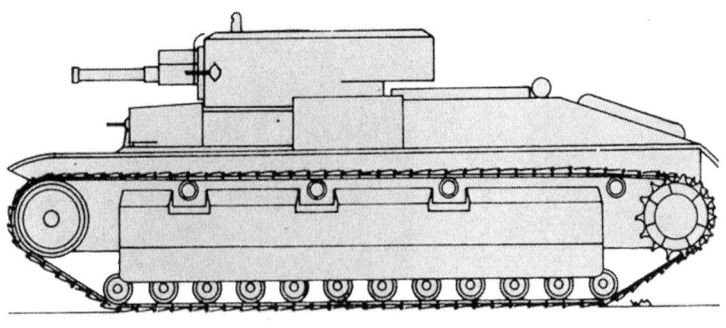

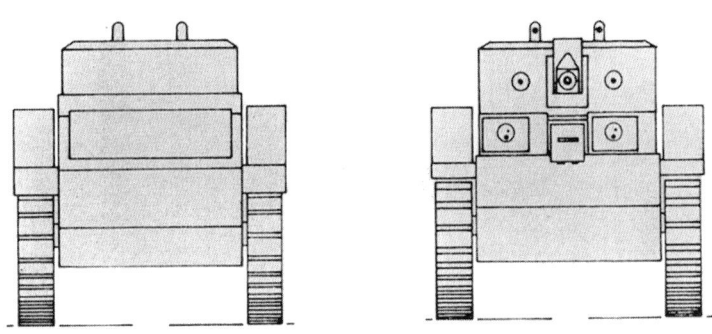

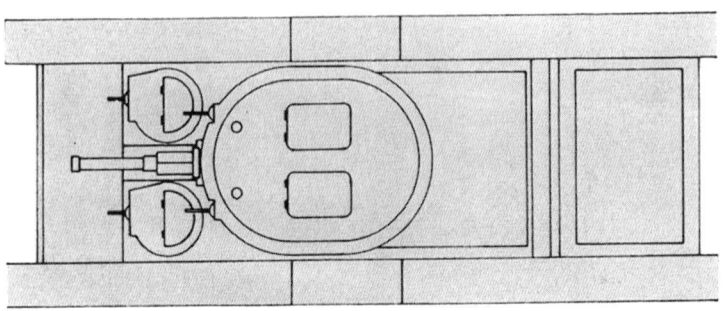

Abb. 289: **T-28**

SOWJETUNION

Abb. 290: **T-29**

SOWJETUNION

Baureihe **T-35**

Gewicht	45	(später 50)
Länge	9,72	
Breite	3,20	
Höhe	3,43	
Panzerung	30	(später 50)
PS	500	
km/h	30	
Fahrbereich	150	
Besatzung	10	
Bewaffnung	1 H 76,2	
	2 K 45	
	5 MG 7,6	

Entwicklung und Fertigung:
1932 Forderung nach schwerem Durchbruchspanzer in der Art der französischen Char de Rupture C. 2. die nur Schutz gegen Infanteriewaffen bieten sollten.
1933—1939 einige Dutzend produziert.
Ab 1935 T-35 A mit neuer 45 mm K.
T-35 B mit stärkerer Panzerung.

Abarten: 1935 152 mm PzKH SU-14-1, 152 mm PzKH SU-14 Br-2 203 mm PzH SU-14.

Besondere Merkmale:
8 große, paarweise hinter Panzerschutz aufgehängte Laufräder. 1 großer Geschützturm 76,2 mm, 2 Türme 45 mm, 2 MG-Türme, flaches Heck.

Verwendung:
Bei Heeres-Panzerbataillonen bis 1941.

Beurteilung:
Schwache Panzerung, schwerfällig, sehr groß. Schon mit dem Aufkommen kleinkalibriger Pak (25 und 37 mm) verloren diese Infanteriepanzer fast jeden Kampfwert.

SOWJETUNION

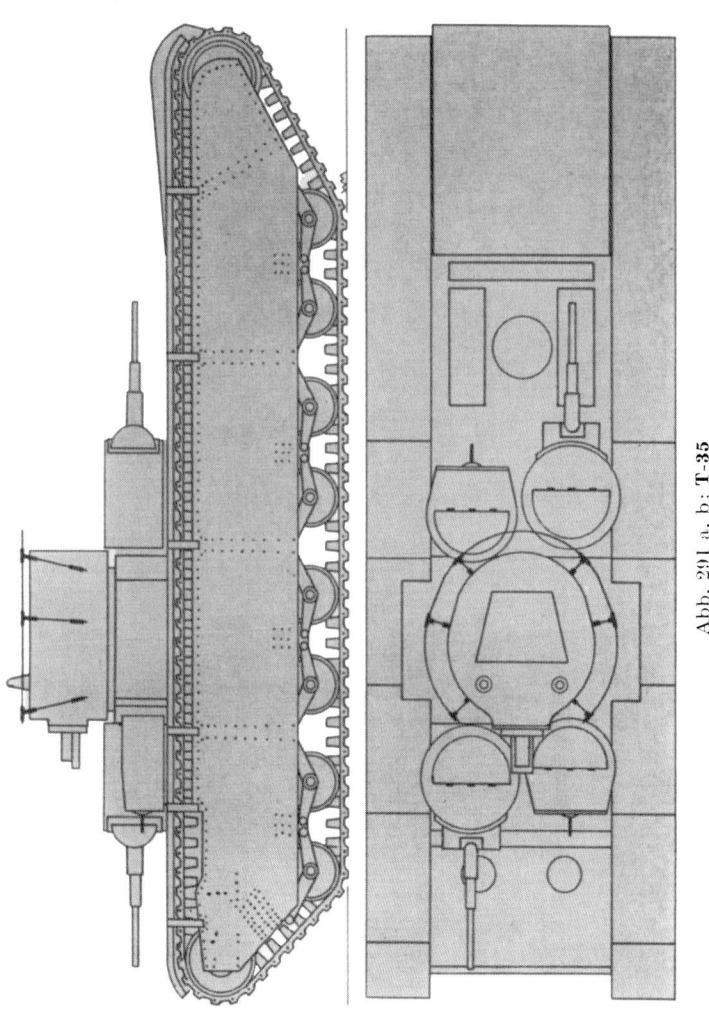

Abb. 291 a, b: **T-35**

SOWJETUNION

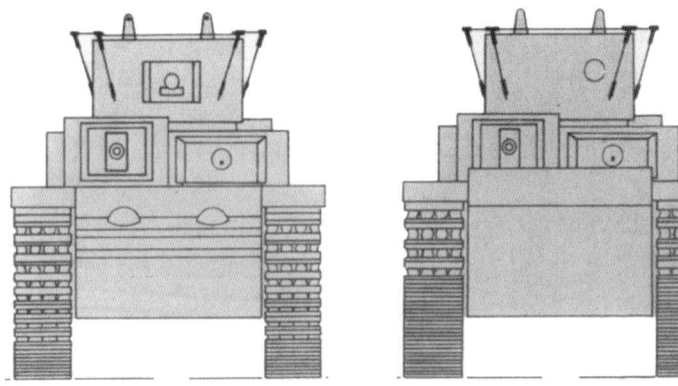

Abb. 291c, d: **T-35**

Abb. 292: **T-35 A**

SOWJETUNION

Baureihe **SMK** („Sergeij Mironowitsch Kirow")

	SMK	T-100
Gewicht	56—58	
Länge	.	
Breite	.	
Höhe	.	
Panzerung	60	
PS	500	
km/h	.	
Fahrbereich	.	
Besatzung	6—7	
Bewaffnung	1 K 76,2	1 K 76,2
	1 K 45	1 K 45
	3 MG 7,6	3 MG 7,6

Entwicklung und Fertigung:
Nach dem spanischen Bürgerkrieg Forderung auf Panzerung gegen 37 mm Pak.
1937—1938 Prototyp SMK.
1938 Prototyp T 100.
Abarten: SU-100 Y, 1939 mit 130 mm PzK Br 3.

Besondere Merkmale:
8 Laufrollen mit Gummieinlagen und Stahlreifen an Drehstäben. 2 Türme, Benzinmotor.

Verwendung: Versuch.

Beurteilung:
Die mehrtürmige Konzeption geht noch immer auf das französische Vorbild vom Ende des 1. Weltkrieges zurück. Neuartiges Laufwerk, das für die KW- und JS-Baureihe übernommen wurde.

SOWJETUNION

Abb. 293: ,,Sergej Mironowitsch Kirow (SMK)''

Abb. 294: **T-100**

SOWJETUNION

Baureihe **T-40**

	T-40	T-50	T-60	T-70	T-80
Gewicht	5,5	13,5	5,8	9,2	11,6
Länge	4,11	5,20	4,10	4,29	4,42
Breite	2,33	2,47	2,35	2,42	2,50
Höhe	1,95	2,16	1,75	2,05	2,18
Panzerung	14	37	20	60 (45)	60 (50)
PS	85	300	85	2×70	2×85
km/h	45/6,5	60	44	45	45
Fahrbereich	280	350	450	350	320
Besatzung	2	4	2	2	3
Bewaffnung	1 MG 12,7	1 K 45	1 K 20	1 K 45	1 K 45
	1 MG 7,6	1 MG 7,6	1 MG 7,6	1 MG 7,6	2 MG 7,6

Entwicklung und Fertigung:
1940 T-40 Ersatz der T-38-Baureihe.
1940 T-50 Ersatz der T-26 und BT, kleine Serie.
1942 T-70 Ersatz der T-60 als Aufklärungspanzer.
1942 T-80
Abarten: T-60 PzWerfer mit M-8 oder M-13 Rak-Werfer.
   T-70 für SU-37 PzFlak, SU-76 PakSf.

Besondere Merkmale:
T-40 4 große Scheiben-Laufräder an Drehstäben, 3 Stützrollen, Drehturm links, hochgezogener Bug.
T-60 wie T-40 jedoch größerer Turm, nicht schwimmfähig, oft Speichenräder.
T-50 6 kleine Doppellaufrollen, 3 Stützrollen, Turm in der Mitte, Turmkuppel.
T-70 5 große Scheiben-Laufräder, kantiger Turm links, Motor rechts. Z. T. 2×85 PS
T-80 wie T-70, jedoch verstärkte Turmfrontpanzerung.

Verwendung:
Gefechtsaufklärungsfahrzeuge der Panzerverbände und bei PzAufklEinheiten. T-60 seit November 1941 eingesetzt.

Beurteilung:
Gut geformt, robust, einfach zu bedienen und zu warten. Als Aufklärungspanzer zweckmäßig. T-70 gut bewaffnet. Die Konzeption des T-50 als leichter Kampfpanzer für Kavallerie- und Infanterieunterstützung war fehlerhaft.

SOWJETUNION

Abb. 295: **T-40**

Abb. 296: **T-60**

SOWJETUNION

Abb. 297: T-70

SOWJETUNION

Baureihe KW („Kliment Woroschilow")

	KW-1 A	KW-1 B	KW-1 C
Gewicht	43,5	47,5	48
Länge	6,75	6,75	6,75
Breite	3,32	3,32	3,32
Höhe	2,71	2,75	2,75
Panzerung	90 (75)	110	130
PS	550	550	550
km/h	35	35	35
Fahrbereich	335	335	335
Besatzung	5	5	5
Bewaffnung	1 K 76,2	1 K 76,2	1 K 76,2
	3 MG 7,6	3 MG 7,6	3 MG 7,6

	KW-1 S	KW-2	KW-85
Gewicht	42 5	52	46
Länge	.	6,80	6,80
Breite	.	3,25	3,35
Höhe	.	3,25	2,80
Panzerung	82 (75)	110 (75)	110 (75)
PS	550	550	550
km/h	43	26	43
Fahrbereich	.	250	330
Besatzung	5	6	5
Bewaffnung	1 K 76,2	1 KH 152	1 K 85
	3 MG 7.6	3 MG 7,6	3 MG 7,6

Entwicklung und Fertigung:
Vorläufer waren der SMK und der T-100.
- 1938 Forderung nach eintürmigem Pak-sicherem KPz mit Dieselmotor W-2 von 1935, der mit dem Motor des T-34 austauschbar sein sollte, sowie nach Einzelradaufhängung ohne Panzerschutz, Bodendruck maximal 0,75 kg/cm², Großserienfähigkeit und einfacher Wartung im Felde.
- 1938/39 KW-1 bei Kirowskij Sawod, Leningrad, entwickelt von I. S. Kotin. Ab 19. 12. 1939 Großserie.
- 1940 KW-1 A
- 1941 KW-1 B und C, KW-2
- 1942 KW-1 C, KW-1 S
- 1943 KW-85

Fertigung:	1940	1941	1942	1943
	243	339 +728	ca. 3000	ca. 6000

Abarten: Sturmpanzer SU-152

Besondere Merkmale:
Verhältnismäßig flach gebaut. KW-1 B mit aufgeschraubten Verstärkungsplatten, KW-1 C mit Gußturm. Laufwerk ähnlich dem deutschen Panzerkampfwagen III. Antrieb hinten. Breite Skelettketten. Laufrollen ungepolstert.

SOWJETUNION

KW-2 sehr großer Turm mit starker Heckauslage.
KW-1 S schneller, Kommandantenkuppel.
KW-85 größerer Gußturm mit fester Kuppel auf Fahrgestell KW-1 S für 85 mm BordK.

Verwendung:
22. 6. 41. 508 Stück in Truppengebrauch. Bei selbständigen Heeres-Panzerverbänden (Garde-Pz-Durchbruchsregimenter) zur Verstärkung von Infanterie- und PzVerbänden. Ersetzt durch JS-Baureihe.

Beurteilung:
Leistungsfähige Übergangskonstruktion. Stark gepanzert. Anfängliche Konstruktionsmängel des KW-1, besonders beim Getriebe, wurden beim KW-1 S überwunden. KW-2 schwerfälliger Artilleriepanzer mit Kanonen-Haubitze ohne Panzerabwehrfähigkeit. KW-85 gute Übergangslösung bis zur Verwendung der 122 mm BordK.

Abb. 298: **KW-2**

SOWJETUNION

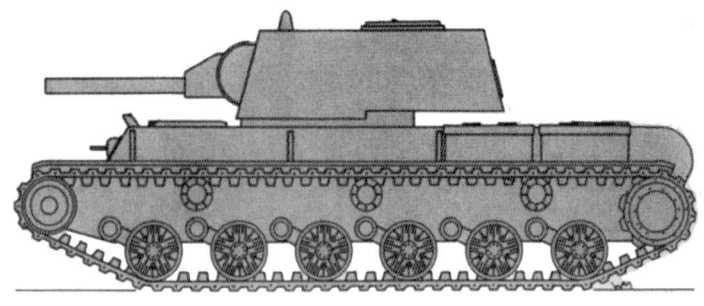

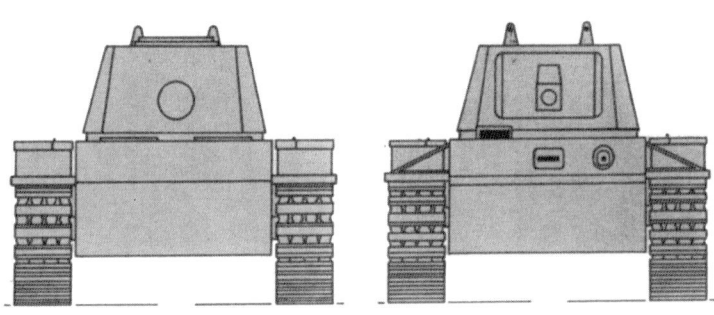

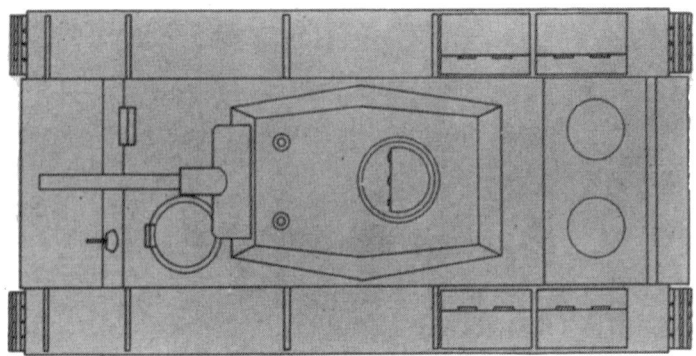

Abb. 299 a—d: **KW-1 A**

SOWJETUNION

Abb. 300: **KW-1 A**

Abb. 301: **KW-2**

SOWJETUNION

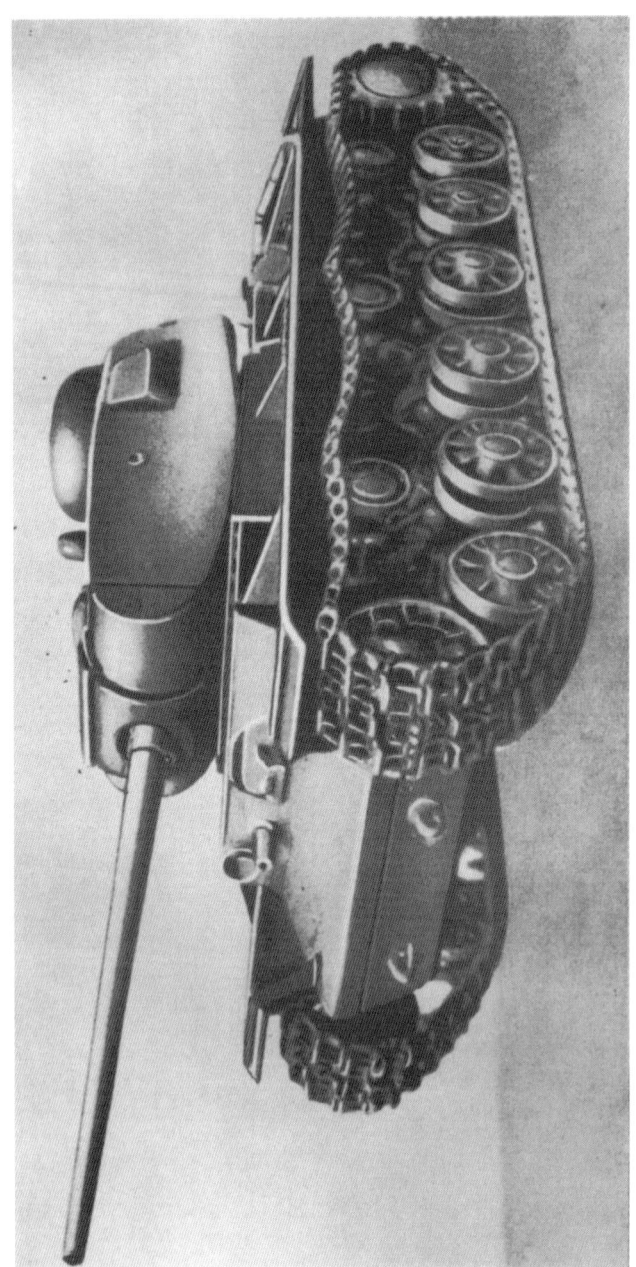

Abb. 302: **KW-85**

SOWJETUNION

Baureihe **T-34**

	T-34/76 A	T-34/76 B	T-34/76 C	T-34/85
Gewicht	26,3	28	30	32
Länge	5,92	.	6,07	6,07
Breite	3,00	.	2,95	2,95
Höhe	2,45	.	2,65	2,72
Panzerung	45	60	75 (60)	75 (60)
PS	500	500	500	500
km/h	51,2	53	53	50
Fahrbereich	400	400	400	300
Besatzung	4	4	4	4
Bewaffnung	1 K 76,2	1 K 76,2	1 K 76,2	1 K 85
	2 MG 7,6	2 MG 7,6	2 MG 7,6	2 MG 7,6

Entwicklung und Fertigung:
Unmittelbare Vorläufer A-20, A-30, T-32 von 1939. Forderung auf Panzerschutz gegen kurze 75-mm-Kanone (PzKpfw IV), Bewaffnung gegen Panzerung des PzKpfw III: 30 mm auf jede Entfernung. Konstrukteur: Morosow
1940 Beginn Großserienfertigung Typ A. Juni
1941 Typ B, auf 60 mm verstärkte Panzerung (gegen 5 cm Pak).
1942 B mit Gußturm und C mit Kommandantenkuppel und längerer BordK.
1943 T-34/85, neuer Turm auf unverändertem Fahrgestell für 85 mm Kanone (gegen PzKpfw IV mit langer 75 mm K L/48).
Fertigung:

1940	1941	1942	1943	1944	1945
115	2.810	ca. 5.000	ca. 10.000	11.758	ca. 10.000

Abarten:
FlammPz OT-34 (T-34 C), Räumpanzer T 34/PT-3, Brückenpanzer T-34 MTU, RäumschaufelPz T-34 BTU (T-34/85). JagdPz SU-85, SU 100, SturmPz SU-122. T-34/85 in Jugoslawien abgeändert.
Besondere Merkmale:
5 große, während des Krieges teilweise ungepolsterte Laufräder. Abstand zwischen 2. und 3. Rad. Ab 1942 Gußräder, 5-Gang-Getriebe. Allseitig abgeschrägter, übergreifender Panzerkastenoberteil. MG in Kugelblende in schräger Fahrerfront. Türme mit Heckauslage und Walzenblende. T-34/85 sehr großer Turm mit eingeschnürtem Hals.
Verwendung:
22. 6. 1941 967 in Truppengebrauch. T 34/85 ab 15. 12. 1943.
Seit 1941 in steigender Gesamtzahl Hauptausstattung der PzBrig, später der mittleren PzRgt der Pz-, Mech- und MotSchtzDiv und der PzBtl der Mech- und MotSchtzRgt. Auch bei allen Warschauer-Pakt-Streitkräften, in Österreich, Jugoslawien und in Rot-China.
1956 150 Stück T-34/85 in Ägypten.
Beurteilung:
T-34/76, 1941 in Feuerkraft, Panzerung und Beweglichkeit den deutschen PzKpfw III und IV sowie allen anderen damaligen Typen weit überlegen. Vorbildliche Formgebung, robuste, einfache Konstruktion, die für Massenfertigung besonders geeignet war. Schwache Feuerleiteinrichtungen, Kommandant zugleich Richtschütze, zunächst nur Führerfahrzeuge mit Funk. T-34/85 ungünstig geformter Turm.

SOWJETUNION

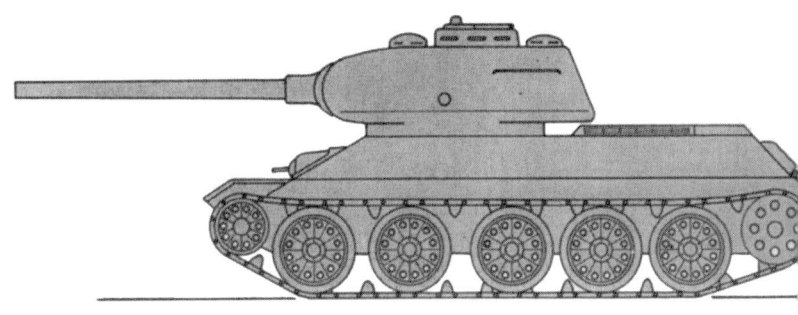

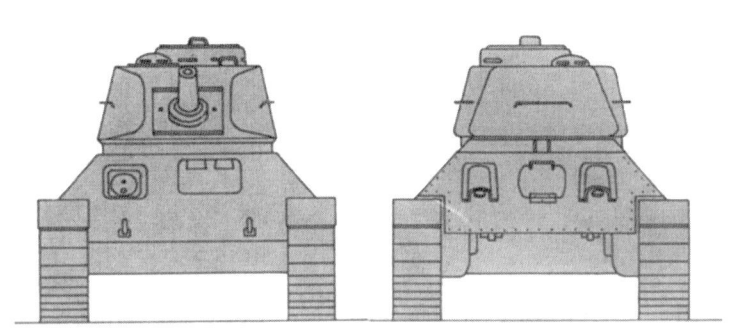

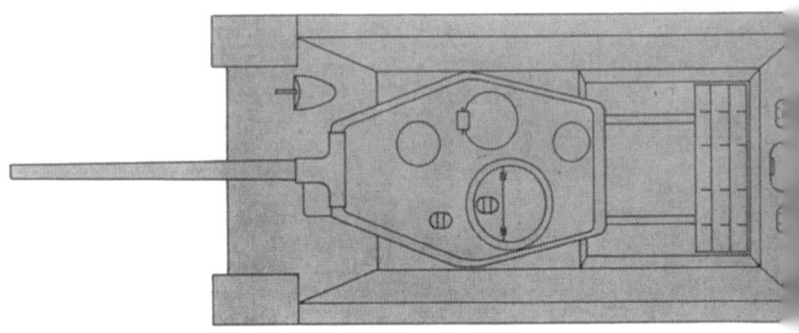

Abb. 303 a—d: **T 34/85**

SOWJETUNION

Abb. 304 **T-34/76 C**

Abb. 305: **T-34/76 A** mit 7,62 K L/30 Schrägansicht

SOWJETUNION

Abb. 306: **T-34/76 B**

Abb. 307: **T-34/76 C**. Beachte den Turm mit Kuppel

SOWJETUNION

Abb. 308: **T-34/76 B** mit 7,62 cm K L/41,2 und ungepolsterten Laufrädern

SOWJETUNION

Abb. 309a: **T-34/85**

SOWJETUNION

Abb. 309b: **T-34/85** in Ägypten 1962

SOWJETUNION

Abb. 310: **T-34** jugoslawischer Fertigung. Beachte die seitliche Abschrägung der Fahrerfront und den großen Gußturm, charakteristische Abweichungen von der sowjetischen Standardausführung.

SOWJETUNION

Baureihe JS („Josef Stalin")

	JS-1 A	JS-1 B	JS-2	JS-3	T-10
Gewicht	44	45	46	45,8	50
Länge	6,77	6,77	6,77	6,67	7,68
Breite	3,07	3,07	3,07	3,20	3,35
Höhe	2,73	2,75	2,75	2,44	2,50
Panzerung	160 (100)	160 (100)	160 (100)	200 (120)	200 (120)
PS	550	550	550	550	700
km/h	37	37	43	40	45
Fahrbereich	150	150	.	190	250
Besatzung	4	4	4	4	4
Bewaffnung	1 K 85	1 K 122	1 K 122	1 K 122	1 K 122
	3 MG 7,6	3 MG 7,6	1 MG 12,7	1 MG 12,7	2 MG 12,7
			3 MG 7,6	1 MG 7,6	

Entwicklung und Fertigung:

1941 Forderung auf verstärkte Panzerung (gegen 5 cm Pak), nur 4-Mann-Besatzung, 85 mm-Kanone, ohne Gewichtsvermehrung gegenüber KW-1 S. Konstruktions-Kollektiv unter Leitung von S. J. Kotin.

1943 Kleine Serie JS-1 A mit 85 mm Kanone (auch JS-85) und 100 mm K (JS-100).

1944 Größere Serie JS-2 mit 122-mm-Kanone und Umbewaffnung der JS-1 A auf 122-mm-Kanone (JS-1 B). Produktion ca. 2.350 Stück.

1944 Umstellung der Serie auf den in der Formgebung völlig neu entwickelten JS-3.

1957 T-10 erstmalig im Truppengebrauch.

Abarten:

JagdPz JSU-122 (A 19), JSU-122 (D-25 S.). SturmPz JSU-152.

Besondere Merkmale:

JS-1 Laufwerk der KW-Baureihe, jedoch kleineres Leitrad. Oberer Kettenstrang niedriger. Übergreifender Panzerkastenoberteil mit senkrechten Wänden. Senkrechte Fahrerfront. Großer Gußturm mit dicker vorstehender Walzenblende und Heckauslage mit MG in Kugelblende. Große, nicht drehbare Kommandantenkuppel mit Sehschlitzen.

JS-2 Abgeschrägte Fahrerfront, FlaMG. Neues Planeten-Lenkgetriebe von A. I. Blagonrawow.

JS-3 Fahrerfront aus zwei in flachem Winkel gegeneinander gestellten, fünfeckigen Platten. Panzerkastenoberteil nach innen abgeschrägt, durch Kettenabdeckung mit Werkzeugkästen verdeckt. Verhältnismäßig kleiner, allseits stark abgeschrägter Turm ohne Fangstellen und Kuppeln.

T-10 Verlängertes Fahrgestell, stärkerer Motor, breite flache Kuppeln.

Verwendung:

Seit 1943 bei Heeres- (Garde-Pz-Durchbruchs-) Rgt, später bei schweren Pz/SturmgeschützRgt der PzKorps und -Div. Auch bei Warschauer-Pakt-Staaten.

1956 50 Stück JS-3 in Ägypten.

1962 50 Stück JS-2 in Kuba.

SOWJETUNION

Beurteilung:
JS-1 bis 2 hohe Feuerkraft (etwa entspr. der deutschen 8,8 cm Kanone), gute Panzerung, geringe Beweglichkeit. Fortschrittliche, teils noch ungünstige Formgebung. JS-3 ausgezeichnete Formgebung, schwache Feuerleiteinrichtungen, geringes Leistungsgewicht. T-10 gute Feuerleiteinrichtungen, jedoch kein E-Messer, geringe Feuergeschwindigkeit, verbesserte Beweglichkeit.

SOWJETUNION

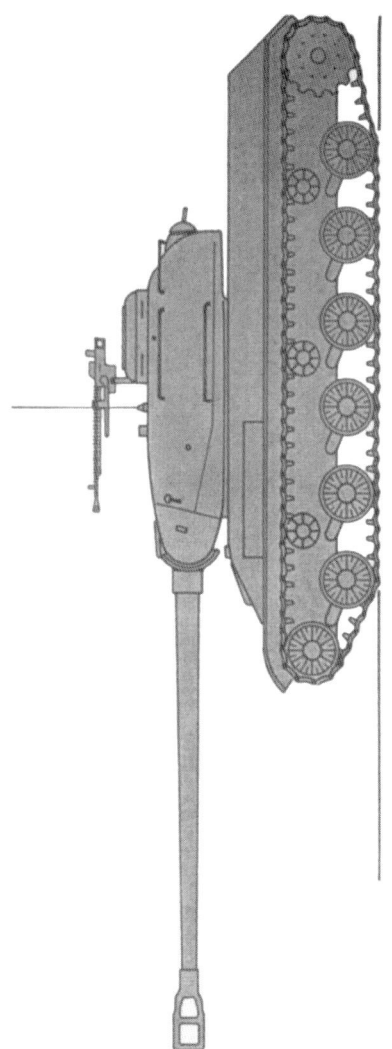

Abb. 311: **JS-2**

SOWJETUNION

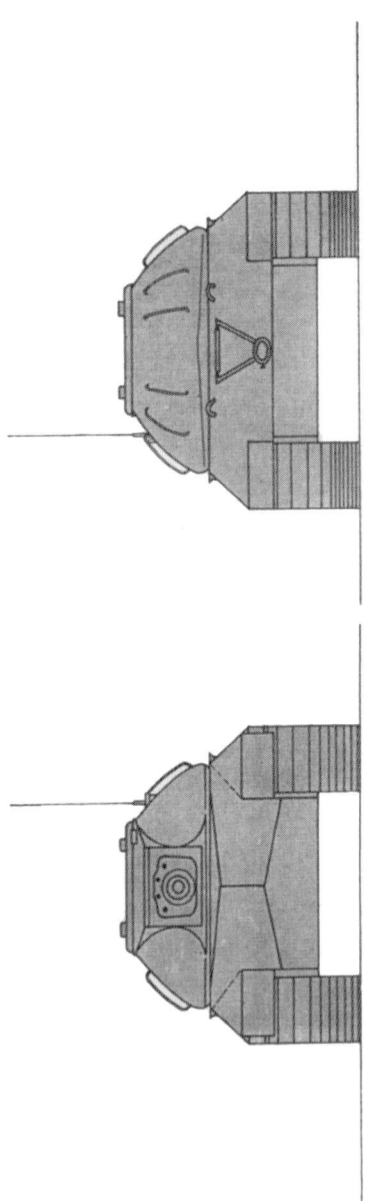

Abb. 312 a, b: **JS-3**

SOWJETUNION

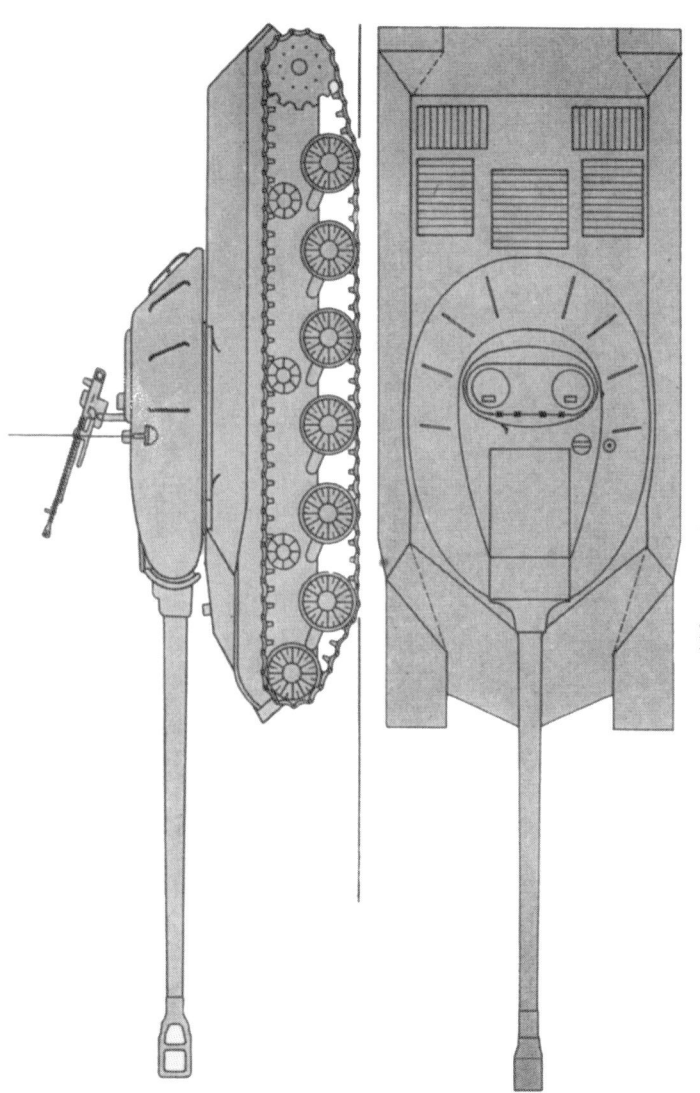

Abb. 312 c, d: **JS-3**

SOWJETUNION

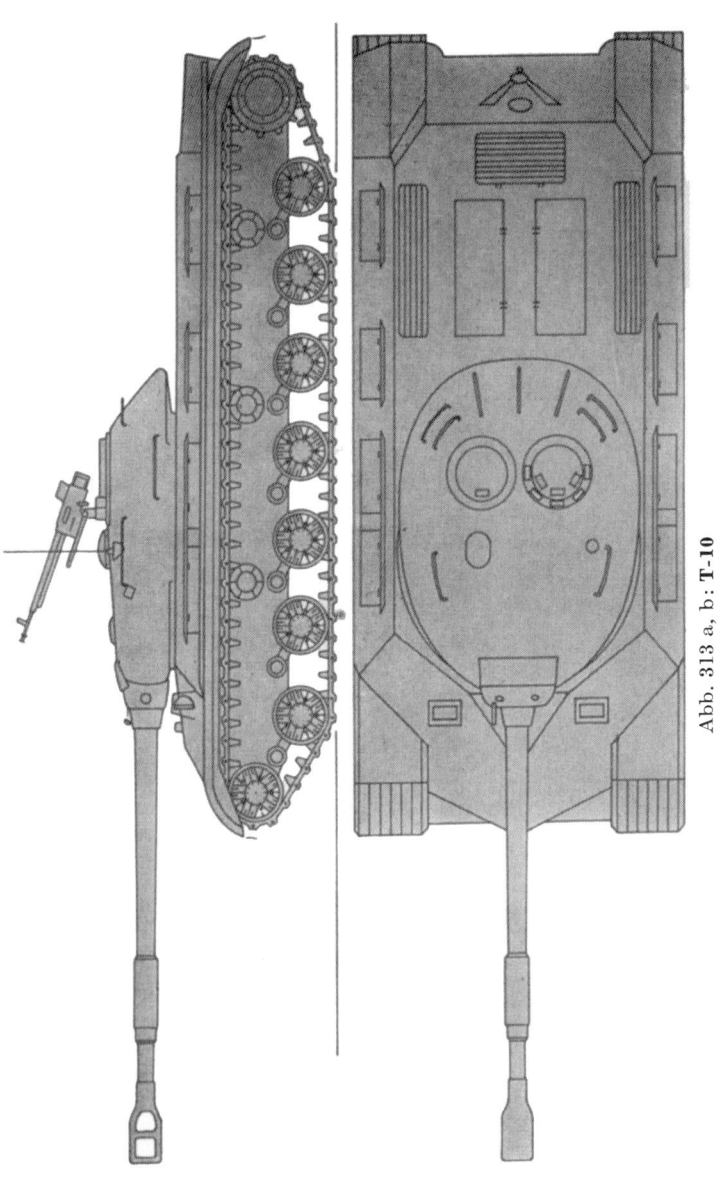

Abb. 313 a, b: **T-10**

SOWJETUNION

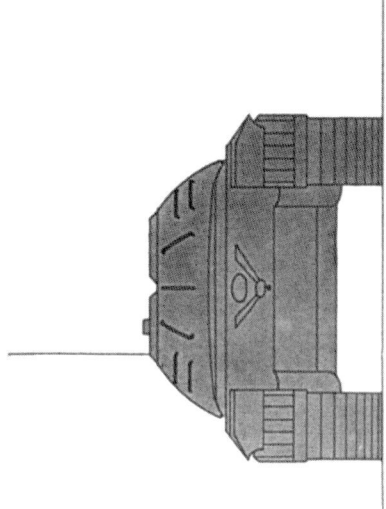
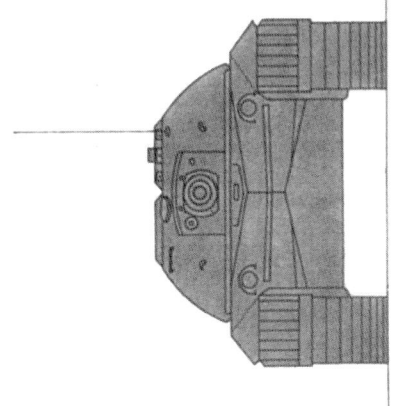

Abb. 313 c, d: **T-10**

SOWJETUNION

Abb. 314: **JS-1**

Abb. 315: **JS-2**

SOWJETUNION

Abb. 316: **JS-3** (auch **JS-4** genannt), Ägypten, 1964

Abb. 317: **JS-3**, Ägypten, 1964

SOWJETUNION

Abb. 318: Kampfpanzer **T-10** mit 122 mm Bordkanone, 1957

SOWJETUNION

Baureihe **T-54**

	T-44	A	B	C	D	T-62
Gewicht	31,9	36				
Länge	6,09	6,00				
Breite	3,14	3,27				
Höhe	2,41	2,40				
Panzerung	120 (75)	105 (75)				
PS	520	580				
km/h	50	55				
Fahrbereich	235	350				
Besatzung	4	4				
Bewaffnung	1 K 85	1 K 100				1 K 115
	2 MG 7,6	1 MG 12,7				1 MG 7,6
		2 MG 7,6				

Entwicklung und Fertigung:
1944 Forderung auf Verbesserung der Formgebung des T-34/85 bei Beibehaltung der wesentlichen Bauelemente.
1945 Kleine Serie T-44 mit neuem 85-mm-Turm auf niedrigerer und breiterer Wanne, quergelegter Motor.
1954 Großserie T-54 A mit 100-mm-Turm für verbesserte Kanone des SU-100 (D-10 S M 1944) und 12,7 mm FlaMG auf Ladeschützenluke.
1955 T-54 B mit stabilisierter BordK und Rauchabsauger.
1961 T-54 C mit IR-Ausstattung und behelfsmäßiger Tiefwat- und Taucheinrichtung.
1961 T-54 D serienmäßig IR-Ausstattung und tauchfähig (auch T-55 benannt).
1963 Verbesserte Ausf. T-54 E
1963 T-62 mit neuer K

Abarten:
BrückenPz T-54 MTU, RäumPz T-54 PT-54, RäumschaufelPz T-54 BTU, FlakPz ZSU-2-57. JagdPz M 1962. JagdPz auf T-54 von 1962.

Besondere Merkmale:
6 große Laufräder, keine Stützrollen, Abstand zwischen erstem und zweitem Laufrad. Skelettgliederkette. Niedrige Panzerwanne, nur für den Turmdrehkranz über das Fahrgestell greifend. Querliegender Dieselmotor, Auspuffkrümmer links. Zusatz-Betriebsstofftanks auf der rechten Kettenabdeckung.

T-44 großer, flacher Gußturm mit Heckauslage, Walzenblende.
T-54 A kuppelartiger, eiförmig abgerundeter Turm ohne Fangstellen; lange, schlanke Kanone mit Mündungsring vor Schlitzblende; Kdt-Kuppel mit drehbarem Oberteil, Ladeschützenluke rechts mit FlaMG-Drehring.
T-54 B Rauchabsauger an der Mündung.
T-54 C ohne FlaMG mit achsparallelem 35 cm IR-Scheinwerfer für 1000 m auf Bordkanone und 15 cm Scheinwerfer für 500 m auf KdtKuppel, dazu IR-Fahrscheinwerfer für 60 m. Tauchfähig mit Schnorchel, aufsetzbar auf Ladeschützenoptik. Erhöhter Kasten auf Kettenabdeckung hinten links. Keine Ventilatorkuppel.
T-54 D wie T-54 C. IR-Zielscheinwerfer auf Gestänge an rechter Turmfront.

SOWJETUNION

T-54 E Glatter Sockel der Kdt-Kuppel
T-62 K mit Rauchabsauger in der Mitte. Abstand zwischen 3. und 4. sowie 4. und 5. Laufrad.

Verwendung:
Seit 1955 Standardausstattung der mittleren PzRgt und der PzBtl der Mot-SchtzRgt. Auch in allen Satellitenstaaten, Finnland, Syrien.

Beurteilung:
Langjährig erprobte, ausgereifte Konstruktion, die in idealer Weise die Forderungen nach Einfachheit, Robustheit und Massenproduktionsfähigkeit mit den von einem neuzeitlichen KPz zu erwartenden Leistungen vereint. Der Turm ist hervorragend geformt und weist keine Fangstellen auf. Feuerkraft und Beweglichkeit ist zahlreichen schwereren Typen überlegen.

SOWJETUNION

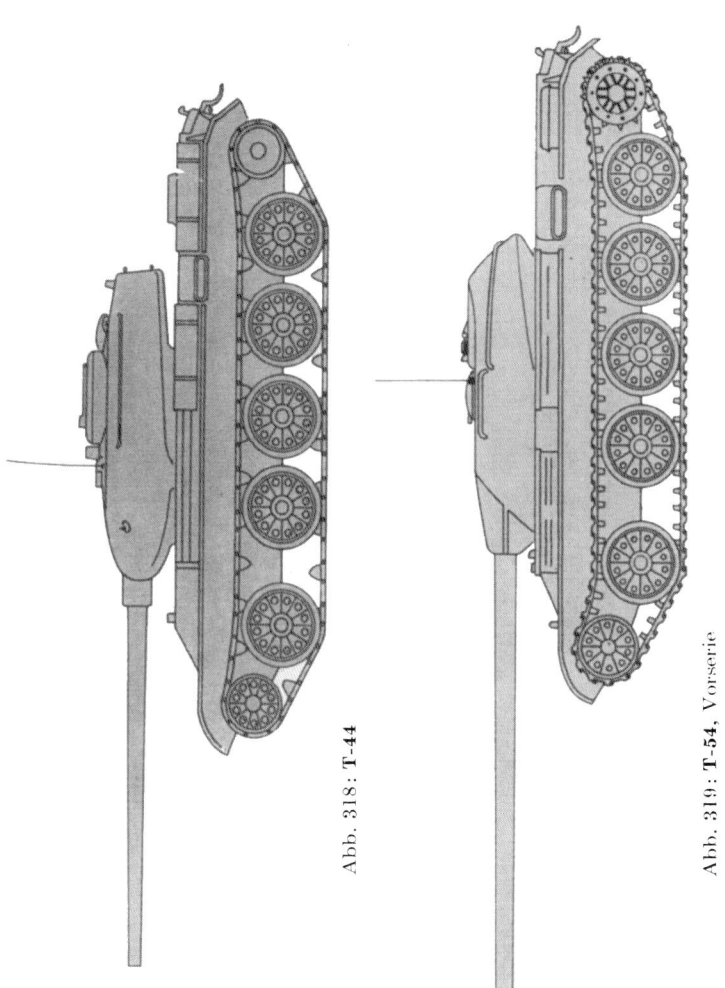

Abb. 318: **T-44**

Abb. 319: **T-54**, Vorserie

SOWJETUNION

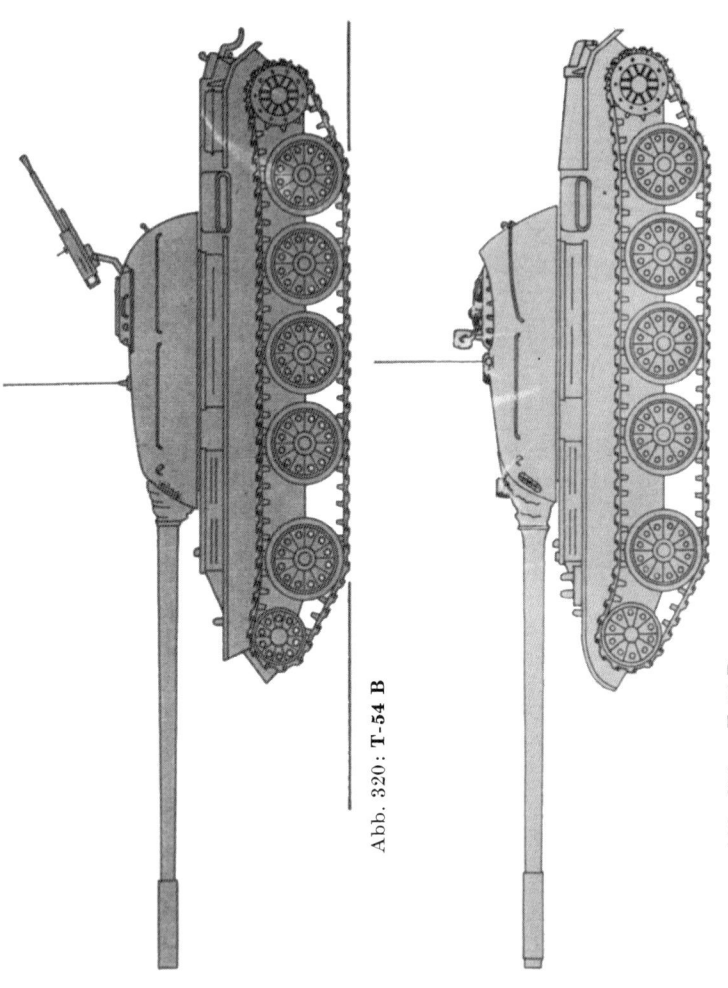

Abb. 320: T-54 B

Abb. 320 a: T-54 D

SOWJETUNION

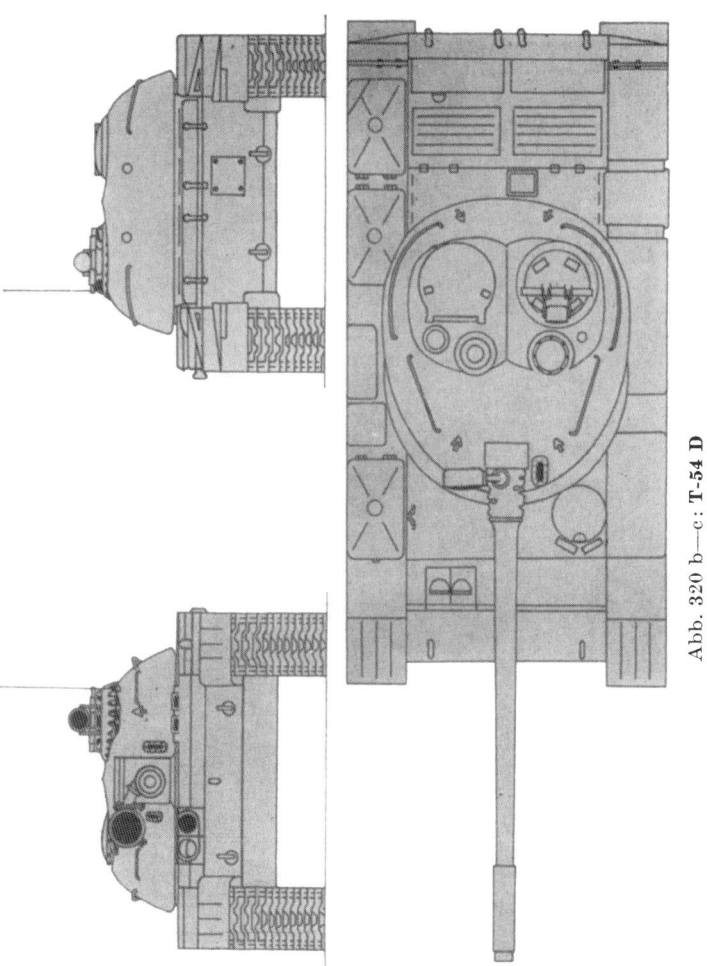

Abb. 320 b—c: **T-54 D**

SOWJETUNION

Abb. 321: **T-54** (Vorserie)

SOWJETUNION

Abb. 322: T-54 B

SOWJETUNION

Abb. 323: **T-54 A** mit Befestigungsstegen für Minensuchgerät

Abb. 324: **T-54 C** (1961/1. Ausf.)

SOWJETUNION

Abb. 325: **T-54 D** (1961/2. Ausf.)

Abb. 326: **T-54 E** (1963)

SOWJETUNION

Abb. 327: **T-62** (1965)

Abb. 327b: **T-54 D** mit Schnorchel

SOWJETUNION

Abb. 327c: **T-54 C.** Kommandantenoptik ausgebaut.

TSCHECHOSLOWAKEI

TSCHECHOSLOWAKEI

Baureihe **Mittlerer KPz**

	AH 43	AH IV	LT 35 (PzKpfWg 35 (t))	LTH
Gewicht	6,8	4,0	10,5	7,5
Länge	4,0	3,4	4,45	4,30
Breite	2,0	.	2.14	2,00
Höhe	1,8	1,88	2,20	1,90
Panzerung	.	15	25	.
PS	.	60	120	120
km/h	45	45	40	54
Fahrbereich	.	.	190	200
Besatzung	3—4	2	4	3
Bewaffnung	1 K 47 1—2 MG	2 MG	1 K 37 2 MG 7,9	1 K 24 1 MG 7,9

	F IV HE	CKD V8H	TNHP-S (PzKpfWg 38 (t))
Gewicht	6,2	16,5	9,7
Länge	5,05	5,25	4,90
Breite	2,45	2,25	2,06
Höhe	2,07	2,30	2,37
Panzerung	14	50	25
PS	120	245	125
km/h	56/5,6	45	42
Fahrbereich	145	125	230
Besatzung	3	4	4
Bewaffnung	1 MG 7,9	1 K 47 2 MG 7,9	1 K 37 2 MG 7,9

Entwicklung und Fertigung:

1933 AH 43 von Adamov (P II) als Standardmodell.
1935 LT 35 von Skoda (S2A) kleine Serie. Später PzKpfw 35 (t).
 LTH (CKD) verbesserter AH IV mit 24 mm K von Praha.
1934 AH IV Praha Prototyp mit 4 großen Rädern. AH IV Sv 80 PS, 50 km/h.
1936 F IV HE Prototyp Schwimmpanzer.
1937 V8H (CKD) Weiterentwicklung aus LT 35 mit stärkerer Panzerung.
1938 TNHP (LT 38) Verbesserter LTH von Ceskomoravska Praha Großserie. Später PzKpfw 38 (t) bis 1942.

Abarten:

Von TNHP (PzKpfw 38 t): 7,62 cm Pak Sf „Marder III" (344 Stück) ab März 1942; 7,5 cm Pak Sf „Marder III"; 15 cm s. J. G. Sf 38; Jagdpanzer „Hetzer"; Flammpanzer 38 (t), AufklPz 38 (t), FlakPz 38 (2 cm).
1945 Entwurf für Panzerjäger 38 (d) 7,5 cm L/70.

Besondere Merkmale:

LT 35 8 kleine Laufrollen, je 4 an einer Blattfeder. Genieteter, kastenförmiger Aufbau. Front-MG in Kugelblende.

TSCHECHOSLOWAKEI

TNHP 4 Laufrollen, paarweise an Blattfedern aufgehängt. Niedriger, kastenförmiger Aufbau mit meist senkrechten Wänden. Front-MG in Kugelblende.

Verwendung:
LTH Schweiz
LT 35 1940 bei 6. PzDiv 1. 6. 42 noch 167 Stück im Bestand. Seit 1939 auch in Ungarn („Turan") und Rumänien.
TNHP 1940 228 Stück bei 7. und 8. PzDiv an Stelle von PzKpfw III. 1. 7. 1941 763, 1. 4. 1942 522 Stück im Einsatz. Auch in Schweden.

Beurteilung:
LT 35 Gut durchkonstruiertes Fahrzeug. Druckluftunterstützung für Betätigung von Getriebe und Lenkung ermöglicht große Tagesmärsche.
TNHP Gut durchgebildetes Fahrzeug mit robustem und zuverlässigem, besonders für Schlammperioden gut geeignetem Fahrgestell. Zur Zeit seiner Einführung eines der modernsten Panzerfahrzeuge und allen anderen Typen seiner Gewichtsklasse überlegen.

Abb. 328: Panzerkampfwagen **35 (t)**

TSCHECHOSLOWAKEI

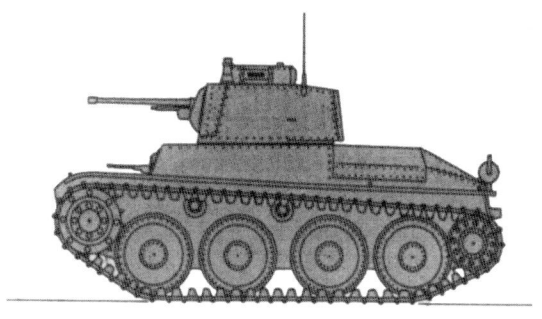

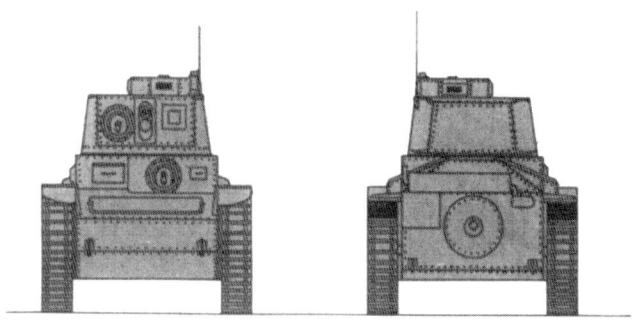

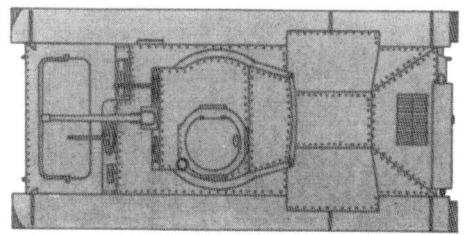

Abb. 329 a—d: Panzerkampfwagen **38 (t)**

TSCHECHOSLOWAKEI

Abb. 330a: **LT 35** PzKpfw **35** (t)

Abb. 330b: **TNHP** PzKpfw **38** (t)

USA

USA

Tank, Light, Ford M 1918

Gewicht	3,4
Länge	4,20
Breite	1,68
Höhe	1,62
Panzerung	13
PS	2×22,5
km/h	13
Fahrbereich	55
Besatzung	2
Bewaffnung	1 K 57 o.
	1 MG 7,6

Entwicklung und Fertigung:
Auf der Grundlage des Pkw Ford T 1918 als leichtes Massenfahrzeug entwickelt. 15 Stück hergestellt.

Besondere Merkmale:
Große Leiträder vorn, umlaufende Plattenkette, 6 kleine Laufräder. Kanone im Bug, Sporn im Heck. Kleine, runde Kuppel.

Verwendung:
15000 Stück 1918 bestellt, jedoch wegen des Kriegsendes nicht mehr hergestellt.

Beurteilung:
Billiger Infanteriekampfwagen von beschränkter Geländegängigkeit.

Abb. 331: Kleinkampfwagen **Ford M 18**

USA

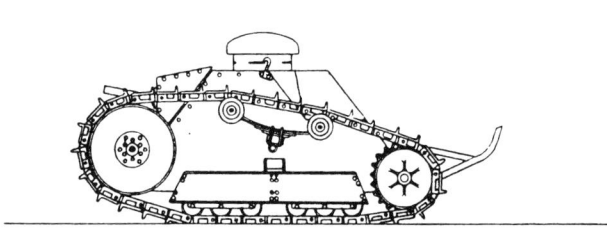

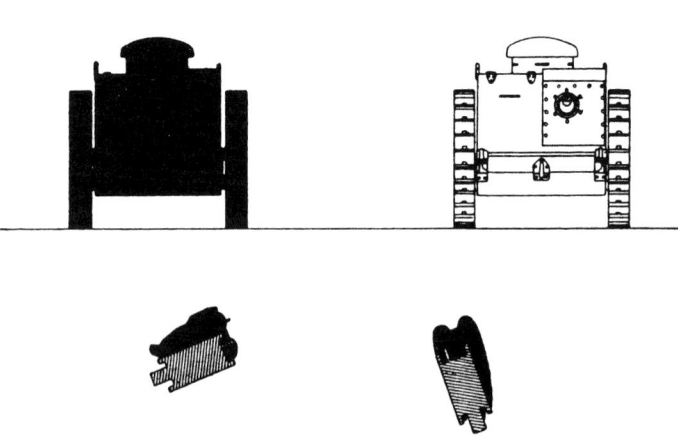

Abb. 332a—d: Kleinkampfwagen **Ford M 1918**

USA

Baureihe **Tank, Light, M1 (T1 E1)**

	T1	M1	T1 E2	T1 E3	T1 E4	T1 E6
Gewicht	6,8	6,8	8,1	7,7	8	8,3
Länge	3,80	3,8	3,87	3,87	4,60	4,57
Breite	1,79	1,79	1,89	1,79	2,20	2,03
Höhe	2,17	2,17	2,32	2,17	2,00	1,93
Panzerung	10	10	16	16	16	16
PS	106	106	132	132	150	248
km/h	32	29	29	35	37	37
Fahrbereich	105	120	120	120	160	.
Besatzung	2	2	2	2	4	4
Bewaffnung	1 K 37	1 K 37	1 K 37	1 K 37	1 K 37	1 K 37
	1 MG 7,6	1 MG 7,6	1 MG 7,6	1 MG 7,6	1 MG 7,6	1 MG 7,6

Entwicklung und Fertigung:
T1 1926, nach vorn überhängender Motorraum. T1 E2 vergrößert, E 3 hydraulische Federung, E4 1931 Vickers-Laufwerk, E5 Differentiallenkung, E6 stärkerer La France Motor, ab E4 Motor hinten. Laufwerk ähnlich britischem Vickers-Armstrongs 6 t Kampfwagen.

Besondere Merkmale:
Handelsübliches, ungefedertes Laufwerk. Stahlgußskelettketten, runder Drehturm im Heck.

Verwendung:
Infanteriebegleitpanzer in den leichten Divisions-PzKp, später Div-PzBtl der InfDiv.

Beurteilung:
Schwach gepanzert und bewaffnet. Erst die späteren Erprobungstypen erhielten zweckmäßige Laufwerke.

431

USA

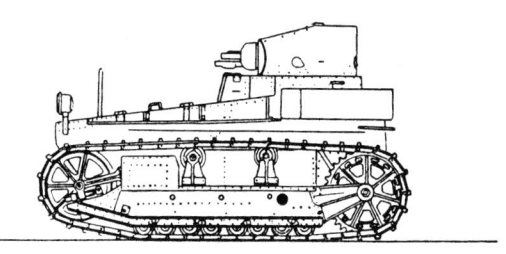

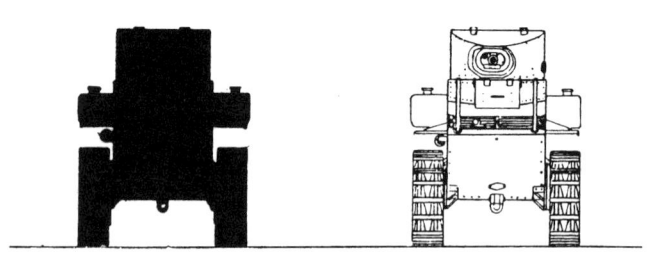

Abb. 333 a—d: Tank, **Light T 1 E 1**

USA

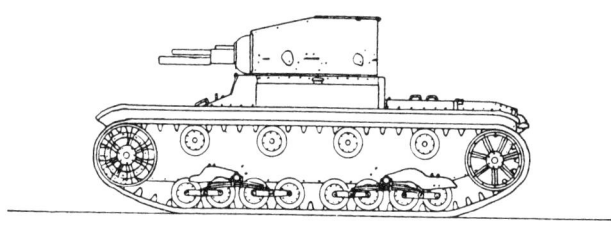

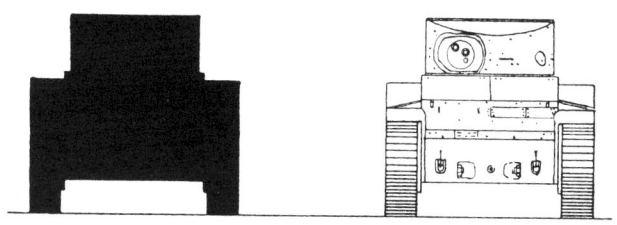

Abb. 334 a—d: Tank, **Light T1 E4**

USA

Abb. 335: **T1 E1**

Abb. 336: **T1 E2**

USA

Abb. 337: **T1 E3**

Abb. 338: **T1 E4**

USA

Baureihe **Tank, Medium M 1**

	M 1 (T 1 E 2)	T1 E1
Gewicht	21,6	23,6
Länge	6,53	7,92
Breite	2,41	2,68
Höhe	2,90	3,05
Panzerung	25	25
PS	312	195
km/h	22	25
Fahrbereich	120	257
Besatzung	4	4
Bewaffnung	1 K 37 2 MG 7,6	1 K 47 1 K 37 Bug 1 MG 12,7

Entwicklung und Fertigung:
1920 Entwicklungsbeginn eines mittleren KPz für Infanterieunterstützung.
1921 Prototyp A ähnlich britisch Mk D.
1922 T1 E1.
1925 T1, ab 1927 M1 bezeichnet, später T1 E2.

Besondere Merkmale:
A Flaches Umlaufkettenfahrgestell. Runder Drehturm vorn. Drehbarer Kommandantenturm. Geschlossene Kette.
T1 E1 Laufwerk vorn niedriger. Holzpolster auf der Kette.
M1 wie A, Stahlskelettketten.

Verwendung: Versuchsfahrzeuge.

Beurteilung:
Schwere Infanterie-Unterstützungsfahrzeuge von geringer Beweglichkeit.

Abb. 339: Medium Tank **T1 E1**, 1922

USA

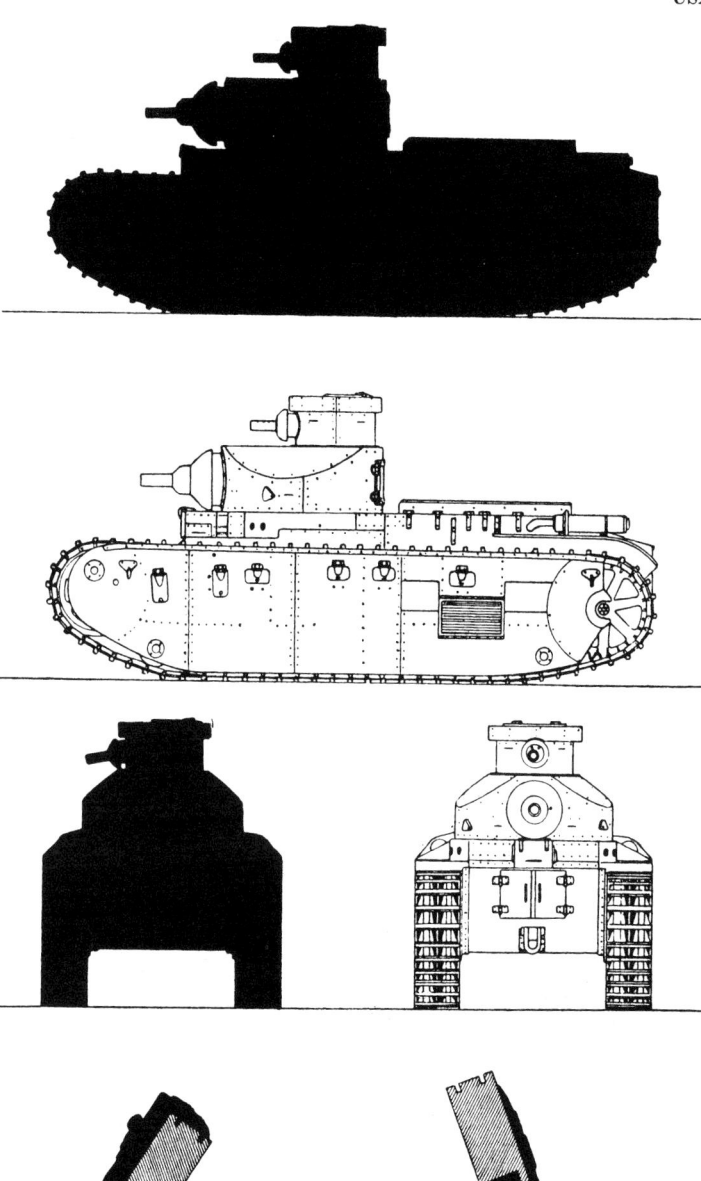

Abb. 339 a—d: Tank, Medium, **M 1** (T1 E2)

USA

Baureihe **Tank, Medium T 2**

Gewicht	14,3
Länge	4,88
Breite	2,44
Höhe	2,77
Panzerung	19
PS	312
km/h	40
Fahrbereich	145
Besatzung	4
Bewaffnung	1 K 47
	1 MG 12,7
	2 MG 7,6

Entwicklung und Fertigung:
Forderung der Infanterie auf leichteren Typ mit Höchstgewicht 14 t.
1930   T2 nach dem Vorbild des britischen Vickers Medium Mk I.
1932   T2 E1 mit niedrigerem Aufbau.

Besondere Merkmale:
Gepanzertes Laufwerk mit vielen kleinen Rollen. Hoher kastenartiger Aufbau. Motor vorn. Runder abgeflachter Drehturm mit Kanone in Tellerblende. Flache Kuppel.

Verwendung: Versuch.

Beurteilung:
Das geforderte geringe Gewicht führte zu einem engen, hohen Aufbau.

Abb. 341: Medium Tank **T2**, 1929

USA

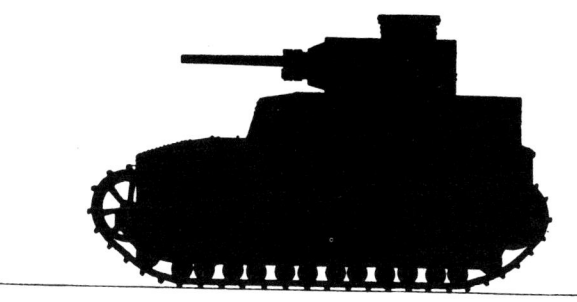
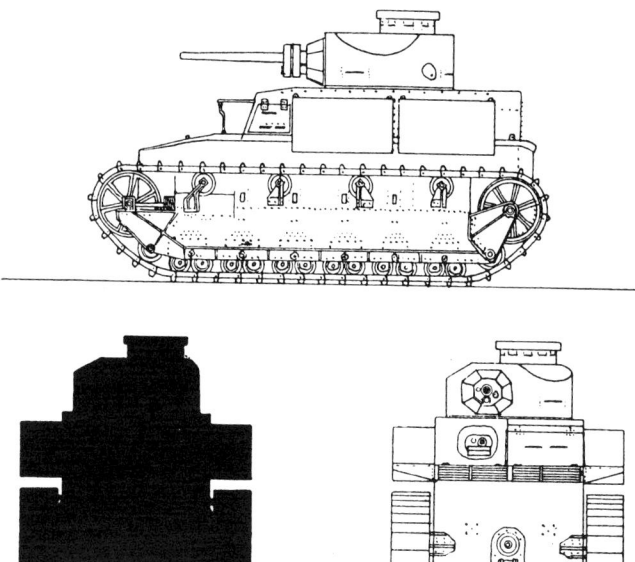

Abb. 342a—d: Tank, Medium **T2**

USA

Baureihe **Combat Car T1** = **Tank Medium T3**

	CC T1	TkMed T3	TkMed T3 E2	CC T1 E3
Gewicht	9,5	10	11	5
Länge	5,44	5,49	5,82	6,6
Breite	2,24	2,23	2,44	2,3
Höhe	2,21	2,29	2,30	2,30
Panzerung	16	16	22	13
PS	338	338	555	760
km/h	80/48	76/43	120/60	193/96
Fahrbereich	402/272	402/241	.	.
Besatzung	3	3	5	3
Bewaffnung	1 MG 12,7	1 K 37	1 K 37	1 K 37
	1 MG 7,6	1 MG 7,6	4 MG 7,6	1 MG 7,6

Entwicklung und Fertigung:
Von Walter Christie wurde 1919 das erste Räder-Kettenfahrzeug entwickelt. Typ 1921—23 war zusätzlich schwimmfähig. Typ 1928 erreichte 120 km/h bei 44 PS/t! 1931 wurden 7 Prototypen eingeführt. Export nach UdSSR, dort weiterentwickelt in der BT-Baureihe bis zum T-54. CC T1 E1 mit Zahnrad- statt Kettenantrieb, E3 mit La France Motor. T3 E2 1931 gebaut bei American La France Corp.
Typ 1933 private Weiterentwicklung als „Rennwagen".

Besondere Merkmale:
4 große Laufräder je Seite, gesenkgeschmiedete Stahlkette. Spiralfedern an Kurbeln. Triebrad hinten. Vorderräder lenkbar bei Radfahrt.
Typ 1932 ohne Turm mit K in Fahrerfront.

Verwendung:
1931 3 Tk Med T3 bei Inf, 4 CC T1 bei Kav als Versuchsfahrzeuge.
1932 5 weitere T3 E2 für Inf.

Beurteilung:
Sehr fortschrittliche Entwicklung. Doppelte Geschwindigkeit gegenüber gleichzeitigen Infanteriepanzern. Außergewöhnlich hohes Leistungsgewicht (36 PS/t), das später nie wieder bei einem Panzerfahrzeug erreicht worden ist. Die Fahrt auf Rädern beanspruchte das Laufwerk stark. Wechsel von Ketten- zu Radfahrt dauerte $\frac{1}{2}$ Stunde.

USA

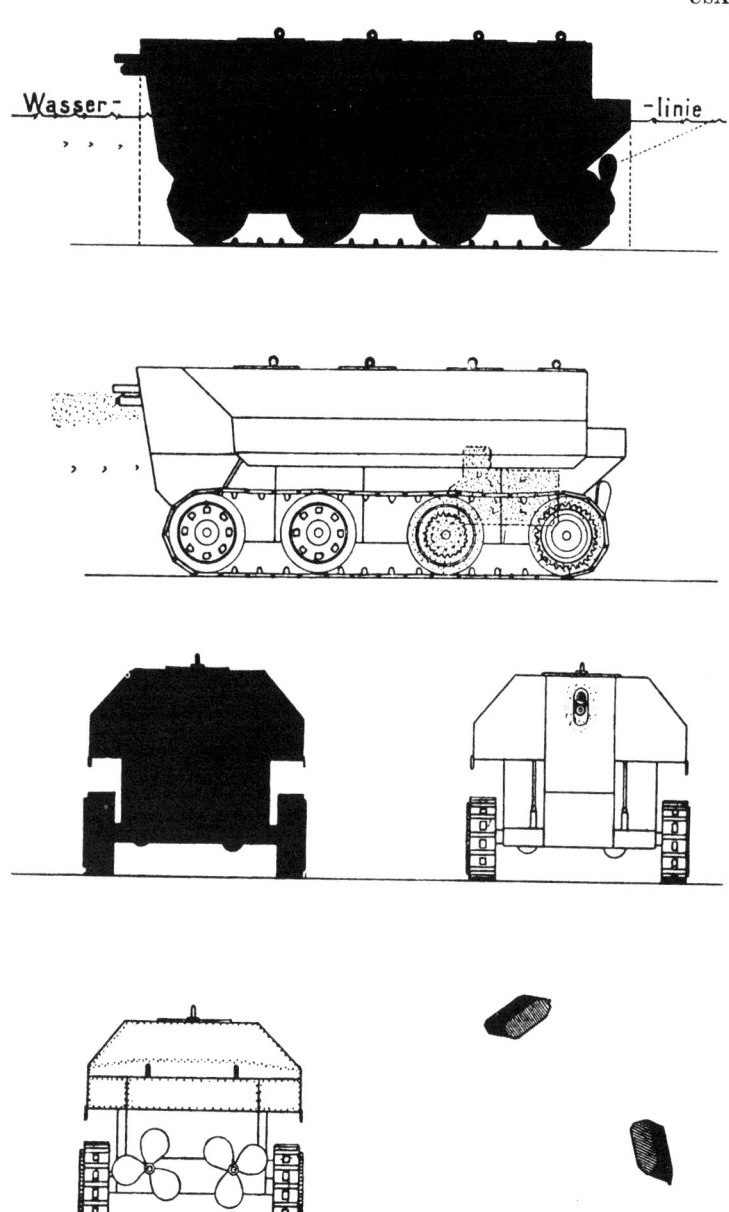

Abb. 343a—e: **Christie Tank 1923**

USA

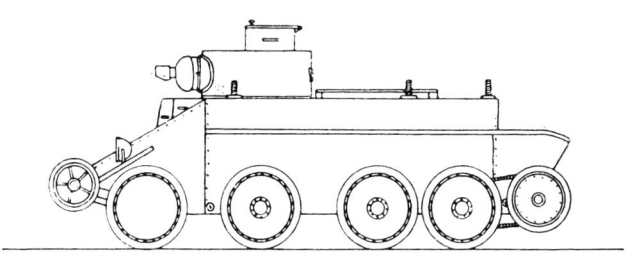

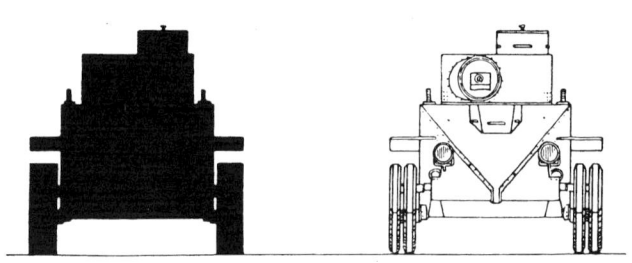

Abb. 344 a—d: Tank, Medium **T 3**, Combat Car **T 1**

USA

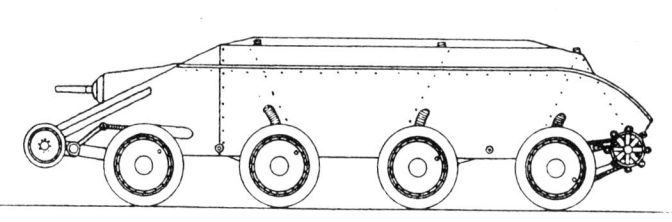

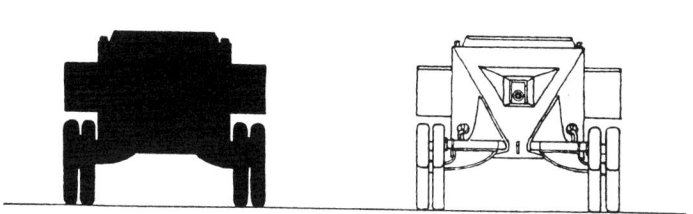

Abb. 345a—d: **Christie Tank 1932**

USA

Abb. 346: **Christie Tank 1928**

Abb. 347: Tank, Medium **T 3**, 1931. Stammvater der englischen Kreuzer-KPz und der sowjetischen Schnellkampfwagen BT

Abb. 347a: **Christie Tank 1932**, 8 luftbereifte Doppelräder. Leichtmetall. 152—169 PS/t! 193 km/h! Beförderung durch Flugzeug geplant

USA

Baureihe **Combat Car T2** (Früher **Armored Car T5**)

	T2	T2 E1	Christie 33 I	Christie 38
Gewicht	7,7	8,3	2,2	5,6
Länge	4,49	4,05	4,32	.
Breite	1,90	.	2,13	.
Höhe	2,26	.	1,82	.
Panzerung	13	13	14	14
PS	167	167	250	430
km/h	48/32	.	90/45	86
Fahrbereich	200/160	.	.	.
Besatzung	3—4	.	3	.
Bewaffnung	1 MG 12,7	1 K 37	1 K 37 Bug	
	1 MG 7,6	1 MG 7,6	1 MG 7,6	

Entwicklung und Fertigung:
T 2, 1931 von Christie.
T 2 E 1 ,1932, Veränderte Wanne, Continental-Motor.
T 3, 1933, 47 mm K und 12,7 mm MG im Turm, 37 mm K und 7,6 MG im Bug.
Typen 1933 I und II und 1938 private Weiterentwicklung von Christie LL-Panzer 1941.

Besondere Merkmale:
T 2 Räder-Kettenlaufwerk. 6 gummibereifte Doppelräder. Vorderräder lenkbar. Aluminiumkette abnehmbar. Außen liegende Blattfedern für hinteres Radpaar. Turm wie Armored Car (Spähpanzer) T 4.
Christie 1933 I   nur 4 Räder, abnehmbare Leiträder vorn, Bug-K, 113 PS/t.
Christie 1933 II 6 Räder.
Christie 1938   8 Räder, 77 PS/t, 86 km/h.
Christie 1941   LL-Panzer, 6 Räder, Bug-K, 108 km/h!

Verwendung:
Zunächst als Rad-Spähpanzer mit Hilfsketten, dann als Kavallerie-Kampfpanzer in Truppenversuch.

Beurteilung:
Gutes Leistungsgewicht. Als Radfahrzeug zu anfällig, auf Ketten nicht so leistungsfähig wie Fahrzeuge mit reinem Kettenlaufwerk.

USA

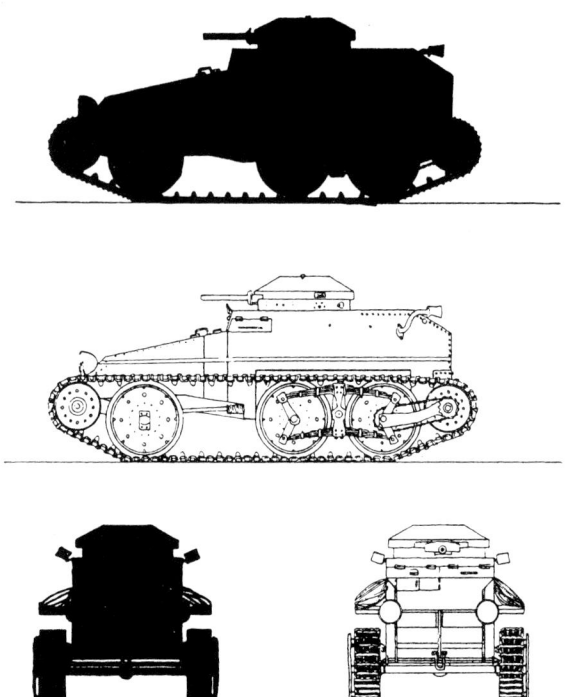

Abb. 348 a—d: Combat Car **T 2**

Abb. 349: Combat Car **T 2**

USA

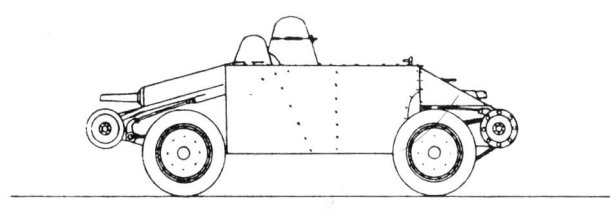

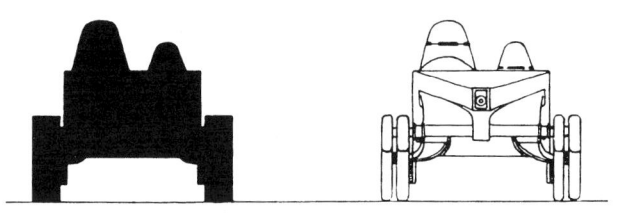

Abb. 350a—d: **Christie Tank 1933 I**

USA

Abb. 351: **Christie Tank** 1933 I

Abb. 352: **Christie Tank 1938**

USA

Baureihe **Combat Car T 4**

	CC T4	CC T4 E1 Tk Med T4	CC T4 E2 Tk Med T4 E1
Gewicht	8,6	12,3	
Länge	4,75	4,91	
Breite	2,34	2,50	
Höhe	1,58	2,21	
Panzerung	10	15	
PS	268	268	
km/h	79/47	110/56	
Fahrbereich	.	190/89	
Besatzung	3	4	
Bewaffnung	2 MG 7,6	1 MG 12,7 1 MG 7,6	

Entwicklung und Fertigung:
T4, 1933, Christie-Prototyp, durch Army-Ordnance gebaut.
T4 E1, 1934, verbesserte Panzerung (Tank, Med T4 1936).
T4 E2, 1936, Kasematte statt Drehturm (Tank, Med T4 E1).

Besondere Merkmale:
Symmetrisch angeordnetes Laufwerk mit 4 Rädern. Zweites Radpaar für Räderfahrt anhebbar. Erstes Radpaar lenkbar. Kettenantrieb durch Triebrad hinten.

Verwendung:
Versuchsfahrzeuge bei Kavallerie und Infanterie.

Beurteilung:
Sehr gutes Leistungsgewicht (31 PS/t!), Schnell auf der Straße, geländegängig auf Ketten. Laufwerk bei Radfahrt sehr empfindlich. Umstellung von Rad auf Kette dauerte ziemlich lange (½ Std). Schwache Bewaffnung, Infanterie-Version mit Kasematte als „Fahrender Bunker" weit hinter der Konzeption mechanisierter Verbände zurück. Während die Sowjets den ähnlichen BT damals in Mengen produzierten, wurde die Christie-Lösung in USA nicht weiter verfolgt.

USA

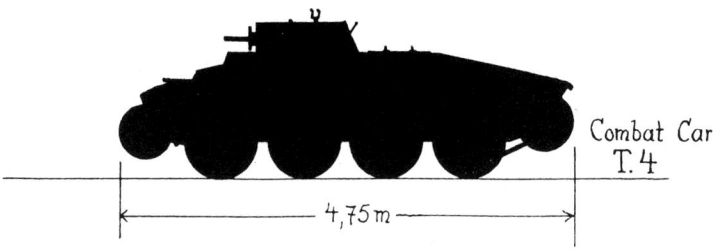

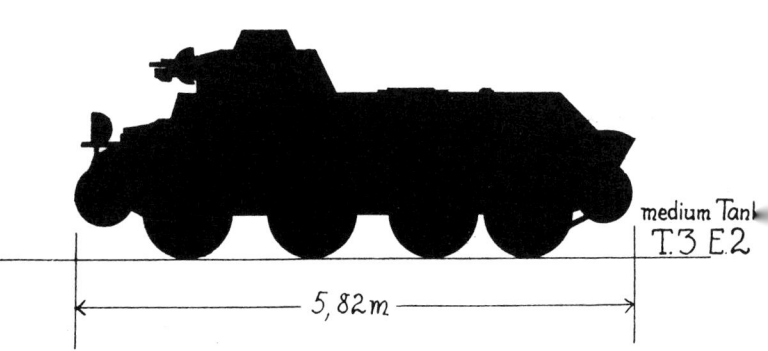

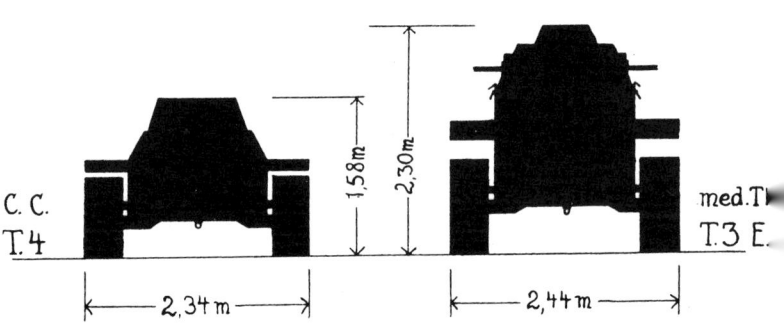

Abb. 353a—d: Größenvergleich Combat Car **T4** und Tank, Medium **T3 E2**

USA

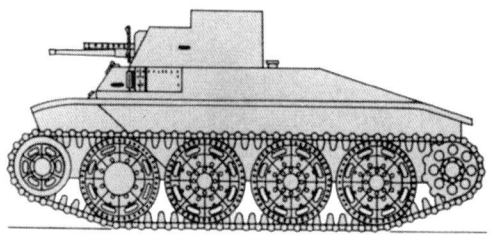

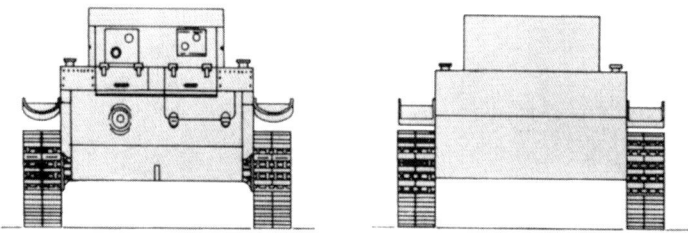

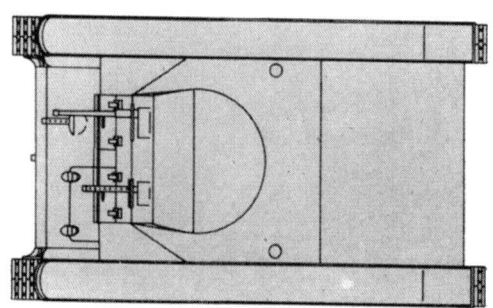

Abb. 354a—d: Combat Car **T4 E 1**

USA

Abb. 355: Combat Car **T4 E1**, 1934
Medium Tank **T4**, 1936

Abb. 356: Combat Car **T4 E2**, 1936
Medium Tank **T4 E1**, 1936

USA

Baureihe **Combat Car M 1** = **Tank Light M 1**

Gewicht	9,7
Länge	4,14
Breite	2,10
Höhe	2,36
Panzerung	15
PS (Hb)	250
km/h	80
Fahrbereich	.
Besatzung	4
Bewaffnung	1 MG 12,7
	2 MG 7,62

Entwicklung und Fertigung:
Einheitsfahrzeuge für Zwecke der Kavallerie (mech.) und als Infanteriebegleitpanzer durch Ordnance, zunächst aus handelsüblichen Baugruppen entwickelt.

T5, 1934	2 Türme, Schraubenfedern.
T5 E1, 1935	Kasematte statt Drehturm.
T5 E2, 1935	1 Turm (M 1) (Tank, Light M 1 A 2).
T5 E3, 1936	Guiberson Motor.
T5 E4, 1938	Gummifederung.
M1 E1, 1937	Guiberson PS HP Motor.
M1 E2, 1937	Verlängertes Fahrgestell (M 2) (Light Tank M1 A1).
M1 A1, 1938	Serienproduktion.
M1 E3, 1938	Endlose Gummikette.

Besondere Merkmale:
4 Laufrollen paarweise aufgehängt. Sterntriebrad vorn. Leitrad, 2 Stützrollen. Kantiger, zylindrischer vorn abgeschrägter Turm. MG in Schartenblende. Bug-MG in Kugelblende.

Verwendung:
1939 Hauptausstattung der 1st und 13th CavRgt (mech) 7th CavBrig (mech). (112 Stück).

Beurteilung:
Mechanisch robust und zuverlässig. Den gleichzeitigen deutschen Typen I und II etwa entsprechend, jedoch stärker bewaffneten Kampfpanzern unterlegen.

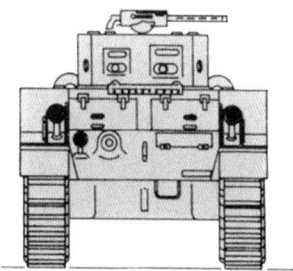 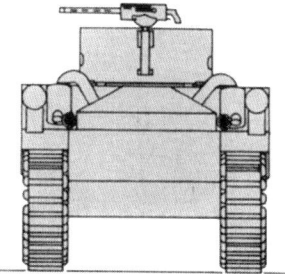

Abb. 357a, b: Combat Car **M 1**

USA

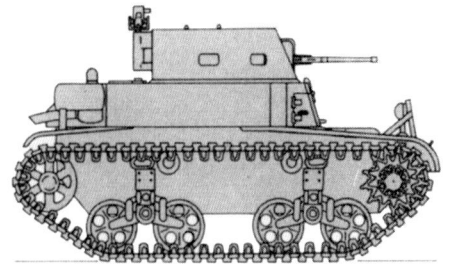

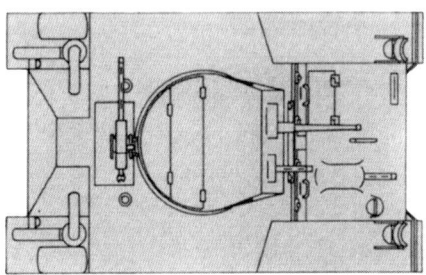

Abb. 357c, d: Combat Car **M 1**

Abb. 358: Combat Car **T 5**

USA

Baureihe **Tank, Light, M2 A1 (T2 E1)**

	A1	A2	A3	A4	A2 E3
Gewicht	9,7	9,7	9,1	11,5	9,6
Länge	4,37		4,42	.	3,69
Breite	2,19		2,50	.	2,47
Höhe	1,98		2,26	.	2,10
Panzerung	25		23	38	25
PS	250	250	250	.	165
km/h	72		61	68	48
Fahrbereich	160		209	.	377
Besatzung	4		4	4	4
Bewaffnung	1 MG 12,7	1 MG 12,7	1 MG 12,7	1 K 37	1 MG 12,7
	2 MG 7,6	2 MG 7,6	2 MG 7,6	4 MG 7,6	2 MG 7,6

Entwicklung und Fertigung:
Durch Ordnance für Infanterie

T2,	1934	Aus Fahrgestell T 1 E 6 und Aufbau Combat Car T 5, 2 Türme.
M2 A1,	1934	Schraubenfedern.
M2 A2, (T2 E2)	1937	2 Türme, (T 2 E 3 ohne Drehturm), runde Kuppel auf linkem Turm.
M2 A2 E1,	1937	Guiberson Diesel Motor.
M2 A2 E2,	1937	Dickerer Panzer.
M2 A2 E3,	1938	G 71 M Diesel und Leitrad.
M2 A3,	1938	Längere Kettenauflage, 6eckige Kuppel auf linkem Turm.
M2 A3 E1,	1939	Wie A 3 mit Guiberson Diesel.
M2 A3 E2,	1939	Elektrisches Getriebe.
M2 A3 E3,	1940	OM Diesel.
M2 A4,	1939	Stärkerer Panzer, flache Motorabdeckung.

Besondere Merkmale:
Laufwerk wie Combat Car M 1. Zwei kantige Türme mit 6eckiger Kuppel auf linkem Turm. Front-MG in Kugelblende.

Verwendung:
InfPzEinheiten der InfDiv. M 2 A 4 auch bei britischen Truppen 1941, jedoch nicht im Einsatz.

Beurteilung:
Wie Combat Car M 1. Zu schwach bewaffnet zum Kampf gegen Panzer.

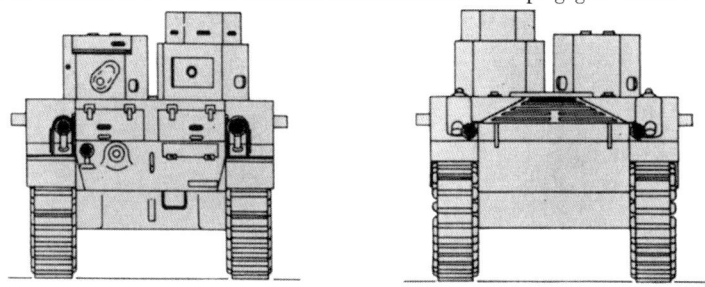

Abb. 359 a. b: Tank, Light **M2 A1**

USA

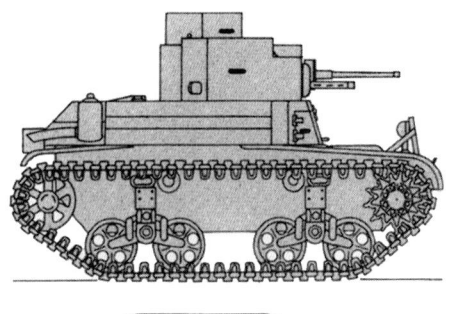

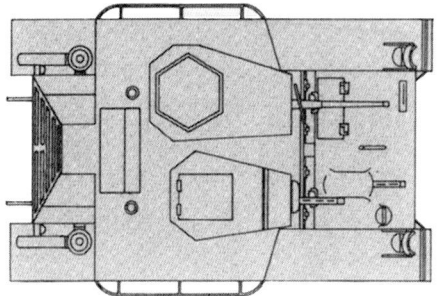

Abb. 359 c, d: Tank, Light **M2 A1**

Abb. 360: Light Tank **M2 A1**, 1937

USA

Baureihe **Tank Medium M2 (T5/I)**

	T5/I	M2	M2 A1
Gewicht	13,6	17,2	17,2
Länge	5,26	5,39	5,39
Breite	2,50	2,62	2,62
Höhe	2,74	2,84	2,86
Panzerung	25	25	25
PS	250	350	350
km/h	49	48	48
Fahrbereich	335	200	209
Besatzung	.	6	6
Bewaffnung	2 K 37	1 K 37	1 K 37
	6 MG 7,6	8 MG 7,6	8 MG 7,6

Entwicklung und Fertigung:

T5/I, 1938 Ordnance Entwicklung auf der Basis des Tank, Light, M2. Turm und Kasematte.
T5/III, 1938 Stärkerer Motor, breitere Ketten.
T5 E1, 1939, Guiberson Motor.
T5 E2, 1938, Sturmpanzer mit 75 mm Gebirgsgeschütz.
M2 A1, 1938, Verbesserte Turmform.

Besondere Merkmale:

Fahrgestell sehr ähnlich späterer M3- und M4-Baureihe. 6 Laufrollen, paarweise an Schraubenfedern. Schräge Front. 2 seitliche Kasematten mit MG. Kantiger Drehturm in der Mitte mit 37 mm Kanone in Tellerblende.

Verwendung:

Nur wenige Versuchsexemplare 1940 bei InfPzEinheiten.

Beurteilung:

Robustes Laufwerk. Sehr hoher Aufzug, zu schwache Bewaffnung. Durch deutsche und sowjetische Entwicklungen bei Kriegsbeginn überholt.

Abb. 361: Tank, Medium **M2**, in Lybien 1941

USA

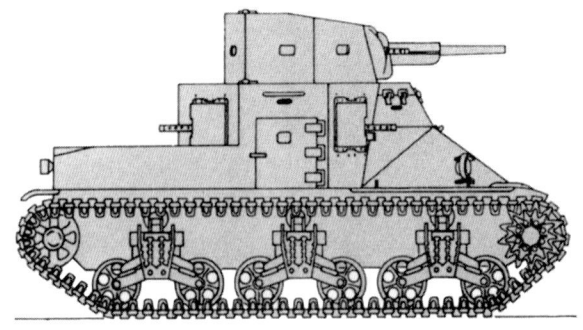

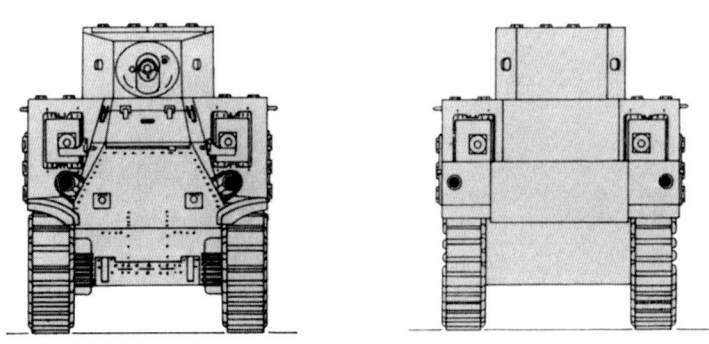

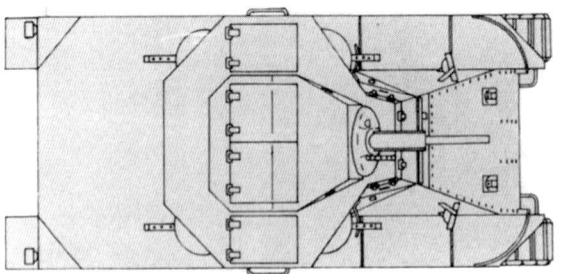

Abb. 362a—d: Tank, Medium **M2**

USA

Baureihe **Tank, Light M3** (britisch „**Stuart**")

	M3	M3 A1	M3 A3	M5	M5 A1
	Stuart I	Stuart III	Stuart V	Stuart VI	
Gewicht	12,3	13,0	12,3	15	15,3
Länge	4,46	4,45	5,03	4,84	4,85
Breite	2,30	2,22	2,23	2,28	2,29
Höhe	2,47	2,35	2,30	2,30	2,29
Panzerung	43	43	55 (50)	43	55 (50)
PS	250	220	220	2×121	2×121
km/h	57	59	59	64	64
Fahrbereich	112	135	175	270	257
Besatzung	4	4	4	4	4
Bewaffnung	1 K 37	1 K 37	1 K 37	1 K 37	1 K 37
	5 MG 7,6	3 MG 7,6	3 MG 7,6	3 MG 7,6	4 MG 7,6

Entwicklung und Fertigung:
1940 auf der Basis M 2 A 4.
1941 M3 A1
1942 M3 A3
1942 M5, M5 A1

Besondere Merkmale:
M3 (Stuart I)	Eckiger Turm, Kuppel. 2 MG in Kugelblende vorn seitlich.
M3 A1 (Stuart III)	Runder Turm.
M3 A3 (Stuart V)	Abgeschrägte Front und Seite. Turm mit Heckauslage.
M5	Turm ohne Heckauslage.
M5 A1 (Stuart VI)	Erhöhte Motorabdeckung, Turm mit Heckauslage.

Verwendung:
Juli 1941 3rd, 5th Royal Tanks, 8th Hussars der 4th (UK) Armd Brig in Nordafrika.
Ab 1942 bei allen US-PzAufklEinh und Gefechtsaufklärungszügen der PzBt

Beurteilung:
Schnelles, gut bewaffnetes Fahrzeug. Verhältnismäßig stark gepanzert.

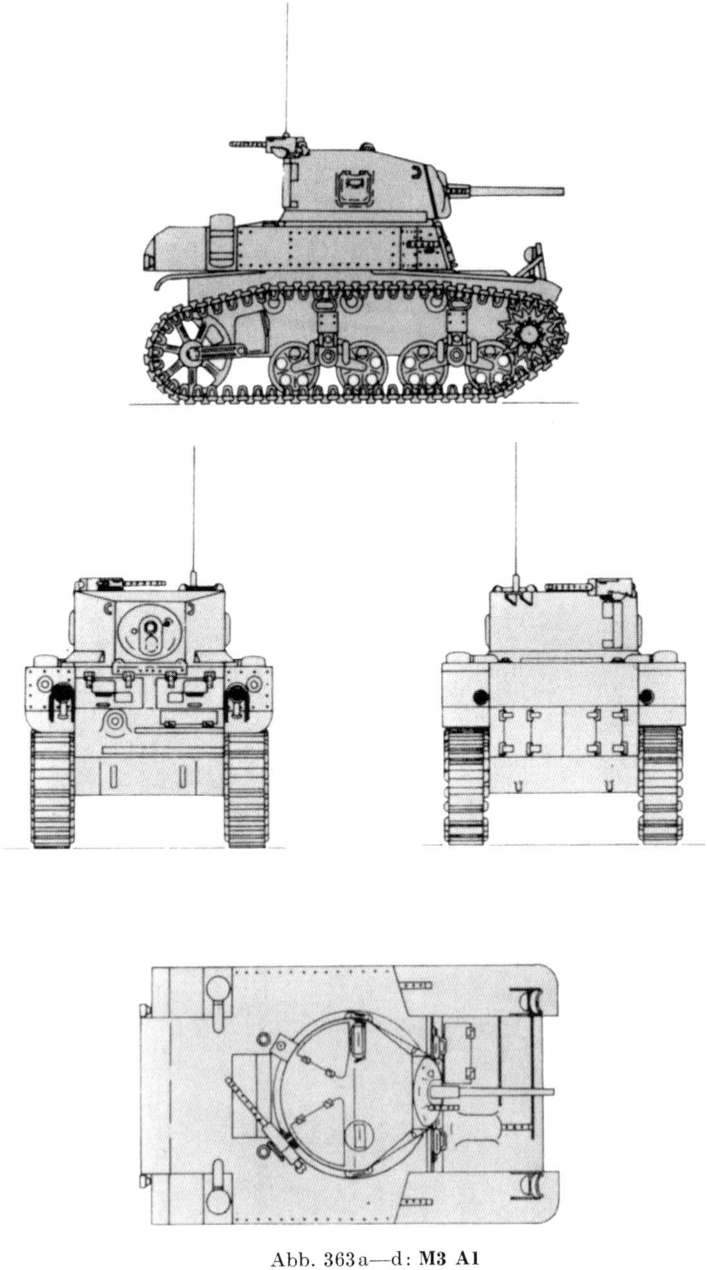

USA

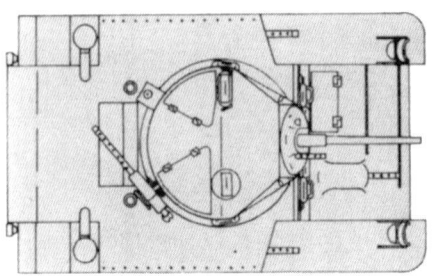

Abb. 363a—d: **M3 A1**

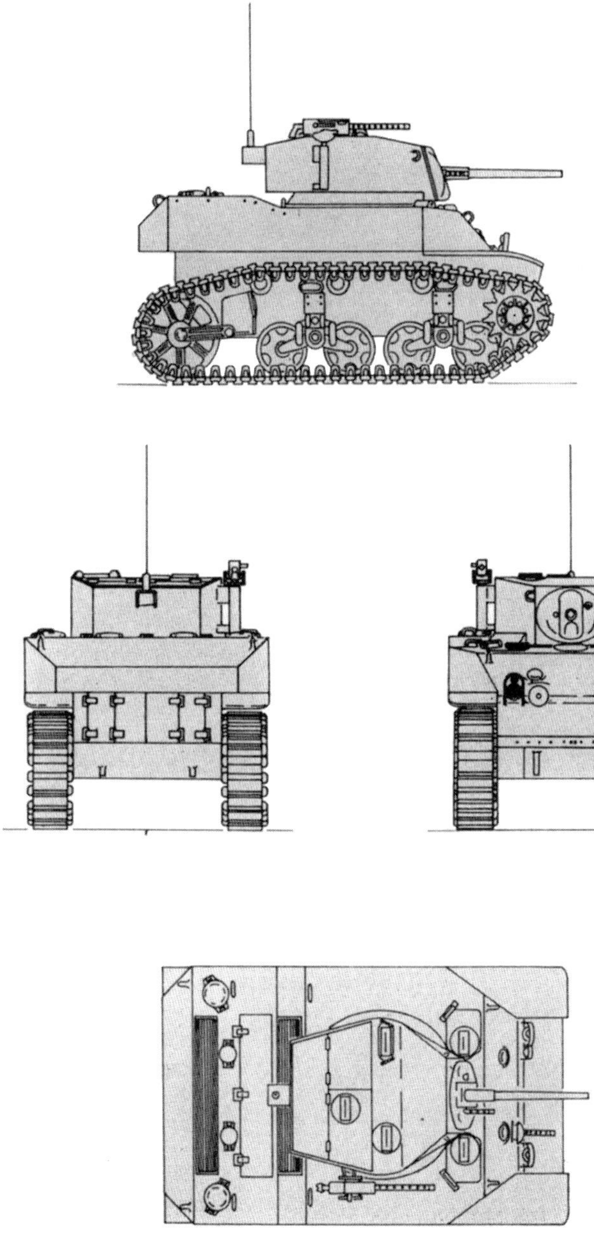

USA

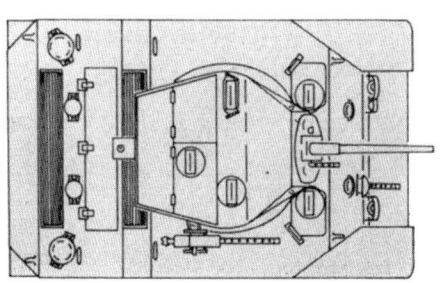

Abb. 364a—d: **M5 A1**

USA

Abb. 365: **M3 A1** („Stuart IV")

Abb. 366: **M3 A3** („Stuart V")

USA

Abb. 367: **M5 A1** (Brit. „Stuart VI")

Abb. 368: **M5 A1** (Brit. „Stuart VI")

USA

Baureihe **Tank, Medium, M 3** (britisch: „**General Lee**")

	M3	M3 A1	M3 A4	„General Grant"
Gewicht	28	29	29,6	28,5
Länge	5,65	5,64	.	5,66
Breite	2,75	2,73	.	2,74
Höhe	3,05	3,12	.	2,84
Panzerung	88 (65)	88 (65)	88 (65)	65
PS	340	420 (340DM)	5 × 85	400
km/h	42	40	40	40
Fahrbereich	300	193 (225)	193	232
Besatung	7	7	7	6
Bewaffnung	1 K 75	1 K 75	1 K 75	1 K 75
	1 K 37	1 K 37	1 K 37	1 K 37
	3—4 MG 7,6	3 MG 7,6	3 MG 7,6	4 MG 7,6

Entwicklung und Fertigung:
Militärische Forderung August 1940 auf KPz mit 75 mm K.
Aus T5 E2 1940 auf Grund der Kriegserfahrungen (Frankreichfeldzug) durch Ordnance entwickelt. Prototyp Jan. 1941. Mengenproduktion ab Juli 1941.

M3 E1, 1942:	Ford Motor.
M3 A1, 1941:	Gußpanzerung, Wright oder Guiberson Motor.
M3 A2, 1941:	Walzstahlpanzerung.
M3 A3, 1941:	2 Motoren 671.
M3 A4, 1942:	5 Chrysler Motoren, Walzstahl, genietet.
M3 A5, 1942:	2 Motoren 671, Walzstahl, genietet.
M3 BRITISH „C":	(„General Grant"), 1941, Funkerker am Turm.

Besondere Merkmale:
Laufwerk wie M 2. Genieteter Panzerkasten. 75 mm Kanone in Kasematte in der rechten Frontseite. 37 mm Drehturm mit stabilisierter Kanone. „General Grant" Gußturm ohne Kuppel.

Verwendung:
Mittlere PzRgt der USPzDiv Typ 1940 (108 Stück). 317 ab Anfang 1942 bei 8th (UK) Army in Nordafrika, davon Mai 1942 je 50 bei 2nd und 22nd Armoured Brigade.

Beurteilung:
Sehr ungünstig geformtes Übergangsmuster zur Unterbringung der 75 mm Kanone, für die noch kein Drehturm zur Verfügung stand. Auf 1 000 m Durchschlag der Frontpanzerung der deutschen Panzertypen I—IV, kurz, von denen auf die gleiche Entfernung nur der III mit 5 cm KwK, lang (L/60) die Panzerung des M 3 durchschlagen konnte.

USA

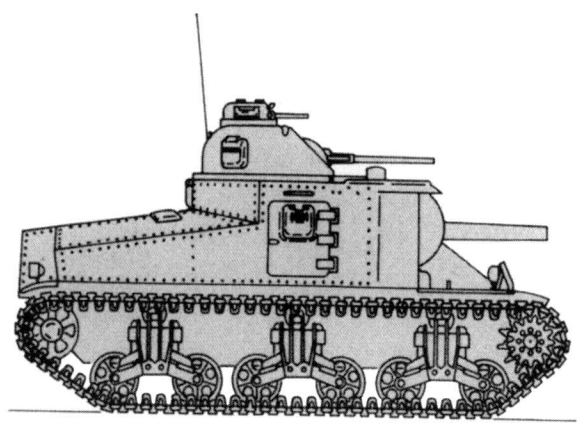

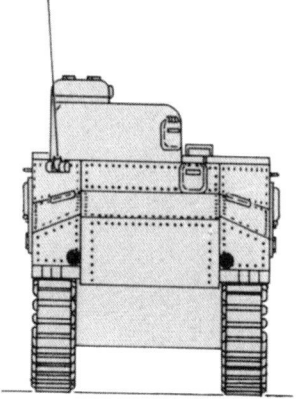
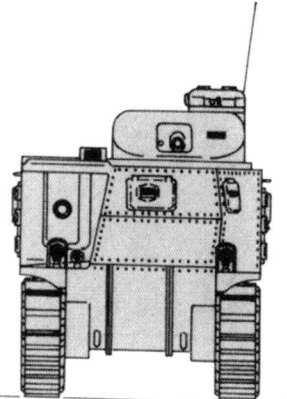

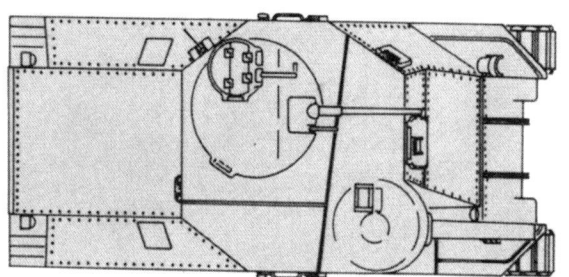

Abb. 369a—d: **M3 A2**

USA

Abb. 370: **M3 A2 „General Lee II" CDL**, Britischer Umbau als Scheinwerferpanzer. Turmkanone ist Attrappe, daneben Schlitzöffnung für den Strahl der Bogenlampe im Turm.

Abb. 371: **M3 A2**

USA

Baureihe **Tank, Medium M 4** (Brit. „General Sherman", Kan. „Ram")

	M4	M4 A1	M4 A2	M4 A3	M4 A4	M4 A5	M4 A3 E8
Gewicht	30,2	30,7	31,8	30,4	32,9	28,8	33,6
Länge	5,89	6,16	6,08	6,23	6,19	5,79	5,98
Breite	2,62	2,67	2,64	2,67	2,96	2,87	2,99
Höhe	2,74	2,79	2,82	2,96	2,71	2,67	2,99
Panzerung	76	85 (65)	105	105	81 (65)	76	100 (76)
PS	353	353	2×187,5	450	5×85	400	450
km/h	39	39	45	42	40	40	42
Fahrbereich	192	161	161	161	193	230	161
Besatzung	5	5	5	5	5	5	5

Baureihe KPz M 4

US-Bez.:	Brit. Bez.:	Wanne	Turm	PS	Motor	H/K	Bem.:
T 6		G	G	353	Wright	7,5	Versuch
M 4	Sherman I	W	G	353	Wright	7,5	
M 4 (76 mm wet)	Sherman IA	W	G	353	Wrigth	7,62	nasse Mun.-Käst.
M 4 (105 mm)	Sherman IB	W	G	353	Wright	10,5	H
M 4 A 1	Sherman II	G	G	353	Wright	7,5	
M 4 A 1 (76 mm wet)	Sherman IIA	G	G	353	Wright	7,62	
M 4 A 1	Sherman IIC	G	G	353	Wright	7,62	Brit 17 pdr
M 4 A 1 (76 mm wet)	Sherman IIA	G	G	353	Wright	7,62	Horiz. Fed.
M 4 A 2	Sherman III	W	G	2×187,5	GMC	7,5	
M 4 A 2 (76 mm wet)	Sherman IIIA	W	G	2×187,5	GMC	7,62	
M 4 A 3	Sherman IV	W	G	450	Ford	7,5	
M 4 A 3 (75 mm wet)	Sherman IV	W	G	450	Ford	7,5	
M 4 A 3	Sherman IVA	W	G	450	Ford	7,62	US-Mod.
M 4 A 3 (76 mm wet)	Sherman IVC	W	G	450	Ford	7,62	Brit. Mod.
M 4 A 3 E 1 (76 mm wet)		W	G	450	Ford	7,62	Neuer Turm
M 4 A 3 E 2		W	G	450	Ford	7,5	Zusatzpz.
M 4 A 3 E 8 (76 mm wet)		W	G	450	Ford	7,62	Horiz. Fed.
M 4 A 3 (105 mm)	Sherman IVB	W	G	450	Ford	10,5	H
M 4 A 3 (105 mm)	Sherman IBY	W	G	450	Ford	10,5	H Schürzen
M 4 A 4	Sherman V	W	G	5×85	Chrysler	7,5	
M 4 A 4	Sherman VC	W	G	5×85	Chrysler	7,62	Brit. 17 pdr
M 4 A 5 (Kanada)	Sherman VI	W	G	5×85	Chrysler	7,62	Brit. 17 pdr
M 4 A 5 (Kanada)	Ram I	G	G	400	Wright	4	Seitentür
M 4 A 5 (Kanada)	Ram II	G	G	400	Wright	5,7	
M 4 A 6	Sherman VII	W	G	450	Diesel	7,5	Versuch
T 13		G	G	353	Wright	9	Turm M 26
T 14		G+W	G	400	Wright	7,5	
T 23		W	G	500	Ford	7,62	

Entwicklung und Fertigung:

1941   Sept. Prototyp T 6 auf der Basis M 3 mit gegossenem Drehturm für 75 mm K.

1942   Juli Beginn Mengenproduktion. Abarten A 1—A 4 in sehr großer Serie. In britischem Auftrag „General Sherman" mit geringen Abweichungen. „Ram"-Serie in Kanada. „Sentinel"-Serie in Australien.

USA

1942	Mai, Weiterentwicklung T 20 mit 76 mm K und niedriger Silhouette. Turm wurde Feb 1944 auf M 4-Fahrgestelle gesetzt.
1942	14 000 gefertigt.
1943	21 000, insgesamt 49 234 Stück von 88 000 während des 2. Weltkrieges von USA produzierten KPz.
1943	T 22, T 23 mit elektrischem Antrieb, Prototypen.
1943	T 13 mit 90 mm-Turm.
1943	T 14 in britischem Auftrag als stark gepanzerter SturmPz.

Ab 1944 Abarten:
Jagdpanzer M10, M10 A1 mit 76 mm Pak L/52, M36, M36 B1, M36 B2 mit 90 mm K L/50; Brit. JPz „Achilles" mit 76 mm (17 pdr) K; Artilleriepanzer M7, M7 A1 mit 105 mm H, M12 mit 155 mm K, M40 mit 155 mm K, M43 mit 20,3 mm H, Brit. Artilleriepanzer „Priest" mit 105 mm H, SPz „Priest-Kangaroo". PzWerfer „Calliope" (60 × 112,5 mm), PzWerfer „Whiz Bang" (20 × 175,3 mm), BrückenPz SPAB, BrückenPz M31, BergePz M32, BergePz M74, Flak Pz „Skink" 4 × 20 mm.

Besondere Merkmale:
Weiterentwicklung des Typs M 3 (Brit. „General Lee" und „General Grant").
Baureihe A 1 mit luftgekühltem Wright Wirlwind Sternmotor und Gußpanzer.
A2 mit 2 General Motors Dieselmotoren und Walzstahlpanzer.
A3 mit Ford V 8-Motor.
A4 mit 5 wassergekühlten 6-Zyl.-Chrysler-Sternmotoren.
Ursprüngliche Bewaffnung mit 7,5 cm K L/40,13, seit 1942 mit 7,62 cm K L/52,8. Britische Typen A mit der US 7,62 cm K, Typen C mit brit. 17 pdr. 7,62 cm K L/58,4. Ab 1945 Baureihe A 1 und A 3 mit neuartiger Horizontalfederung und breiterem Laufwerk.
Ursprünglich zylindrischer Turm, später verbesserter Turm mit starker Heckauslage und drehbarer Kommandantenkuppel. Walzstahlbaureihe mit senkrechten, ziemlich hohen Seitenwänden. Ab 1945 breitere Kette mit innen liegenden Führungsnocken.

Verwendung:
Erstmalig im Einsatz Okt. 42 bei El Alamein. Danach bis Kriegsende bei allen alliierten PzTruppen. Auch an UdSSR geliefert. Nach dem Krieg bis 1955 bei PzBtl InfDiv.

Beurteilung:
1942 in Bewaffnung und Panzerung überlegen. Zu Gunsten der ununterbrochenen Mengenproduktion wurden die Weiterentwicklungen nicht auf Serie gelegt, so daß 1944 bei der Invasion der Panzer dem deutschen „Panther" und „Tiger" unterlegen war und auch den Standard des sowj. T 34/85 nicht erreichte.

USA

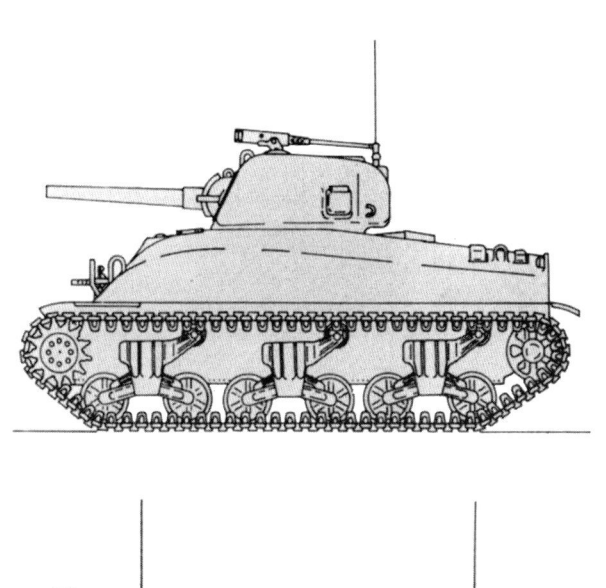

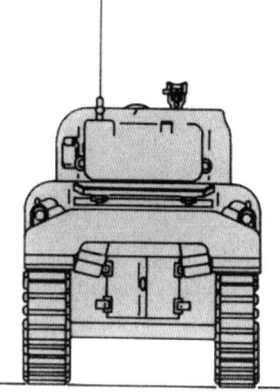

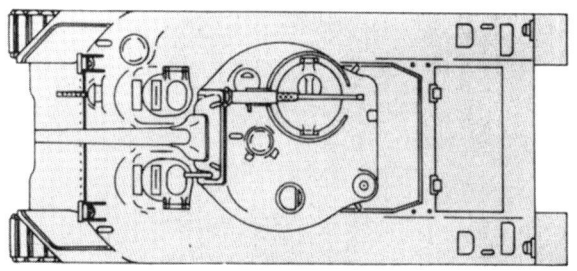

Abb. 372: Tank, Medium, **M4 A1**

USA

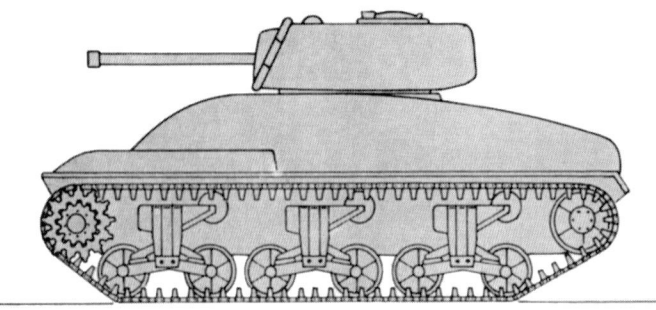

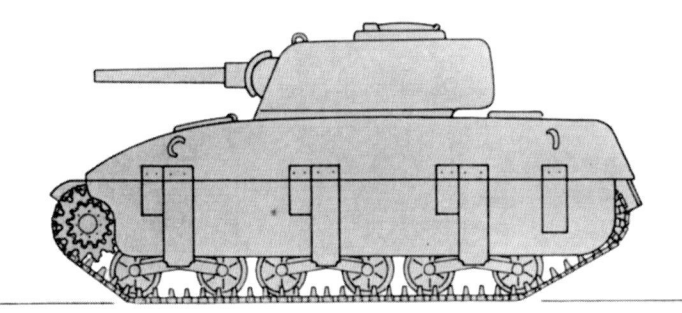

Abb. 375: **T 23** mit 7,62 cm K **M1 A1**

USA

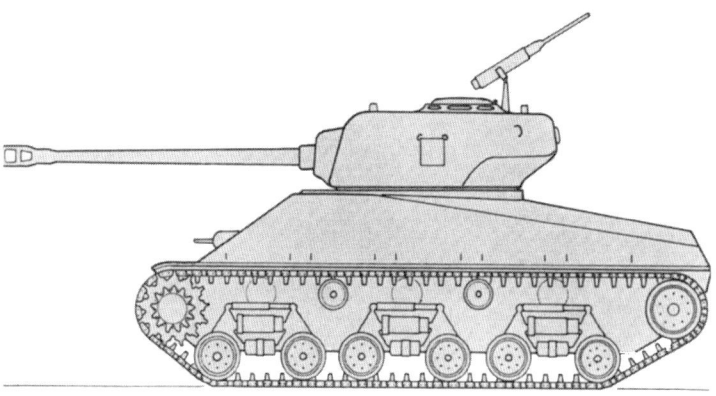

Abb. 376: **M4 A3 E8** mit 7,62 cm K

Abb. 377: Flammpanzer **M 4**

USA

Abb. 378: Oben: **M 4 A 1**, Abb. 379: Mitte: **M 4 A 2**, Abb. 380: Unten: **M 4 A 3**

USA

Abb. 381: **M 4 A 3 E 2** mit verstärkter Frontpanzerung und verbreiterten Ketten.

Abb. 382: **M 4 A 4** (2. Ausf.) mit 7,5 cm K L/40

USA

Abb. 383: **M 4 A 3** (76 mm wet) mit neuem Turm und 7,62 cm K L/55

Abb. 384: „**Sherman V c**" mit 17 pdr. (7,76 cm L/58,4) K, gebräuchlichste britische Ausführung des **M 4 A 4**

USA

Abb. 385: **M 4 A 3 E 8** mit Horizontalfedern. Beachte das verbreiterte Fahrgestell, die gepolsterte Kette, die starke Heckauslage des Turms und die flache, drehbare Kuppel.

Abb. 386: „**Ram II**", Kanadische Ausführung des M 4

USA

Abb. 387: **T 14**

Abb. 388: **T 23**

USA

Baureihe **Tank, Heavy M 6**

	M6 A2	M6 A2 E1
Gewicht	54,5	60
Länge	7,24	7,62
Breite	3,13	3,20
Höhe	3,02	3,40
Panzerung	127	200 (127)
PS	740	800
km/h	43	37
Fahrbereich	235	160
Besatzung	6	6
Bewaffnung	1 K 76,2	1 K 120
	1 K 37	2—3 MG 7,6
	3 MG 12,7	
	1 MG 7,6	

Entwicklung und Fertigung:
1940 Versuchsentwicklung des Ordnance Dept.
1941 Prototyp T1 mit der neuen 76,2 mm K L/52,8
1942 Prototypen A2 mit 120 mm K.
Das Projekt wurde wegen der Schwierigkeit des Seetransportes für so schwere Fahrzeuge fallen gelassen.

Besondere Merkmale:
8 kleine, paarweise aufgehängte Laufrollen. Panzerschürzen. Übergreifende Gußwanne. Großer Turm mit Walzenblende und ausladendem Heck. Lange K mit Mündungsbremse. M6 kleinerer Turm mit K ohne Mündungsbremse.

Verwendung:
M 6 war als schwerer Durchbruchspanzer gedacht. M 6 A 2 E 1 Behelfskonstruktion zur Verwendung der 12 cm K zum Kampf gegen Panzer. 1944 und 1945 im Truppenversuch, jedoch nicht im Einsatz.

Beurteilung:
Unbefriedigende Versuchsmuster von geringer Beweglichkeit.

USA

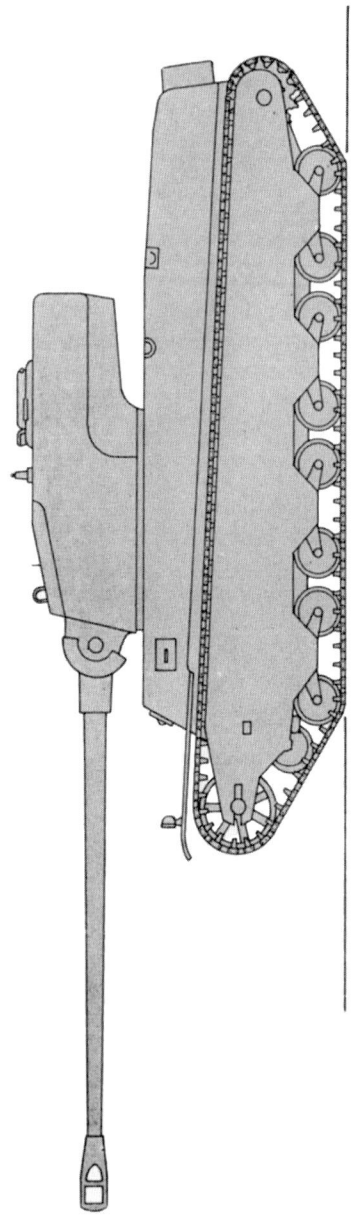

Abb. 389: **M 6 A 2 E 1** mit 12 cm K

USA

Abb. 390a—c: **M6 A2 E1**

USA

Baureihe Tank, Heavy, M26 („General Pershing")

	T25 E1	M26 (T 26 E 3)	M45 (T 26 E 2)
Gewicht	34,7	41,7	42,0
Länge	6,67	6,34	6,40
Breite	3,14	3,47	3,51
Höhe	2,77	2,77	2,77
Panzerung	89 (76)	145 (110)	145 (110)
PS	500	500	500
km/h	48	48	48
Fahrbereich	148	148	161
Besatzung	5	5	5
Bewaffnung	1 K 90	1 K 90	1 H 105
	1 MG 12,7	1 MG 12,7	1 MG 12,7
	2 MG 7,6	2 MG 7,6	2 MG 7,6

Entwicklung und Fertigung:
1942   Entwicklungsauftrag T 20-Serie mit 76 mm K und neuem Laufwerk (Drehstabfederung).
1943   Militärische Forderung auf einen besser bewaffneten KPz, der dem „Panther" gewachsen sein sollte. T25 E1 mit 90 mm K.
1945   Anlaufen der Serie. Ca. 2 000 Stück produziert.

Besondere Merkmale:
Einheitslaufwerk der „mittleren Panzerfamilie" mit 6 mittelgroßen Laufrollen an Drehstäben. Wanne mit schräger Gußfront und Erker. Gußturm mit senkrechten Seitenwänden, großer Walzenblende und Heckauslage. Ford-V-8-Motor und automatisches Getriebe.

Verwendung:
Seite 1945 bei Panzerverbänden. Ersetzt durch M 46.

Beurteilung:
Gutes Laufwerk. Sehr ungünstig geformter Turm. Zu schwacher Motor. Durchschnittliche Panzerung und Bewaffnung.

USA

Abb. 391: **M 26** mit Raketenwerfer T 99, 1945

Abb. 392: **M 26** mit Versuchskuppel M 6 für 2 von innen gesteuerte 12.7 mm FlaMG, 1948

USA

Baureihe Tank, Medium M46 bis 48 („General Patton")

	M46	M47	M48	M48 A2
Gewicht	44	44,1	44,9	47,6
Länge	7,05	6,36	6,92	6,87
Breite	3,51	3,51	3,63	3,63
Höhe	2,82	2,96	2,75	3,09
Panzerung	145 (102)	115 (110)	178 (110)	178 (110)
PS	810	810	810	865
km/h	48	59,5	45	51,5
Fahrbereich	113	161	113	257
Besatzung	5	5	4	5
Bewaffnung	1 K 90	1 K 90	1 K 90	1 K 90
	1 MG 12,7	2 MG 12,7	2 MG 12,7	1 MG 12,7
	2 MG 7,6	1 MG 7,6	1 MG 7,6	1 MG 7,6

Entwicklung und Fertigung:

1947	Militärische Forderung auf einen verbesserten mittleren KPz in der 30 t-Klasse mit 90 mm K (T 42).
1948	Umbau der M26 durch Einbau des stärkeren Motors zum M46 als Zwischenlösung.
1951	Auf Grund Korea-Krieg beschleunigter Einbau des für T42 neu entwickelten Turmes in die Fahrgestelle des M46 als M47.
1952	Prototypen der neuen Serie M48 mit neuem Turm.
1954	M48 A1 mit Fla-MG Kuppel beim Kommandanten.
1955	M48 A2 mit Einspritzmotor zur Verbesserung des Aktionsradius.
1956	M48 A2 C mit Mischbild-E-Messer M13 A1 E1 anstelle des Raumbild-E-Messers sowie ballistischem Antrieb M5 A2 mit automatischem Temperaturausgleicher und Rechner M13 A1 C mit metrischen Werten.
1964	M48 A3 durch Einbau des Dieselmotors in ca. 2000 M48.

Abarten:

Flammpanzer T67, PiPz M102, BergePz M88.

Besondere Merkmale:

Sechs mittelgroße Laufräder, drei (M48+A1=5) Stützrollen. Sternförmiges Triebrad, Gußwanne.

M46	verlängertes Heck, Spannrolle.
M47	Abgeschrägter Turm mit starker Heckauslage und E-Messer beim Richtschützen. Flache Kommandantenkuppel.
M48	Flacher, schildkrötenartiger Gußturm mit herabgezogener Heckauslage. E-Messer, Schildblende. Rauchabsorber an der Rohrmündung. Querliegender Mündungsfeuerableiter.
M48 A1+M48 A2	Kommandantenkuppel als FlaMG-Turm ausgebildet. A 2 erhöhte Motorabdeckung mit Luftgitter an Rückfront für verbesserte Kühlung des Einspritzmotors. Kombiniertes, vollautomatisches Schalt-, Lenk-, Brems- und Ausgleichsgetriebe. 9 Winkelspiegel, 1 Bildwandler-Winkelspiegel (Infrarot).
A2 C	Ohne Kettenspannrolle.
A1 E1	mit 105 mm BordK und Dieselmotor wie M 60.

USA

Verwendung:
Standardmodell der US-PzBtl bis 1964. Auch bei anderen NATO-Nationen.
Beurteilung:
Hochentwickeltes, kompliziertes Fahrzeug. Gute Formgebung. Verhältnismäßig schwer. Hochentwickelte Richt- und Zieleinrichtung. Sehr geringer Fahrbereich der Typen M48 und M48 A1.

Abb. 392 b **M48 A1**

USA

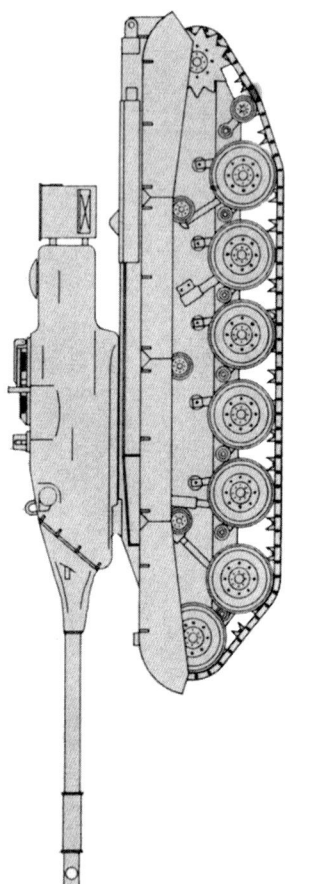

Abb. 329 c **M47**

USA

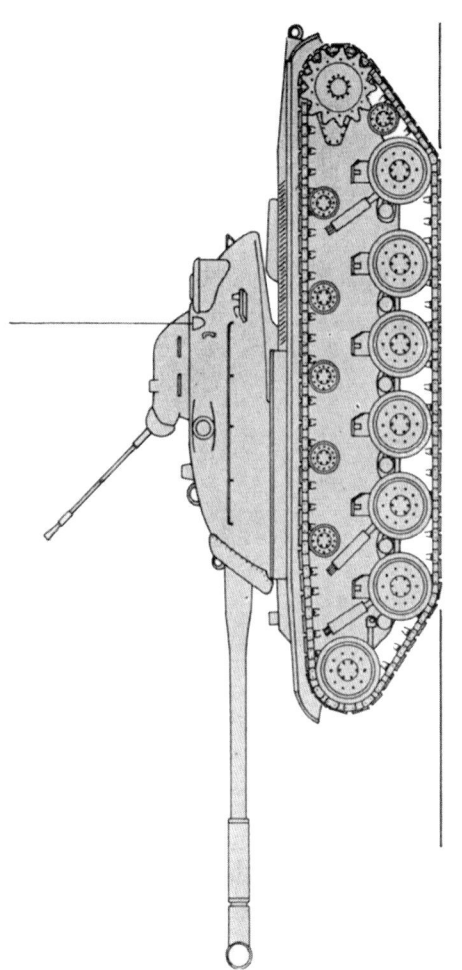

Abb. 393: **M48 A1**

USA

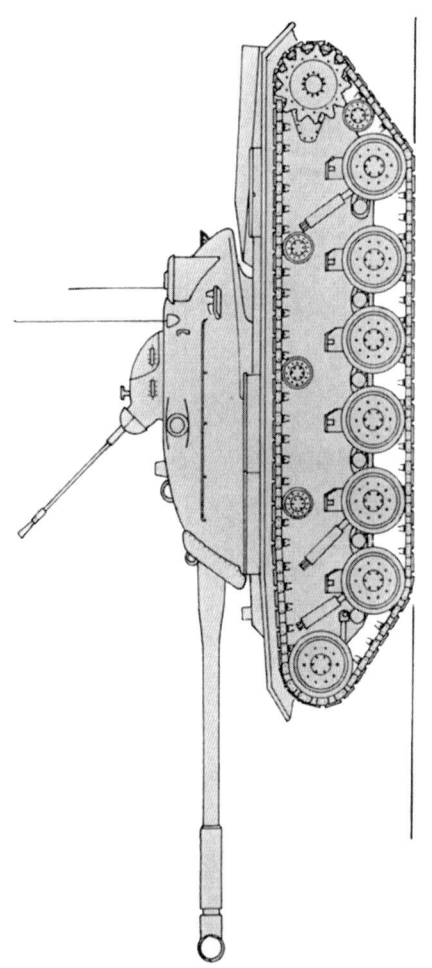

Abb. 394a: **M48 A2**

USA

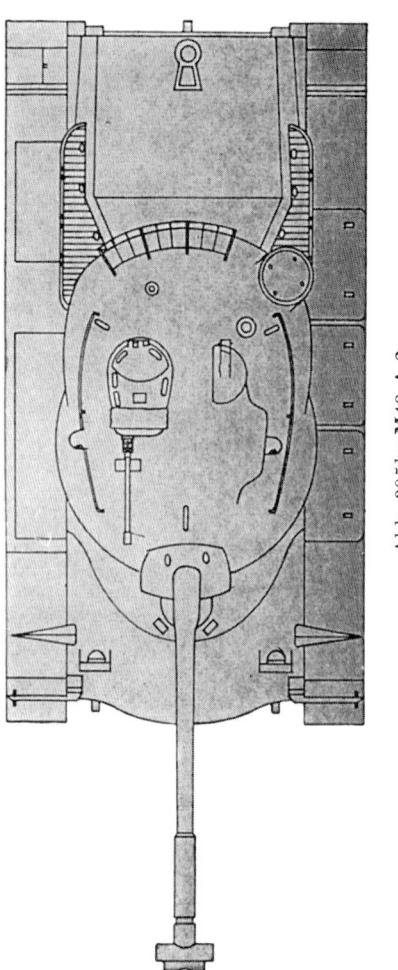

Abb. 395b: **M48 A 2**

USA

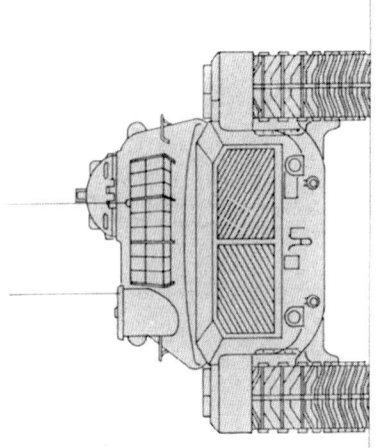
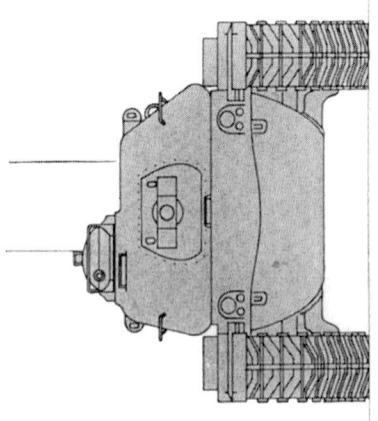

Abb. 396 c, d: **M48 A 2**

USA

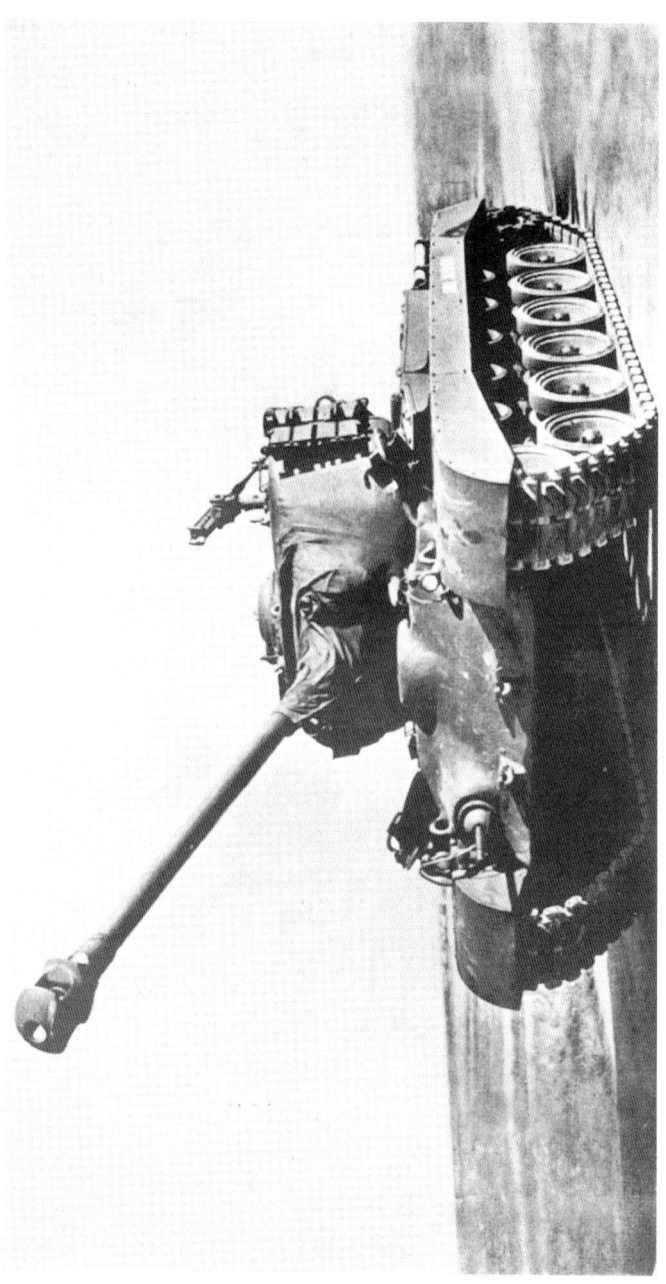

Abb. 397: M 46

USA

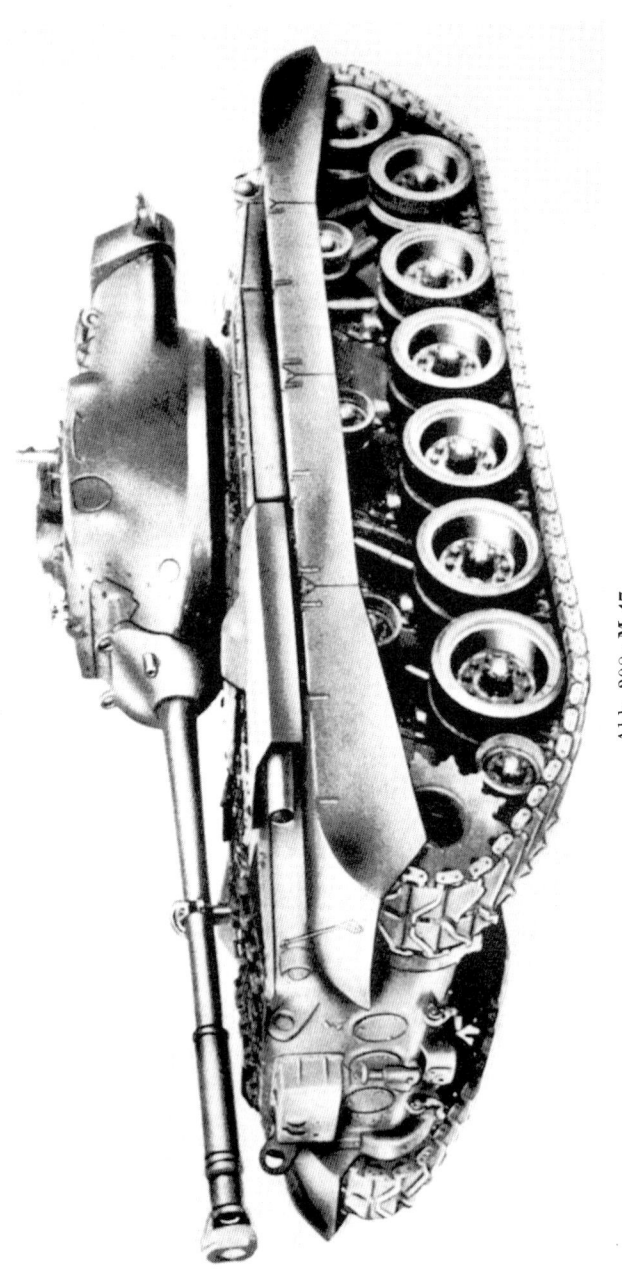

Abb. 398: M 47

USA

Abb. 399: **M 48**. Beachte die günstige Formgebung von Wanne und Turm.

USA

Abb. 400: **M 48 A 2**

USA

Baureihe **Tank, 105 mm gun, M 60**

	M 60	M 60 A 1	M 60 A 1 E 1
Gewicht	46,3	46,3	
Länge	6,95	.	
Breite	3,60	3,63	
Höhe	2,98	3,62	
Panzerung	(110)	(110)	
PS	750	750	
km/h	51	48	
Fahrbereich	402	500	
Besatzung	4	4	
Bewaffnung	1 K 105	1 K 105	LenkRak „Shillelagh"
	1 MG 12,7	1 MG 12.7	
	1 MG 7,6	1 MG 7,6	

Entwicklung und Fertigung:
Durch Verwendung eines Dieselmotors und weitgehend von Leichtmetall, sowie neuer BordK und verbessertem Turm 1958 aus M48 A2. 50 Verbesserungen! 1959 180 Stück, 1960 weitere 720 Stück bestellt. A1 ab 1962. Lizenzfertigung ab 1965 in Italien. A1 E1 Versuch 1965.

Besondere Merkmale:
Sechs mittelgroße Laufrollen, drei Stützrollen, keine Kettenspannrolle. Antrieb hinten. Dieselmotor mit Einspritzung. Kein Hilfsmotor mehr. A 1 mit neuartigem, spitzerem Turm und weiteren Verbesserungen der Einrichtung. Weitgehende Leichtmetallverwendung.

Verwendung:
Ab Mai 1960 Serienfertigung. Ersatz der M48 und Abarten bei US-Army in Europa und anderen Verbänden.
Auch in Österreich und Italien.

Beurteilung:
Erhöhte Feuerkraft und bedeutende Steigerung der Reichweite durch Diesel, sowie Erhöhung des Panzer- und ABC-Schutzes. Turm und Motor können auch in ältere Modelle der M48-Baureihe eingebaut werden. Ungünstige Form der Kdt-Kuppel.

USA

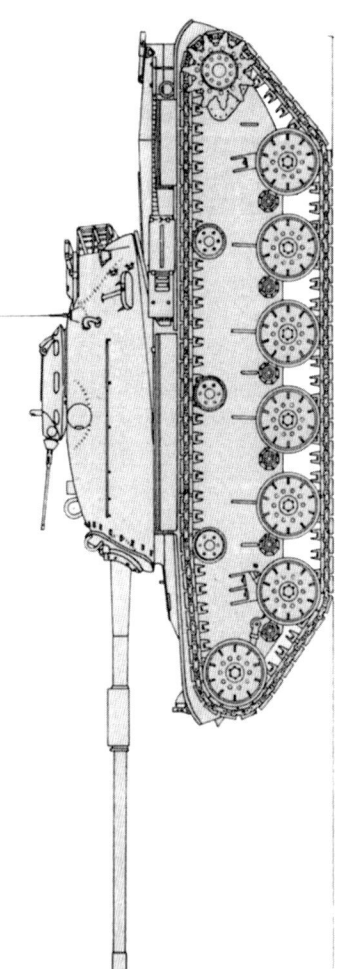

Abb. 401a **M 60**

USA

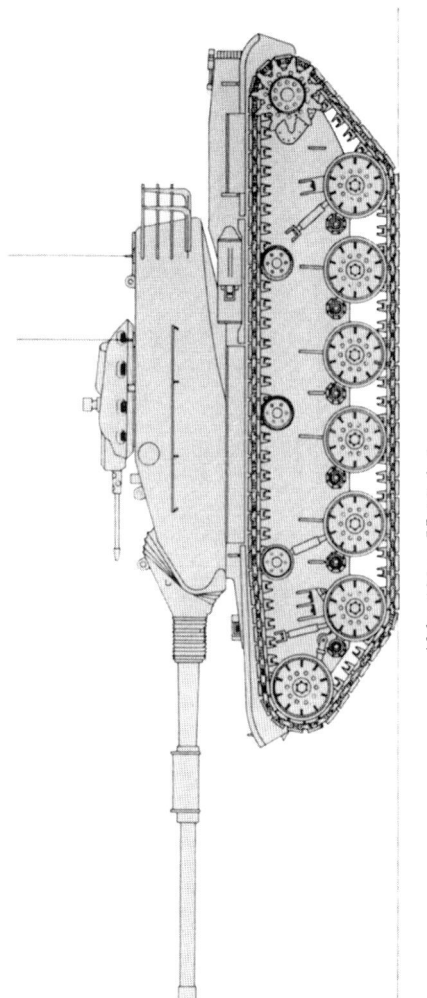

Abb. 401a: M 60 A 1

USA

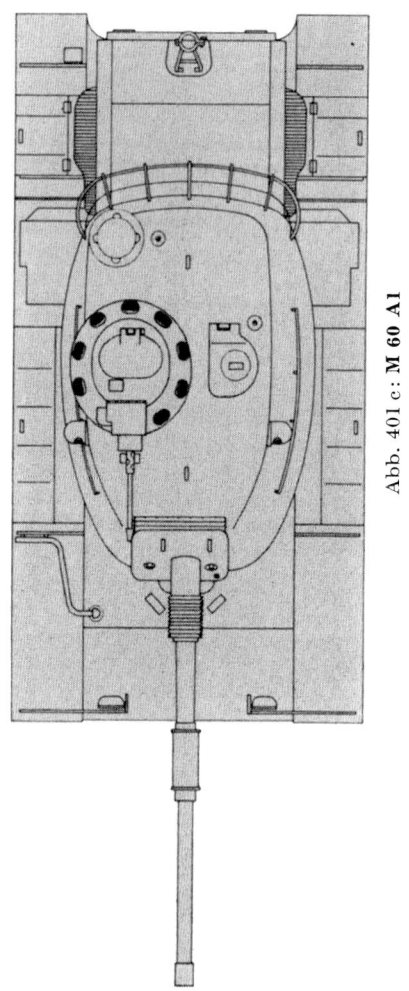

Abb. 401 c: M 60 A1

USA

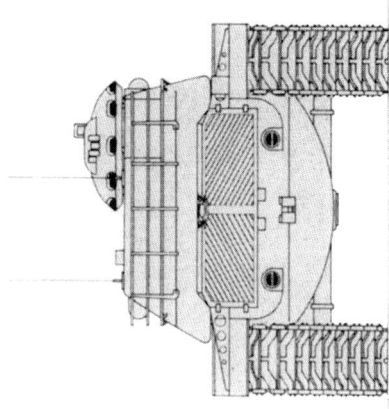

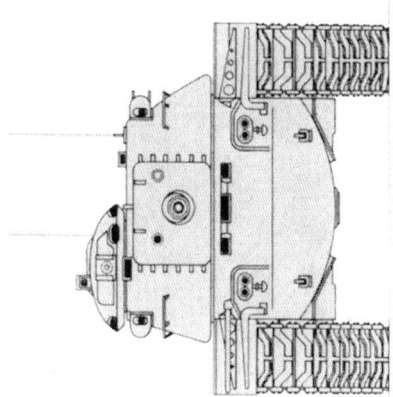

Abb. 401 d, e: **M 60 A1**

32 Kampfpanzer

USA

Abb. 402g: **M 60**

USA

Abb. 403: **M 60** mit Versuchs-Taucheinrichtung

Abb. 404: **M 60 A 1** mit Taucheinrichtung beim Durchqueren des Rheins bei Köln

USA

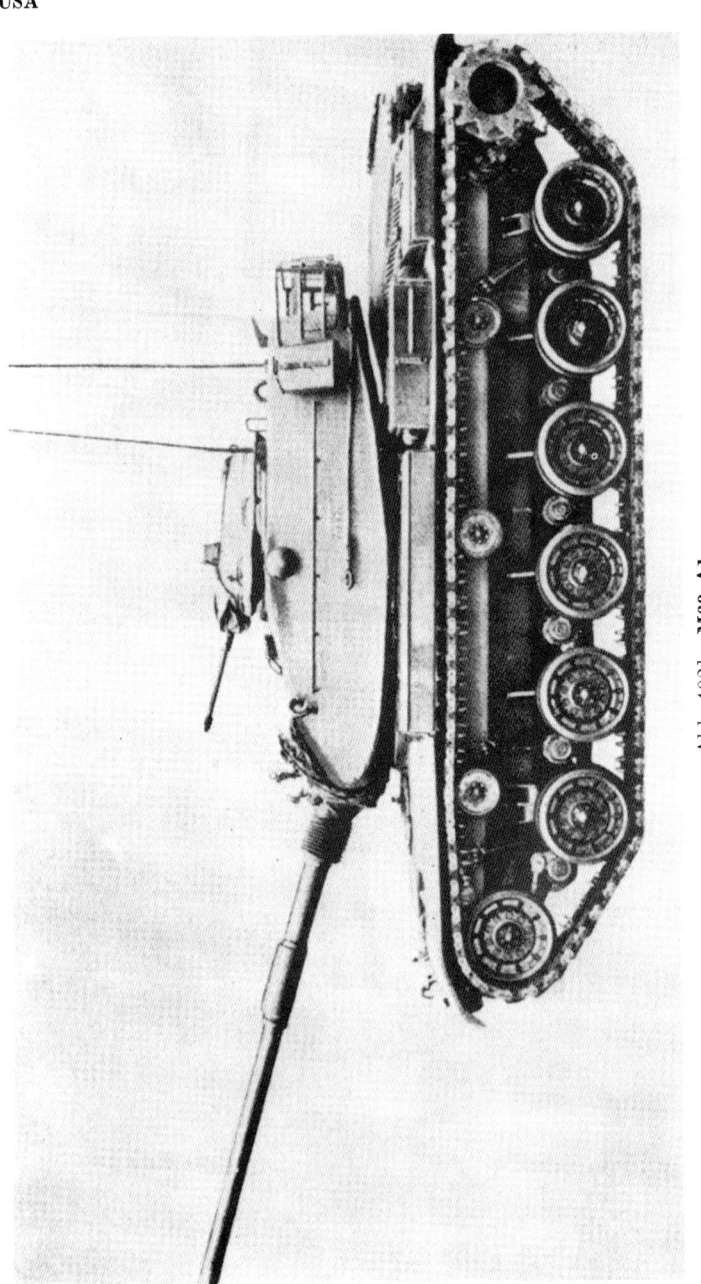

Abb. 402b: **M60 A1**

USA

Baureihe **Tank, Heavy, 120 mm gun, M 103**

	T29	T30 E2	T32	T43	M103
Gewicht	63,5	63,5	54,5	54,3	54,4
Länge	.	.	.	6,98	7,00
Breite	.	.	.	3,76	3,72
Höhe	.	.	.	2,92	2,87
Panzerung	178	.	290	178 (110)	178 (110)
PS	1040	.	750	810	810
km/h	42	32	32	34	34
Fahrbereich	120	130	120	130	161
Besatzung	5	5	5	5	5
Bewaffnung	1 K 105	1 K 155	1 K 90	1 K 120	1 K 120
	1 MG 7,6	1 MG 12,7	1 MG 12,7	1 MG 12,7	1 MG 12,7
		1 MG 7,6	2 MG 7,6	1 MG 7,6	1 MG 7,6

Entwicklung und Fertigung:
Bei Kriegsende erneute Forderung nach schweren Unterstützungs-KPz mit starker Bewaffnung. T29 mit 105 mm K, T30 mit 155 mm K, T30 E1 und T34 mit 120 mm K wurden erprobt.
1947 neue Forderung auf schweren KPz auf der Basis der mittleren Einheits-PzFahrgestelle der „Pershing-Patton"-Reihe (T43). Serienfertigung einer geringen Zahl (ca. 200) bis 1954.

Abarten:
BergePz M51 (1952).

Besondere Merkmale:
Verlängertes Fahrgestell des M48. Abgerundete Gußwanne. Großer Gußturm, nach vorn zugespitzt und abgeflacht. Weit ausladendes, abgerundetes Turmheck mit eingebautem E-Messer und aufgesetztem Kommandantenturm mit Fla-MG. Lange K mit schlanker Mündungsbremse.

Verwendung:
Seit 1954 bei schweren PzAbt der PzDiv, die jedoch Ende 1955 wieder aufgelöst wurden. Bei Marine-Corps eingeführt.

Beurteilung:
Sehr schweres Fahrzeug von ähnlichem Kampfwert wie brit. „Conqueror". Sehr geringes Leistungsgewicht. Vornehmlich zum Kampf gegen Panzer auf weite Entfernung geeignet. Hoher Kraftstoffverbrauch, daher geringer Aktionsradius.

USA

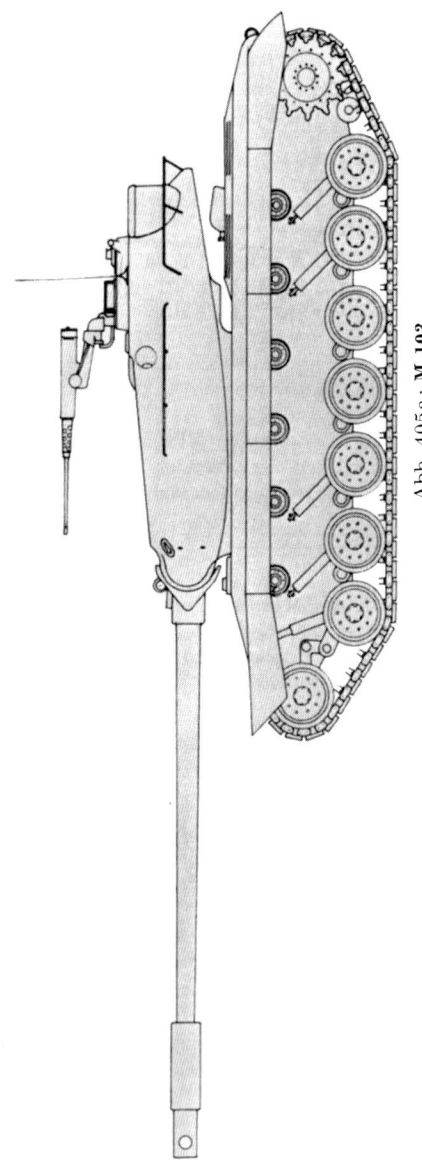

Abb. 405a: M 103

USA

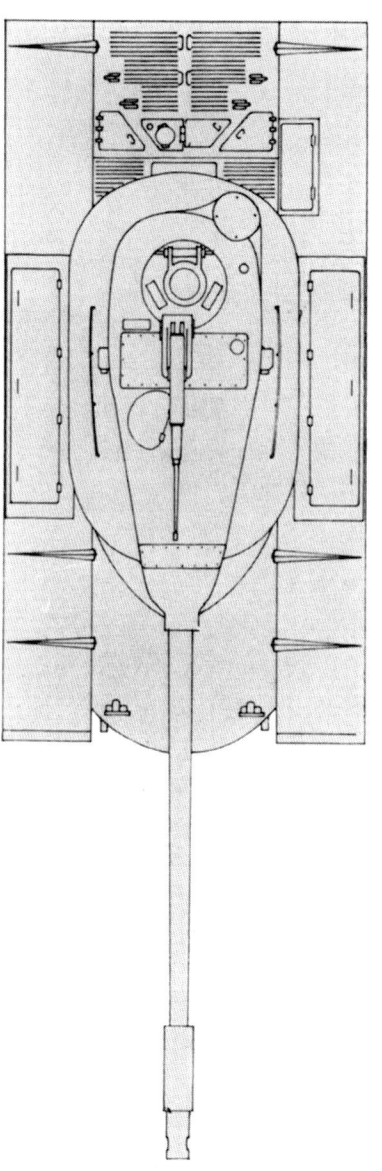

Abb. 405 b: M 103

USA

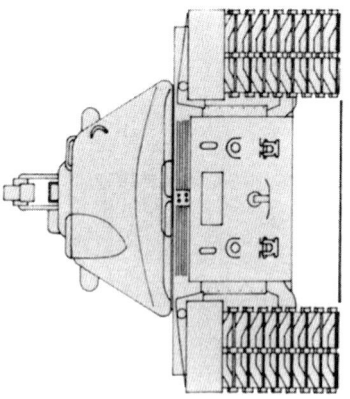

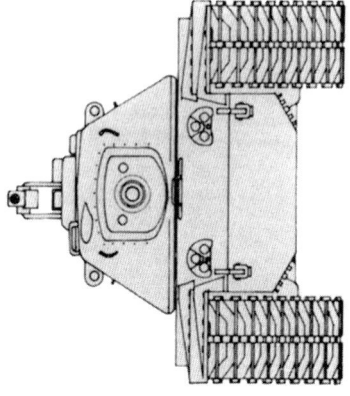

Abb. 405 c, d: **M 103**

USA

Abb. 406: M 103

USA

Baureihe **Tank, T 95**

Gewicht	32—35
Länge	6,40
Breite	3,20
Höhe	2,40
Panzerung	(75)
PS	520—1000
km/h	55
Fahrbereich	.
Besatzung	4
Bewaffnung	1 K 90—105
	2—3 MG

Entwicklung und Fertigung:
Militärische Forderung 1956 für leichten KPz in der 30 t-Klasse mit gleicher Bewaffnung wie mittlerer KPz, jedoch schwächere Panzerung, erheblich verbessertem Fahrbereich und vereinfachtem Fahrgestell. E1 1957, E 2 1958. Ab 1960 nur noch Spezialversuche, 1962 mit hydropneumatischer Federung und LenkRak „SHILLELAGH" (entw. von Aeronutronics seit 1956).

Besondere Merkmale:
Fahrgestell mit 5 großen Laufrädern ohne Stützrollen. Antrieb hinten. E2 mit Gasturbinenmotor. E1 flacher, stark abgerundeter Turm, hinten flächig „abgeschnitten". Geschütz in spitzer Blende. Neuere Versuchsmuster mit 152 mm Rohr für Granaten mit Raketen-Zusatzantrieb und für leitstrahlgelenkte Rakete.

Verwendung: Versuchsfahrzeug.

Beurteilung:
Fahrgestell und Aufbau äußerlich fast identisch mit sowj. T 54. Zahlreiche Verbesserungen. Die leitstrahlgelenkte Rakete „SHILLELAGH" kann in Verbindung mit einem technisch hochentwickelten Panzerfahrgestell (Hydrofederung, Gasturbine) zu einer bedeutend veränderten neuen Generation Kampfpanzer führen. Ihre Entwicklung macht jedoch erhebliche Schwierigkeiten.

USA

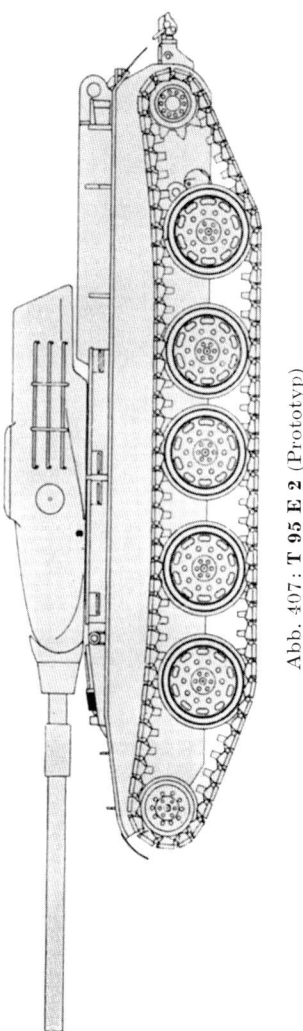

Abb. 407: **T 95 E 2** (Prototyp)

USA

Abb. 408: **T 95**, Prototyp 1962 mit regelbarer Federungshydraulik

Abb. 409: **T 95**, Prototyp mit Lenkrakete„Shillelagh"

USA

Abb. 410: **T95** Prototyp 1965

Quellennachweis

Die Skizzen Abb. 28, 32, 154, 155, 159, 160, 161, 165, 173 sind aus ,,Panzerkennblätter" und ,,Feldgrau", Burgdorf, 1962—1964.

Vergleichstabellen

Deutsch-Sowjetisch (Span. Bürgerkrieg) 1937
Französisch-Deutsch 1940
Britisch-Deutsch 1940
Sowjetisch-Deutsch 1941
USA-Deutsch 1942
Sowjetisch-Deutsch 1943
Britisch-Deutsch 1944
Sowjetisch-Deutsch 1945
Kommunistisch-UN (Korea) 1952
30 t-Klasse 1965 1965
40 t-Klasse 1965 1965

Erklärungen zu den Vergleichstabellen

Beweglichkeit: Die Höchstwerte werden meist durch Versuchsreihe ermittelt. Sie werden in der Praxis und vor allem im Kampf selten erreicht. Der Fahrbereich im Gelände ist erheblich niedriger als der für die Straße angegebene Wert. Der Bodendruck wird in der Regel bei 2 cm Eindruck der Kette in weichen Boden gemessen. Die Überschreit- und Kletterfähigkeit wird an senkrechten Wänden gemessen.

Feuerkraft: Da für die meisten Waffen verschiedene Munitionsarten vorhanden sind kann nur die Leistung für eine Art angegeben werden. Die Werte für die Durchschlagsleistung sind im allgemeinen offiziellen Veröffentlichungen entnommen, wobei aber häufig nur die Werte für eine bestimmte Entfernung angegeben waren. Die anderen Werte wurden dann durch Inter- oder Extrapolation gewonnen. Nur wo keine Werte vorlagen, wurde die Durchschlagsleistung errechnet.
Unterschiede in der Leistung der einzelnen Waffen ergeben sich z. T. daraus, daß die Leistungen gegen Panzerstahl unterschiedlicher Güte, und homogenes oder oberflächengehärtetes Panzermaterial bestimmt oder erschossen werden. Außerdem ist die Leistung nicht unwesentlich von der Güte des Materials des Geschosses abhängig. Dadurch ergeben sich auch bei gleicher Energie der Geschosse unterschiedliche Durchschlagsleistungen.

Panzerschutz: Zu beachten ist, daß Gußstahl etwa 15% geringere Härte als homogener Walzstahl aufweist.

Land	Deutschland		Sowjetunion	
Modellbezeichnung	PzKpfw II	PzKpfw III	BT	T 26
Ausführung	D	D	7	E
Beweglichkeit				
Leistungsgew. PS/t	14,0	16,6	32,6	8,8
Höchstgeschw. km/h	55	40	73/53*)	27
Fahrbereich Str. km	200	165	500/375*)	225
Bodendruck kg/cm²	0,8	0,93	0 75	0,72
überschreitet cm	175	230	200	200
klettert cm	42	60	55	75
watet cm	85	100	120	90
Feuerkraft				
Kanone, Kal, cm/Kal. Länge	2/55	3,7/45	4,5/46	4,5/46
PzGranate:				
Gewicht kg	0,148	0,685	1,43	1,43
V°	830	745	760	760
Durchschlagsl. mm 500 m	24	47	60	60
1000 m	—	28	47	47
1500 m	—	—	37	37
2000 m	—	—	30	30
2500 m	—	—	—	—
Unterkalibergranate:				
Gewicht kg..................	—	—	—	—
V°	—	—	—	—
Durchschlagsl. mm 500 m	—	—	—	—
1000 m	—	—	—	—
1500 m	—	—	—	—
2000 m	—	—	—	—
2500 m	—	—	—	—
Granaten, Anzahl	180	150	132—188	165
Richtmittel	Hand	Hand	Hand	Hand
Panzerschutz mm/°				
Bug...........................	30/58	30/69	22/gew	16/.
Fahrerfront	30/87	30/81	22/.	16/.
Seite oben	14,5/90	30/90	13/.	16/.
Heck...........................	14,5/83	30/77-80	13/.	16/.
Boden.........................	5/0	30/0	10/0	6/0
Turmblende....................	35/gew	30/gew	15/gew	25/gew
Turmfront.....................	30/gew	30/75	15/.	16/.
Turmseite	14,5/67	30/65	15/.	16/.

Vergleichstafel Deutsch-Sowjetisch (Span. Bürgerkrieg) 1937

---

*) Rad/Kette

Land	Frankreich				Deutschland	
Modellbezeichnung	Char	Char	Char	Char	PzKpfw III	PzKpfw IV
Ausführung	B 2	D 2	R 40	S 35	D	E
Beweglichkeit						
Leistungsgew. PS/t	9,4	7,5	7,9	9,5	16,6	14,3
Höchstgeschw. km/h ...	28	23	19	40	40	42
Fahrbereich Str. km	140	155	138	260	165	200
Bodendruck kg/cm²	0,85	.	0,92	0,85	0,93	0,79
überschreitet cm	275	240	160	213	230	220
klettert cm	118	120	91	75	60	60
watet cm	72	100	60	100	100	100
Feuerkraft						
Kanone, Kal, cm/Kal.						
Länge	4,7/32,1	4,7/32,1	3,7/33	4,7/32,1	3,7/45	7,5/24
PzGranate:						
Gewicht kg	1,726	1,72	.	1,72	0,685	6,8
V°	71	671	701	671	745	385
Durchschlagsl. mm						
500 m	50	50	.	50	47	54
1000 m	40	40	.	40	28	49
1500 m	32	32	.	32	—	—
2000 m	—	—	—	—	—	—
2500 m	—	—	—	—	—	—
Unterkalibergranate:						
Gewicht kg	—	—	—	—	—	—
V°	—	—	—	—	—	—
Durchschlagsl. mm						
500 m	—	—	—	—	—	—
1000 m	—	—	—	—	—	—
1500 m	—	—	—	—	—	—
2000 m	—	—	—	—	—	—
2500 m	—	—	—	—	—	—
Granaten, Anzahl	50	108	.	118	150	80
Richtmittel	Höhe Hd Seite El	.	.	Höhe Hd Seite El	Hand	Hd+El
Panzerschutz mm/°						
Bug	40—60/.	40/.	40/.	35/.	30/69	50/78
Fahrerfront	40—60/.	40/.	.	35/.	30/81	30+30/80
Seite oben	55/90	.	.	40/.	30/90	20+20/90
Heck	55/.	.	.	35/.	30/77—80	20/78—90
Boden	22/0	.	.	20/0	30/0	10/0
Turmblende	./gew	.	45/.	.	30/gew	35/gew
Turmfront	55/.	.	.	55/gew	30/75	30/79
Turmseite	45/.	.	.	45	30/65	20/64

Vergleichstafel Französisch—Deutsch 1940

Land	Großbritannien			Deutschland	
Modellbezeichnung	Cruiser Mk II A	Inf. Mk I	Inf. Mk II	PzKpfw III	PzKpfw IV
Ausführung	(A. 10)	(A. 11)	(A. 12) „Matilda"	D	E
Beweglichkeit					
Leistungsgew. PS/t	10,3	6,4	6,6	16,6	14,3
Höchstgeschw. km/h	26	13	24	40	42
Fahrbereich Str. km	160	128	112	165	200
Bodendruck kg/cm²	0,94	0,76	1,12	0,93	0,79
überschreitet cm	195	200	230	230	220
klettert cm	60	76	61	60	60
watet cm	70	83	100	100	100
Feuerkraft					
Kanone, Kal, cm/Kal. Länge	4/52	—	4/52	3,7/45	7,5/24
PzGranate:					
Gewicht kg	0,91	—	0,91	0,685	6,8
V°	853	—	853	745	385
Durchschlagsl. mm 500 m	56	—	56	47	54
1000 m	44	—	44	28	49
1500 m	34	—	34	—	—
2000 m	27	—	27	—	—
2500 m	—	—	—	—	—
Unterkalibergranate:					
Gewicht kg	—	—	—	—	—
V°	—	—	—	—	—
Durchschlagsl. mm 500 m	—	—	—	—	—
1000 m	—	—	—	—	—
1500 m	—	—	—	—	—
2000 m	—	—	—	—	—
2500 m	—	—	—	—	—
Granaten, Anzahl	114	—	67	150	80
Richtmittel	Höhe Hd Seite Hy.	Höhe Hd Seite Hd.	Höhe Hd Seite Hy.	Hand	Hd+El
Panzerschutz mm/°					
Bug	11—23/.	60/.	80/gew	30/69	50/78
Fahrerfront	11—23/.	60/.	80/90	30/81	30+20/80
Seite oben	13/.	60/.	70/65	30/90	20+20/90
Heck	10—23/.	60/.	55—60/ 64—63	30/77—80	20/78—90
Boden	8/0	10/0	14/0	30/0	10/0
Turmblende	37/gew	65/gew	80/gew	30/gew	35/gew
Turmfront	./.	65/.	80/80	30/75	30/79
Turmseite	24/.	65/.	80/70—90	30/65	20/64

Vergleichstafel Britisch—Deutsch 1940

Land	Sowjetunion				Deutschland	
Modellbezeichnung	BT	T-26	T-28	KW-1	PzKpfw III	PzKpfw IV
Ausführung	7M	E	C	C	F	E
Beweglichkeit						
Leistungsgew. PS/t	34,0	8,8	16,1	11,4	14,8	14,3
Höchsgeschw. km/h	86/62*)	27	23	35	40	42
Fahrbereich Str. km	700/600*)	225	.	335	175	200
Bodendruck kg/cm^2	0,79	0,72	0,8	0,78	0,99	0,79
überschreitet cm	200	200	270	280	230	220
klettert cm	55	75	96	90	60	60
watet cm	120	90	80	145	80	100
Feuerkraft						
Kanone, Kal, cm/Kal. Länge	4,5/46	4,5/46	7,62/26,5	7,62/30,5	5/42	7,5/24
PzGranate:						
Gewicht kg	1,43	1,43	6,3	6,3	2,06	6,8
V°	760	760	.	612	685	385
Durchschlagsl. mm						
500 m	60	60	.	62	63	54
1000 m	47	47	.	56	48	49
1500 m	37	37	.	49	35	—
2000 m	30	30	—	43	—	—
2500 m	—	—	—	—	—	—
Unterkalibergrananate:						
Gewicht kg	0,855	0,855	—	3,04	0,975	—
V°	970	970	—	910	1050	—
Durchschlagsl. mm						
500 m	82	82	—	82	90	—
1000 m	—	—	—	52	58	—
1500 m	—	—	—	—	—	—
2000 m	—	—	—	—	—	—
2500 m	—	—	—	—	—	—
Granaten, Anzahl	144	165	64—70	111	99	80
Richtmittel	Hand	Hand	Höhe Hd Seite El.	Höhe Hd Seite El.	Hand	Hd+El
Panzerschutz mm/°						
Bug	22/gew	16/.	50—80/.	75+35/65	30/69	50/78
Fahrerfront	22/.	16/.	50—80/.	75+35/60	30/81	30+30/80
Seite oben	13/.	16/.	40/90	90+40/90	30/90	20+20/90
Heck	13/.	16/.	40/.	75/gew	21—30/ 77—80	20/78—90
Boden	10/0	6/0	23/0	30/0	16—21/0	10/0
Turmblende	15/gew	25/gew	80/90	105/gew	35/gew	35/gew
Turmfront	15/.	16/.	80/90	120/75	30/75	30/79
Turmseite	15/.	16/.	40/90	120/75	30/65	20/64

Vergleichstafel Sowjetisch—Deutsch 1941

*) Rad/Kette

Land	USA			Deutschland	
Modellbezeichnung	„Gen. Lee"	„Sherman II"	„Sherman II A"	PzKpfw III	PzKpfw III
Ausführung	M 3 A 1	M 4 A 1 (75 mm)	M 4 A 1 (76 mm)	H	J
Beweglichkeit					
Leistungsgew. PS/t	14,5	11,6	12,3	13,9	13,5
Höchstgeschw. km/h	40	39	39	40	40
Fahrbereich Str. km	193	161	161	175	175
Bodendruck kg/cm²	0,97	0,96	1,02	0,94	0,95
überschreitet cm	200	229	229	259	259
klettert cm	60	61	61	60	60
watet cm	65	107	107	80	80
Feuerkraft					
Kanone, Kal, cm/Kal. Länge	7,5/31 + 3,7/53,2	7,5/40,13	7,62/52,8	5/42	5/60
PzGranate:					
Gewicht kg	6,53+0,87	6,79	7,0	2,06	2,06
V°	564+792	619	792	685	835
Durchschlagsl. mm 500 m	76 57	95	124	63	75
1000 m	70 51	86	117	48	59
1500 m	62 44	76	109	35	44
2000 m	57 39	69	102	—	—
2500 m	51 —	61	93	—	—
Unterkalibergranate:					
Gewicht kg	— —	—	4,25	0,975	0,975
V°	— —	—	1036	1050	1180
Durchschlagsl. mm 500 m	— —	—	212	90	116
1000 m	— —	—	179	58	70
1500 m	— —	—	152	—	—
2000 m	— —	—	127	—	—
2500 m	— —	—	104	—	—
Granaten, Anzahl	41+137	90	71	99	78
Richtmittel	Höhe Hd Seite El. +Hd	Höhe Hd Seite Hy. +Hd	Höhe Hd Seite Hy. +Hd	Hand	Hand
Panzerschutz mm/°					
Bug	65/gew	65/gew	65/gew	30+30/69	50/69
Fahrerfront	50/60	51/44	51/44	30+30/81	50+20/81
Seite oben	38—50/90	39—44/90	39—44/90	30/90	30/90
Heck	38/82	30—38/90	30—38/90	30+30/77—80	53/77—80
Boden	14—18/0	15—25/0	15—25/0	16—30/0	16—30/0
Turmblende	55/gew	40/gew	76/90	35/gew	57/gew
Turmfront	88/47	85/60	76/90	30/75	57+20/75
Turmseite	50—60/85	65/85	58/90	30/65	30/65

Vergleichstafel US—Deutsch 1942

Land	Sowjetunion	Deutschland			
Modellbezeichnung	T-34/76	PzKpfw III	PzKpfw IV	PzKpfw III	PzKpfw IV
Ausführung	B	F	E	M	H
Beweglichkeit					
Leistungsgew. PS/t	17,8	14,8	14,3	13,5	12,0
Höchstgeschw. km/h	53	40	42	40	38
Fahrbereich Str. km	400	175	200	175	200
Bodendruck kg/cm^2	0,66	0,99	0,79	0,94	0,89
überschreitet cm	250	230	220	259	235
klettert cm	90	60	60	60	60
watet cm	112	80	100	130	120
Feuerkraft					
Kanone, Kal, cm/Kal. Länge	7,62/41,2	5/42	7,5/24	5/60	7,5/48
PzGranate:					
Gewicht kg	6,3	2,04	6,8	2,06	6,8
V°	662	685	385	835	790
Durchschlagsl. mm 500 m	69	63	54	75	130
1000 m	61	48	49	59	117
1500 m	54	35	—	44	101
2000 m	48	—	—	—	85
2500 m	—	—	—	—	76
Unterkalibergranate:					
Gewicht kg	3,04	0,975	—	0,975	3,2
V°	965	1050	—	1180	930
Durchschlagsl. mm 500 m	92	90	—	116	151
1000 m	58	58	—	70	128
1500 m	—	—	—	—	110
2000 m	—	—	—	—	90
2500 m	—	—	—	—	70
Granaten, Anzahl	100	99	80	78	87
Richtmittel	Seite El. Höhe Hd.	Hand	Hd+El.	Hand	Hd+El.
Panzerschutz mm/°					
Bug	45/30	30/69	50/78	50/69	80/78
Fahrerfront	45+15/30	30/81	30+30/80	50+20/81	80/80
Seite oben	45/50	30/90	20+20/90	30/90	30/90
Heck	45/45	21—30/ 77—80	20/78—90	50/77—80	20/78—90
Boden	.	16—21/0	10/0	16—30/0	10/0
Turmblende	70/gew	35/gew	35/gew	57/gew	80/gew
Turmfront	60/gew	30/75	30/79	57+20/75	50/79
Turmseite	60/60	30/65	20/64	30/65	30/64

Vergleichstafel Sowjetisch—Deutsch 1943

Land	USA	Großbritannien	Deutschland		
Modellbezeichnung	„Sherman V C"	„Churchill"	PzKpfw IV	PzKpfw „Panther"	PzKpfw „Tiger II"
Ausführung	(A. 4) (17 pd)	MK VII	H	G	
Beweglichkeit					
Leistungsgew. PS/t	13,4	8,8	12,0	15,7	10,1
Höchstgeschw. km/h	40	20	38	46	38
Fahrbereich Str. km	193	200	200	177	110
Bodendruck kg/cm²	0,92	0,98	0,89	0,88	1,07
überschreitet cm	244	280	235	191	250
klettert cm	61	113	60	91	85
watet cm	102	80/240	120	170	160
Feuerkraft					
Kanone, Kal, cm/Kal. Länge	7,62/58,4	7,5/39,5	7,5/48	7,5/70	8,8/71
PzGranate:					
Gewicht kg	7,71	.	6,8	6,8	10,4
V°	908	619	790	935	1000
Durchschlagsl. mm 500 m	165	95	130	160	205
1000 m	140	86	117	135	186
1500 m	120	76	101	114	170
2000 m	105	69	85	98	154
2500 m	95	61	76	88	140
Unterkalibergranate:					
Gewicht kg	.	—	3,2	4,75	7,3
V°	1204	—	930	1120	1125
Durchschlagsl. mm 500 m	.	—	151	.	270
1000 m	.	—	128	.	233
1500 m	.	—	110	.	205
2000 m	.	—	90	.	175
2500 m	.	—	70	.	147
Granaten, Anzahl	78	82—84	87	82	84
Richtmittel	Hd + Hydr.	Hd + Hydr.	Hd + El.	Hd + Hydr.	Hd + Hydr.
Panzerschutz mm/°					
Bug	65/gew	140/69	80/78	80/35	100/40
Fahrerfront	50—65/44	152/90	80/80	80/35	150/40
Seite oben	38/90	95/90	30/90	50/60	80/65
Heck	38/90	.	20/78—90	40/60	80/60
Boden	15—25/0	16/0	10/0	20+13/0	25—40/0
Turmblende	25/gew	152/gew	80/gew	120/gew	80/gew
Turmfront	76/.	152/90	50/79	100/80	185/80
Turmseite	51/.	95/90	30/64	45/65	80/69

Vergleichstafel Britisch—Deutsch 1944

Land	Sowjetunion			Deutschland	
Modellbezeichnung	T-34/85	JS	JS	PzKpfw „Panther"	PzKpfw „Tiger I"
Ausführung		II	III	G	
Beweglichkeit					
Leistungsgew. PS/t	15,6	11,9	12,0	15,7	12,7
Höchstgeschw. km/h	50	43	40	46	38
Fahrbereich Str. km	300	.	190	177	100
Bodendruck kg/cm^2	0,85	0,82	0,78	0,88	1,04
überschreitet cm	250	250	190	191	180
klettert cm	73	100	100	91	79
watet cm	130	130	130	170	120
Feuerkraft					
Kanone, Kal, cm/Kal. Länge	8,5/51,5	12,2/43	12,2/43	7,5/70	8,8/56
PzGranate:					
Gewicht kg	9,2	25	25	6,8	10
V°	792	800	800	935	810
Durchschlagsl. mm 500 m	111	143	143	160	140
1000 m	102	126	126	135	122
1500 m	93	111	111	114	108
2000 m	85	97	97	98	92
2500 m	78	90	90	88	82
Unterkalibergranate:					
Gewicht kg	4,99	.	.	4,75	7,35
V°	1200	.	.	1120	935
Durchschlagsl. mm 500 m	138	150	150	.	.
1000 m	100	138	138	.	.
1500 m	—	128	128	.	.
2000 m	—	118	118	.	.
2500 m	—	113	113	.	.
Granaten, Anzahl	56	28	28	82	92
Richtmittel	.	.	.	Hd+ Hydr.	Hd+ Hydr.
Panzerschutz mm/°					
Bug	45/30	95/60	110/35	80/35	100/66
Fahrerfront	60/30	105/.	90—120/35	80/35	100/80
Seite oben	45/50	90—95/60	90/45	50/60	80/90
Heck	45/45	60/45	60/45	40/60	82/82
Boden	22/0	20—30/0	30/0	20+13/0	26/0
Turmblende	45/gew	160/gew	230/gew	120/gew	110/90
Turmfront	75/gew	100/gew	200/gew	100/80	100/80
Turmseite	75/70	90/70	90/55	80/69	80/90

Vergleichstafel Sowjetisch—Deutsch 1945

Land	Sowjetunion	USA		Großbritannien
Modellbezeichnung	T 34/85	M4A3	M 26	Centurion
Ausführung		E8		V
Beweglichkeit				
Leistungsgew. PS/t	15,6	13,4	12,0	12,7
Höchstgeschw. km/h	50	42	48	34
Fahrbereich Str. km	300	161	148	105
Bodendruck kg/cm^2	0,85	0,75	0,89	0,90
überschreitet cm	250	229	241	300
klettert cm	73	61	117	92
watet cm	130	91	122	140
Feuerkraft				
Kanone, Kal. cm/Kal. Länge	8,5/51,5	7,62/52,8	9/50	8,34/70
PzGranate:				
Gewicht kg	9,2	7,0	10,94	9,08
$V°$	792	792	853	1020
Durchschlagsl. mm 500 m	111	124	155	.
1000 m	102	117	147	.
1500 m	93	109	140	.
2000 m	85	102	132	.
2500 m	78	93	125	.
Unterkalibergranate:				
Gewicht kg	4,99	4,25	7,62	.
$V°$	1200	1036	1021	1433
Durchschlagsl. mm 500 m	138	212	282	.
1000 m	100	179	252	.
1500 m	—	152	222	.
2000 m	—	127	194	.
2500 m	—	104	168	.
Granaten, Anzahl	56	71	70	64
Richtmittel	.	.	Höhe Hd. Seite Hd + Hydr.	.
Panzerschutz mm/°				
Bug	45/30	75/gew	76/.	76/.
Fahrerfront	60/30	71/44	102/.	76/35
Seite oben	45/50	51/90	51—76/.	51/90
Heck	45/45	51/90	51/.	.
Boden	22/0	13—25/0	12—25/0	.
Turmblende	45/gew	89/.	145/gew	.
Turmfront	75/gew	76/.	110/.	152/88
Turmseite	75/70	76/.	76/.	./90

Vergleichstafel 1952 (Korea)

Land	Deutschland	Frankreich	Sowjetunion	Japan
Modellbezeichnung	„Leopard"	AMX-30	T-54	ST
Ausführung			D	A 4
Beweglichkeit				
Leistungsgew. PS/t	21,0	22,1	14,4	17,1
Höchstgeschw. km/h	63	65	50	45
Fahrbereich Str. km	560	480	350	.
Bodendruck kg/cm^2	0,84	0,71	0,83	.
überschreitet cm	300	290	270	.
klettert cm	.	90	80	.
watet cm	230/taucht	220/taucht	170/taucht	.
Feuerkraft				
Kanone, Kal, cm/Kal. Länge	10,5/51	10,5	10,0/54	9,0/.
PzGranate:		HL-Granate		
Gewicht kg	.	.	15,7	
V°	.	.	900	
Durchschlagsl. mm 500 m	.	400	155	ähnlich
1000 m	.	400	135	USA
1500 m	.	400	117	M 26
2000 m	.	400	100	
2500 m	.	400	84	
Unterkalibergranate:				
Gewicht kg	.	—	10,2	
V°	1450	—	1200	
Durchschlagsl. mm 500 m	.	—	.	
1000 m	.	—	.	
1500 m	.	—	.	
2000 m	.	—	.	
2500 m	.	—	.	
Granaten, Anzahl	63	56	42	
Panzerschutz mm/°				
Bug	.	.	75/30	75/.
Fahrerfront	.	.	75/30	75/.
Seite oben	.	.	45/90	.
Heck	.	.	40/90	.
Boden	.	.	15—20/0	.
Turmblende	.	.	120/.	.
Turmfront	.	.	105/gew	75/.
Turmseite	.	.	75/gew	.

Vergleichstafel 1965

Land	USA	Sowjetunion	Großbritannien
Modellzeichnung	M 48	T-54	Centurion
Ausführung	A 2	D	10
Beweglichkeit			
Leistungsgew. PS/t	18,2	14,4	12,2
Höchstgeschw. km/h	51,5	50	35
Fahrbereich Str. km	257	350	185
Bodendruck kg/cm^2	0,84	0,83	0,93
überschreitet cm	206	270	300
klettert cm	91	80	92
watet cm	122	170/taucht	107/taucht
Feuerkraft			
Kanone, Kal, cm/Kal. Länge	9/50	10/54	10,5/51
PzGranate:			
Gewicht kg	10,94	15,7	.
V°	853	900	.
Durchschlagsl. mm 500 m	155	155	.
1000 m	147	135	.
1500 m	140	117	.
2000 m	132	100	.
2500 m	125	84	.
Unterkalibergranate			
Gewicht kg	5,53	10,2	.
V°	1250	1200	1450
Durchschlagsl. mm 500 m	.	.	.
1000 m	.	.	.
1500 m	.	.	.
2000 m	.	.	.
2500 m	.	.	.
Granaten, Anzahl	60	42	.
Panzerschutz cm/°			
Bug	102/37	75/30	76/.
Fahrerfront	110/30	75/30	76/35
Seite oben	51—76/90	45/90	51/90
Heck	51/80	40/90	.
Boden	15—25/0	15—20/0	.
Turmblende	178/50	120/.	.
Turmfront	110/50	105/gew	152/.
Turmseite	64/60	75/gew	./90

Vergleichstafel 1965

Dieter Hanel
Die Panzerindustrie
223 Seiten und 32 Farbtafeln, zahlreiche Fotos, Skizzen und Graphiken. Geb.
ISBN 3-7637-5999-9
Das Buch bietet eine umfassende Darstellung der Situation der Panzerindustrie unter den veränderten sicherheits- und wirtschaftspolitischen Rahmenbedingungen. Es werden die globale Entwicklung dieser Branche analysiert, die Methoden der Markterschließung, das Marktpotential, die Produktplanung sowie die Entwicklung und Beschaffung von wehrtechnischem Gerät dargestellt.

Wolfgang Schneider (Hrsg.)
Tanks of the World
Taschenbuch der Panzer
8. Ausgabe.
896 Seiten,
über 1100 Fotos,
Zeichnungen und
Skizzen. In Englisch. Geb.
ISBN 3-7637-5984-0
Seine Handlichkeit, Zuverlässigkeit und seine unerschöpfliche Fülle präziser Informationen machen auch diese Ausgabe zu einem unentbehrlichen Nachschlagewerk von internationalem Rang für alle, die sich über den derzeitigen Stand der Panzertechnik und die weltweite Panzerrüstung informieren wollen.

Rudolf Lusar
Riesengeschütze und schwere Brummer
2.Auflage. 196 Seiten,
110 Abbildungen. Geb.
ISBN 3-7637-6222-1
Ihre Glanzperiode erlebten die schweren Brummer während des Ersten Weltkrieges, als es ihnen gelang, starke Befestigungsanlagen zu vernichten oder auszuschalten. Auch im Zweiten Weltkrieg gelangten schwere Geschütze zum Einsatz. Mit den Fernraketen V 1 und V 2 ging die Epoche der Großgeschütze zu Ende.

Ferdinand M. von Senger und Etterlin
Die deutschen Panzer 1926-1945
5. Nachdruck.
346 Seiten,
184 Fotos,
85 Skizzen. Geb.
ISBN 3-7637-5988-3
Das Werk stellt die Entwicklung der deutschen Panzerwaffe von 1926 bis 1945 umfassend dar. Vorangestellt ist eine ausführliche Beschreibung der Entwicklung einzelner Klassen und Typen gepanzerter Fahrzeuge. Die Klassifizierung in Panzerkampfwagen, Jagdpanzer, Sturmpanzer, Schützenpanzer, Panzerspähwagen, Selbstfahrlafetten usw. entspricht den Ausgaben des Taschenbuchs der Panzer.

Bernard & Graefe Verlag · Heilsbachstraße 26 · 53123 Bonn
Telefon 02 28 / 64 83-0 · Telefax 02 28 / 64 83-109

Literatur für
Kenner und Liebhaber

Die auf den folgenden Seiten angezeigten Titel sind nur eine Auswahl aus unserem Buchprogramm. Fordern Sie bitte unverbindlich Informationsmaterial zu den Themenbereichen »Geschichte/Politik/Wehrwesen«, »Luftfahrt«, »Marine« und »Recht und Wirtschaft/Beschaffungswesen« an.

Bernard & Graefe Verlag
Heilsbachstraße 26 · D-53123 Bonn

Zur Geschichte des Zweiten Weltkrieges

Günther W. Gellermann
Moskau ruft Heeresgruppe Mitte ...
Was nicht im Wehrmachtbericht stand: Die Einsätze des geheimen Kampfgeschwaders 200 im Zweiten Weltkrieg
326 Seiten, 78 Fotos, 61 Dokumente. Geb.
ISBN 3-7637-5851-8
»... sauber recherchiert und ohne luftige Spekulationen...«
Das Historisch-Politische Buch

Günther W. Gellermann
Die Armee Wenck – Hitlers letzte Hoffnung
Aufstellung, Einsatz und Ende der 12. deutschen Armee im Frühjahr 1945
3. Auflage. 215 Seiten, 49 Fotos, 5 Kartenskizzen, 18 Dokumente (Faksimiledrucke). Brosch.
ISBN 3-7637-5870-4
»... verdient dieser saubere und solide Beitrag zur Geschichte des Zweiten Weltkrieges ... besondere Beachtung.«
Frankfurter Rundschau

Erwin A. Schmidl
Der »Anschluß« Österreichs
Der deutsche Einmarsch im März 1938
3., überarbeitete und erweiterte Auflage.
336 Seiten und 32 Bildtafeln, 64 Fotos und 10 Karten. Geb.
ISBN 3-7637-5936-0
Das Buch ist frei von pauschalen Verurteilungen. Es zeigt die Tragik, die Schuld jener Jahre, aber ohne Selbstüberhebung.
»... ist ein lesenswertes Stück jüngster Zeitgeschichte aus der Region und allen Interessierten in der Nachbarschaft zu empfehlen.«
Schweizer Soldat

Franz W. Seidler
Die Organisation Todt
Bauen für Staat und Wehrmacht 1938-1945
2. Auflage. 300 Seiten und 32 Bildtafeln, 72 Fotos, 8 Karten, 15 Skizzen und Graphiken. Geb.
ISBN 3-7637-5842-9
»Das sorgfältig bearbeitete Buch...«
Frankfurter Allgemeine

Günther W. Gellermann
Geheime Wege zum Frieden mit England...
Ausgewählte Initiativen zur Beendigung des Krieges 1940/1942
215 Seiten, zahlreiche Dokumente (Faksimiledrucke). Geb.
ISBN 3-7637-5947-6
Ein spannendes »Kriegstagebuch« des Versuches, mit England wieder zu Friedensverhandlungen zu gelangen.

Franz W. Seidler
Blitzmädchen
3. Auflage/Sonderausgabe. 166 Seiten, 216 Fotos, 5 Karten, 13 Skizzen. Geb.
ISBN 3-7637-5957-3
Die Geschichte der Helferinnen der deutschen Wehrmacht im Zweiten Weltkrieg.

Erich von Manstein
Verlorene Siege
15. Auflage. 664 Seiten und 12 Bildtafeln, 42 Abbildungen, 13 Kartenskizzen. Geb.
ISBN 3-7637-5253-6
Die Kriegserinnerungen des »gefährlichsten Gegners der Alliierten« (Sir Basil Liddell Hart).
»... ein Rechenschaftsbericht des wahrscheinlich größten Strategen auf deutscher Seite, zugleich eine phrasenlose Würdigung der Tapferkeit und der Leiden des deutschen Ostheeres.«
Die Welt

Andreas Hillgruber
Hitlers Strategie
Politik und Kriegführung 1940-1941
3. Auflage. 734 Seiten. Brosch.
ISBN 3-7637-5923-9
Die Studie ist von der internationalen Fachwelt als grundlegendes Werk über das entscheidende Jahr des Zweiten Weltkrieges anerkannt worden.

Diese Titel bilden nur eine Auswahl aus unserem umfangreichen Buchprogramm. Fordern Sie bitte unverbindlich weitere Informationen zu den Themenbereichen Geschichte / Politik / Wehrwesen / Luftfahrt und Marine an.

Bernard & Graefe Verlag · Heilsbachstraße 26 · D-53123 Bonn

Historische Literatur für Kenner und Liebhaber

Günther W. Gellermann
...und lauschten für Hitler
Geheime Reichssache! Die Abhörzentralen des Dritten Reiches
320 Seiten und 12 Bildtafeln, zahlreiche Fotos und Dokumente. Geb.
ISBN 3-7637-5899-2
Wer waren die Nachrichtendienste, von denen hier die Rede ist? Hier werden unbekannte oder weniger bekannte Tatsachen zur Geschichte, mit zum größten Teil unveröffentlichten Dokumenten, ans Tageslicht gebracht.

Günther W. Gellermann
Der Krieg, der nicht stattfand
Möglichkeiten, Überlegungen und Entscheidungen der deutschen Obersten Führung zur Verwendung chemischer Kampfstoffe im Zweiten Weltkrieg
264 Seiten, 19 Fotos, 3 Skizzen, 11 Dokumente. Ln.
ISBN 3-7637-5804-6
»Überraschung des Jahres« Der Spiegel

Fritz Hahn
Waffen und Geheimwaffen des deutschen Heeres 1933-1945
3., überarbeitete Auflage/Sonderausgabe. 552 Seiten, 372 Fotos, Zeichnungen und Skizzen. Geb.
ISBN 3-7637-5915-8
Infanteriewaffen, Pionierwaffen, Artilleriewaffen, Pulver, Spreng- und Kampfstoffe, Panzer- und Sonderfahrzeuge, »Wunderwaffen«, Verbrauch und Verluste.
Dieses Werk stellt einen besonders wichtigen Teilaspekt der deutschen Militärgeschichte dar. Zahllose Detailinformationen machen es zu einem Standard-Nachschlagewerk.

Günther W. Gellermann
Der andere Auftrag
Agenteneinsätze deutscher U-Boote im Zweiten Weltkrieg
208 Seiten und 32 Bildtafeln, zahlreiche Fotos und Dokumente (z. T. Faksimiledrucke). Geb.
ISBN 3-7637-5971-9
Agenteneinsätze wurden von der »Abwehr«, also letztlich vom Oberkommando der Wehrmacht bestimmt und verantwortet. In dem überaus fesselnden Buch erhält der Leser Auskunft über den Transport der Agenten – zu ihrem Einsatzraum sowie über ihren Auftrag.

Dieter Martinetz
Der Gaskrieg 1914-1918
Entwicklung, Herstellung und Einsatz chemischer Kampfstoffe
200 Seiten und 20 Bildtafeln, 67 Fotos, zahlreiche Graphiken und Tabellen. Geb.
ISBN 3-7637-5952-2
Dieses mit Fleiß und Akribie erarbeitete Werk basiert auf fundierten Quellen; es wird von einem ausführlichen, sehr übersichtlichen Anhang unterstützt. Die umfassende Bebilderung und die Vielfalt der Arten des neuen »Kampfmittels Giftgas« wirken beeindruckend-abstoßend. Der Gaseinsatz war ein grausames Experiment, das die Gefahren in zukünftigen Kriegen erahnen ließ, vielleicht auch dazu beitrug, Deutsche und Alliierte von einem nicht kalkulierbaren Einsatz im Zweiten Weltkrieg abzuhalten.

Karl Unruh
Langemarck
Legende und Wirklichkeit
3. Auflage, 216 Seiten und 8 Bildtafeln, 10 Abbildungen, 2 Kartenskizzen. Brosch.
ISBN 3-7637-5949-2
Mit diesem Werk wird der auf dem Schlachtfeld von Flandern im November 1914 geborene und lange nachwirkende Mythos Langemarck auf die historische Wahrheit zurückgeführt.
»Die Lektüre ist erschütternd, aufwühlend und nicht so schnell zu verdrängen... verdienstvolle Untersuchung.« Die Welt

Erich von Manstein
Soldat im 20. Jahrhundert
4. Auflage, 437 Seiten und 16 Bildtafeln, 42 Abbildungen, 13 Kartenskizzen. Geb.
ISBN 3-7637-5214-5
Eine militärisch-politische Nachlese, ein Blick auf Zusammenhänge und Wechselwirkungen zwischen Persönlichkeiten und äußerem Geschehen.

Diese Titel bilden nur eine Auswahl aus unserem umfangreichen Buchprogramm. Fordern Sie bitte unverbindlich weitere Informationen zu den Themenbereichen Geschichte / Politik / Wehrwesen / Luftfahrt und Marine an.

Bernard & Graefe Verlag · Heilsbachstraße 26 · D-53123 Bonn